# Adobe Dreamweaver CC 网页设计与制作案例技能实训教程

凌波　王维霞　主编

清華大学出版社
北　京

## 内容简介

本书以实操案例为单元，以知识详解为线索，从Dreamweaver最基本的应用讲起，全面细致地对Dreamweaver软件的应用方法和网页设计技巧进行了介绍。全书共分为9章，实操案例包括创建小微企业站点、制作古文网页、制作图片网站首页、制作国粹特色网页、制作产品展示网页、制作建筑公司网页、制作网站注册页面、制作景区网站模板，以及制作室内设计网页等。理论知识涉及网页设计入门操作、网页基本元素编辑详解、网页多媒体元素详解、网页超链接应用详解、表格应用详解、Div CSS技术详解、表单技术详解、模板与库详解、行为技术详解等，每章最后还安排了有针对性的项目练习，以供读者练手。

本书结构合理，用语通俗，图文并茂，易教易学，既适合作为高等院校相关专业的教材，又适合作为广大网页设计爱好者和各类技术人员的参考用书。



**图书在版编目（CIP）数据**

Adobe Dreamweaver CC网页设计与制作案例技能实训教程 / 凌波，王维霞主编. —北京：清华大学出版社，2022.4

ISBN 978-7-302-60052-7

Ⅰ. ①A… Ⅱ. ①凌… ②王… Ⅲ. ①网页制作工具－教材 Ⅳ. ①TP393.092.2

中国版本图书馆CIP数据核字（2022）第023527号

**责任编辑：**李玉茹
**封面设计：**李　坤
**责任校对：**周剑云
**责任印制：**曹婉颖

**出版发行：**清华大学出版社
**网　　址：**http://www.tup.com.cn，http://www.wqbook.com
**地　　址：**北京清华大学学研大厦A座　　**邮　　编：**100084
**社 总 机：**010-83470000　　**邮　　购：**010-62786544
**投稿与读者服务：**010-62776969，c-service@tup.tsinghua.edu.cn
**质 量 反 馈：**010-62772015，zhiliang@tup.tsinghua.edu.cn
**课 件 下 载：**http://www.tup.com.cn，010-83470236
**印 装 者：**三河市天利华印刷装订有限公司
**经　　销：**全国新华书店
**开　　本：**170mm×240mm　　**印　　张：**16.25　　**字　　数：**393千字
**版　　次：**2022年6月第1版　　**印　　次：**2022年6月第1次印刷
**定　　价：**79.00元

---

产品编号：089702-01

# 前言

Dreamweaver是Adobe公司旗下一款所见即所得的网页编辑器，中文名为“梦想编织者”，主要用于设计和编辑网站。Dreamweaver操作方便、易上手，深受广大设计爱好者与专业从事者的喜爱。为了满足新形势下的教育需求，我们组织了一批富有经验的设计师和高校教师，共同策划编写了本书，以让读者能够更好地掌握软件的功能，更好地提升动手能力，更好地与社会相关行业接轨。

## 本书内容

本书以实操案例为单元，以知识详解为线索，先后对各类型网页的设计方法、操作技巧、理论支撑、知识阐述等内容进行了介绍。全书共分为9章，其主要内容如下：

| 章　节 | 作品名称 | 知识体系 |
| --- | --- | --- |
| 第1章 | 创建小微企业站点 | 主要讲解Dreamweaver基础知识，以及网站建设流程、创建站点、管理站点等 |
| 第2章 | 制作古文网页 | 主要讲解网页的基本构成元素、文本的创建、常见元素的添加以及页面属性的设置等 |
| 第3章 | 制作图片网站首页 | 主要讲解图像的插入与编辑、多媒体元素的插入等 |
| 第4章 | 制作国粹特色网页 | 主要讲解超链接的概念、创建、应用以及管理等 |
| 第5章 | 制作产品展示网页 | 主要讲解表格的相关知识，包括表格的创建、表格属性的设置、表格的编辑以及表格式数据的导入/导出等 |
| 第6章 | 制作建筑公司网页 | 主要讲解CSS样式表、创建CSS样式、定义CSS样式、管理CSS样式、Div+CSS基础布局以及常见的布局方式等 |
| 第7章 | 制作网站注册页面 | 主要讲解表单的常见类型以及应用编辑等 |
| 第8章 | 制作景区网站模板 | 主要讲解模板的创建、编辑、应用、管理以及库的应用等 |
| 第9章 | 制作室内设计网页 | 主要讲解行为的常见类型以及应用编辑等 |

## 阅读指导

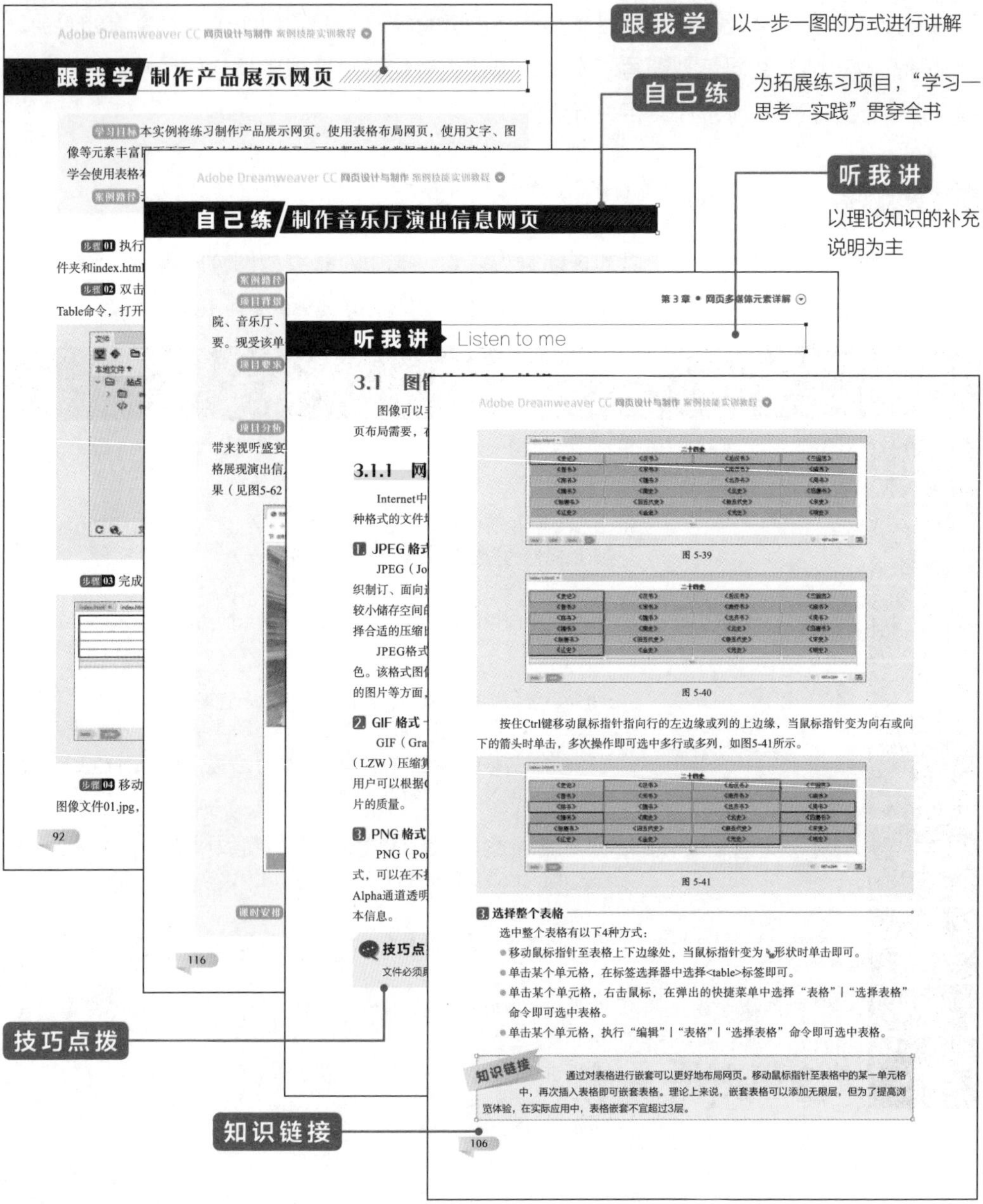

**跟我学** 以一步一图的方式进行讲解

**自己练** 为拓展练习项目，“学习一思考一实践”贯穿全书

**听我讲** 以理论知识的补充说明为主

**技巧点拨**

**知识链接**

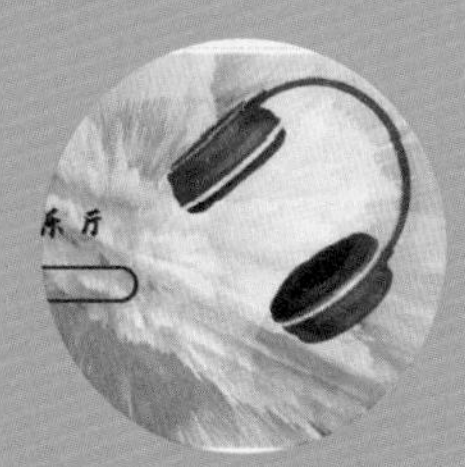

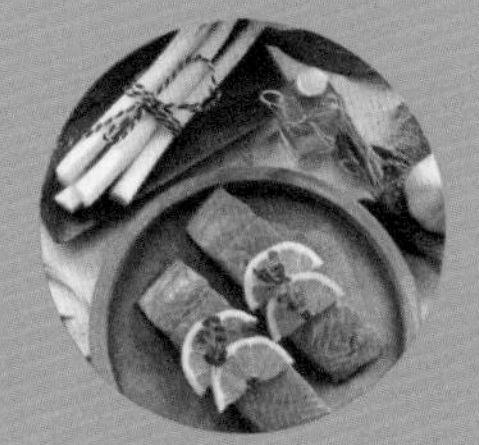

## 课时安排

本书结构合理、讲解细致、特色鲜明，内容着眼于专业性和实用性，符合初学者的认知规律，也更侧重于综合职业能力与职业素养的培养，集“教、学、练”为一体。本书的参考学时为48学时，其中理论学习12学时，实训36学时。

## 配套资源

- **所有“跟我学”案例的素材及最终文件；**
- **书中拓展练习“自己练”案例的素材及效果文件；**
- **案例操作视频，扫描书中二维码即可观看；**
- **平面设计软件常用快捷键速查表；**
- **全书各章PPT课件；**
- **QQ在线答疑专属服务。**

本书由凌波、王维霞老师编写，他们在长期的工作中积累了大量的经验，在写作的过程中始终坚持严谨细致的态度、力求精益求精。致谢！

由于时间有限，书中疏漏之处在所难免，希望读者朋友批评指正。

编　者

扫 描 二 维 码 获 取 配 套 资 源

# 目录

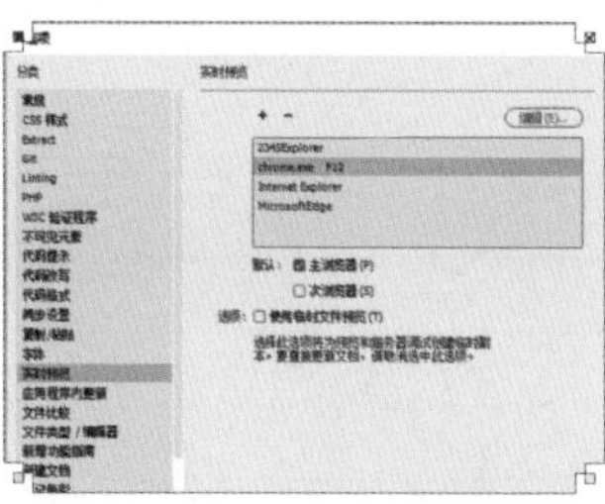

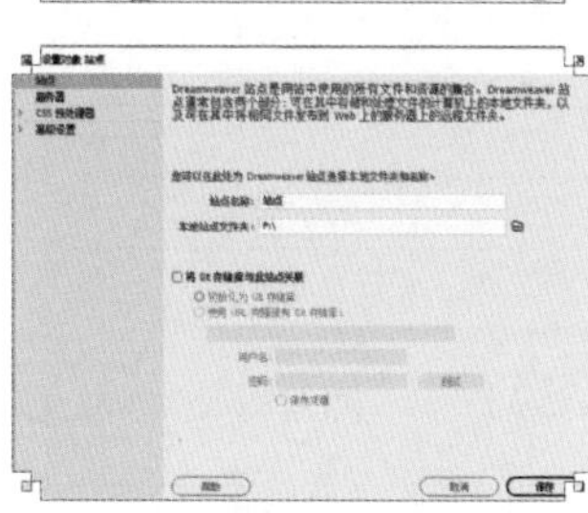
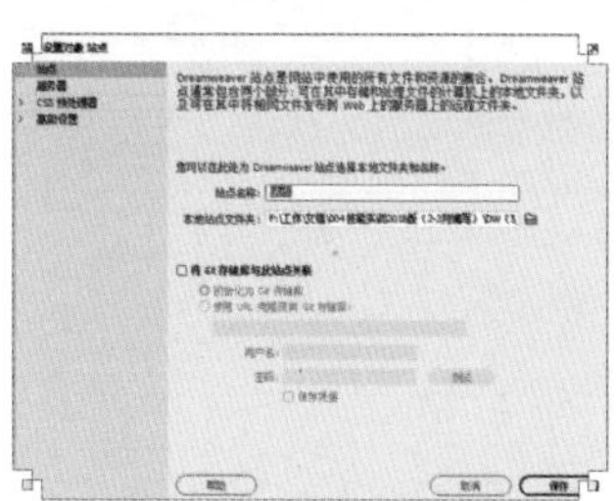

## 第1章 网页设计入门操作

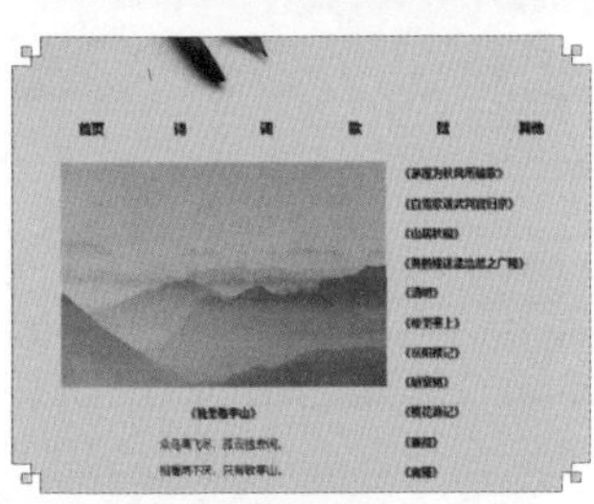

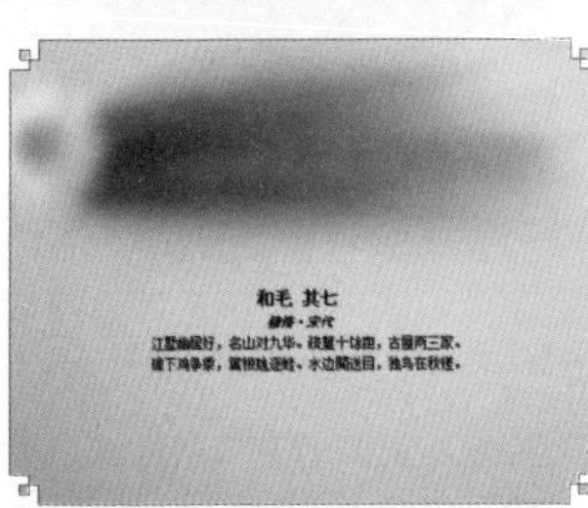

第2章

# 网页基本元素编辑详解

**跟我学**



**听我讲**



**自己练**

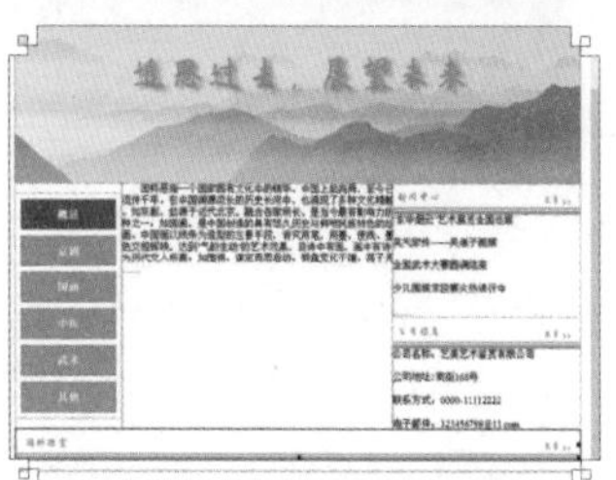


## 第3章 网页多媒体元素详解



## 第4章 网页超链接应用详解

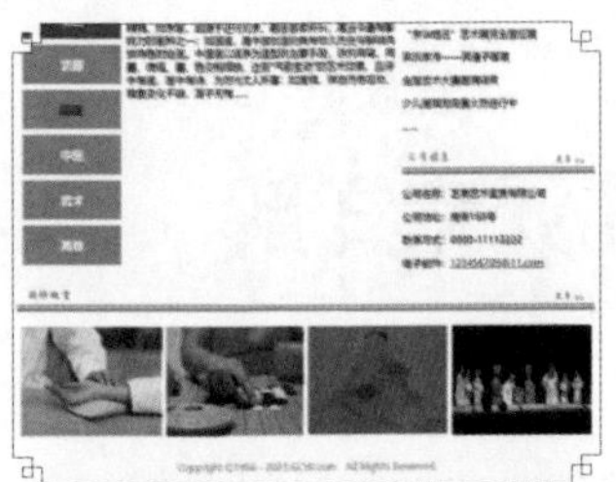

欢迎使用邮件
添加帐户
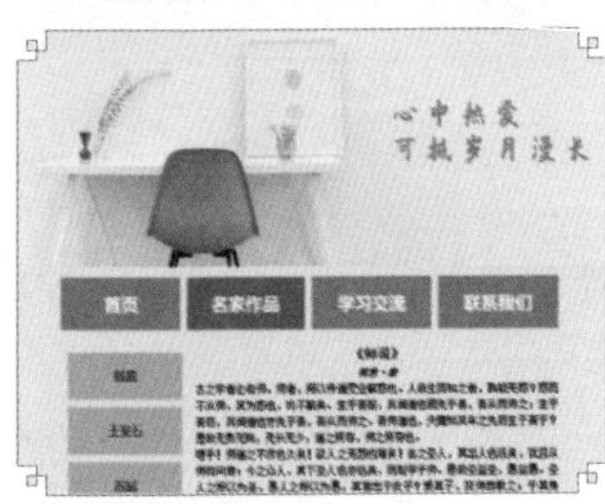
心中热爱
可抵岁月漫长
首页
名家作品
学习交流
联系我们

TAOYIXUAN | 陶艺轩

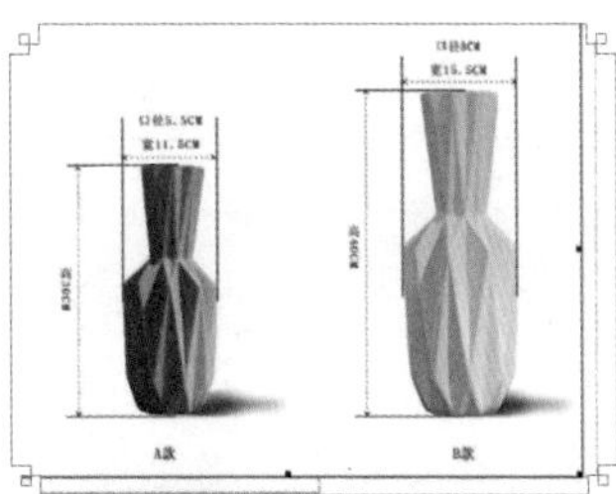

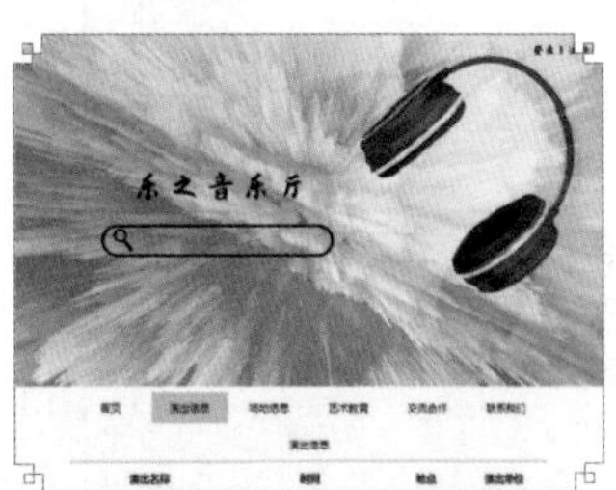
乐之音乐厅

建安建筑有限公司
建安建筑
建安全的建筑

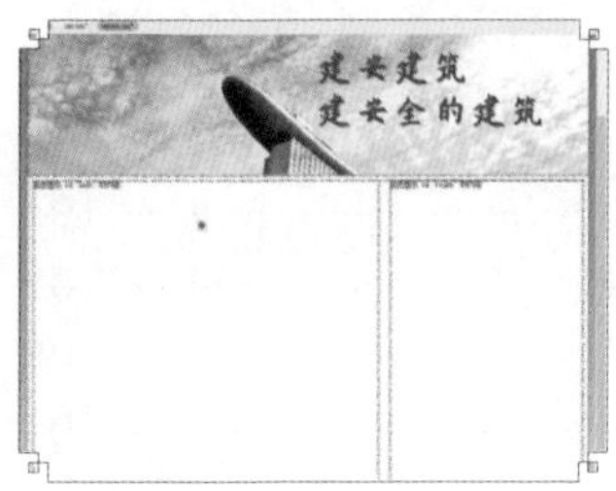
建安建筑
建安全的建筑

建安建筑有限公司
建安建筑
建安全的建筑
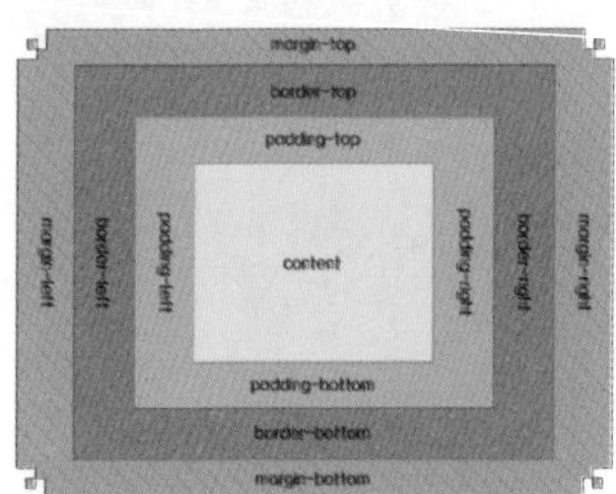
margin-top
border-top
padding-top
content
padding-bottom
border-bottom
margin-bottom
margin-left
border-left
padding-left
padding-right
border-right
margin-right
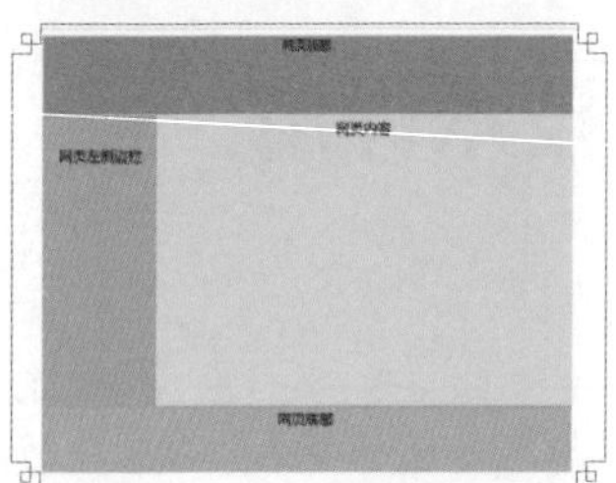

生命不止
运动不息

# 第7章 表单技术详解

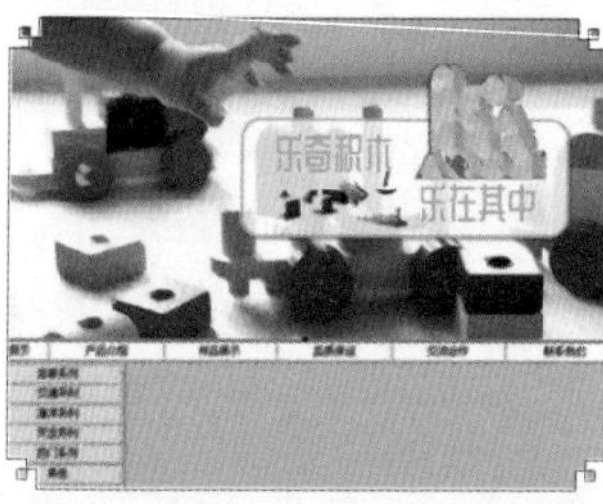

第8章

# 模板与库详解

跟我学



听我讲



自己练

LIAN室内设计网
与你共建美好的家
BUILD A BEAUTIFUL HOME WITH YOU

创建美好家园
LIAN室内设计
项目案例

基地概述
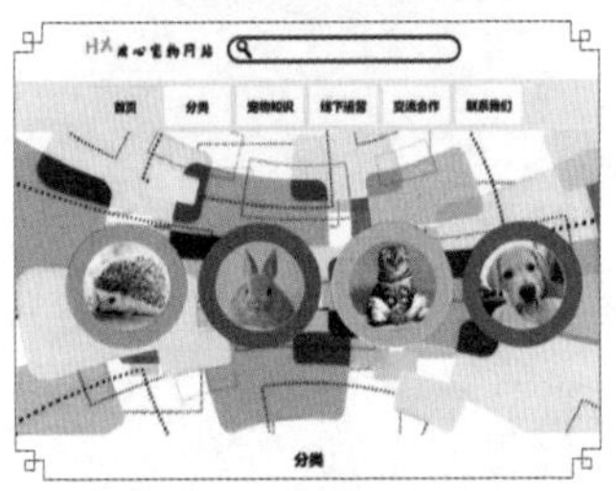
分类

# 第9章 行为技术详解

Dreamweaver

Dreamweaver

# 第1章

# 网页设计入门操作

## 本章概述

网站的建设并不是杂乱无章的，在创建网站之前，需要先创建站点。站点类似于一个网络文件夹，用于存放网站建设过程中需要用到的素材。通过Dreamweaver软件，网页设计者可以很方便地对站点进行管理。本章将针对Dreamweaver的工作界面及站点的相关知识进行介绍。

## 要点难点

- Dreamweaver的工作界面 ★☆☆
- 网站的建设 ★☆☆
- 站点的创建 ★★☆
- 站点的管理 ★★★

## 跟我学 创建小微企业站点

**学习目标** 本实例将练习创建小微企业站点。站点是网站中非常重要的组成部分，通过创建站点，可以更好地对站点文件进行管理，降低出错的概率。通过本实例，读者可以了解站点的创建过程及编辑方法。

**案例路径** 云盘 / 实例文件 / 第1章 / 跟我学 / 创建小微企业站点

**步骤01** 执行“站点”|“新建站点”命令，如图1-1所示。

**步骤02** 打开“站点设置对象”对话框，在“站点”选项卡中设置站点名称和本地站点文件夹，如图1-2所示。

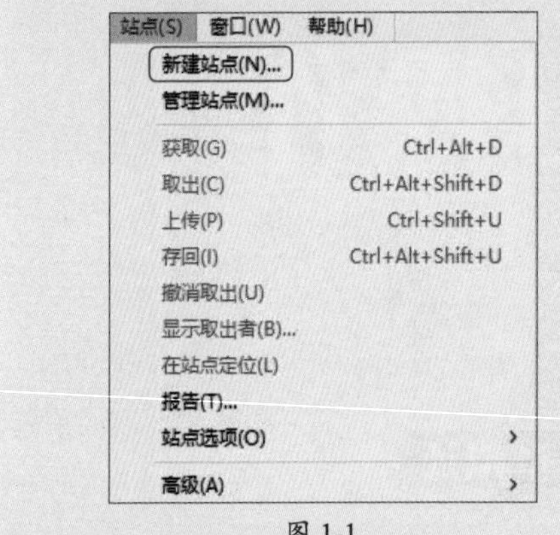

图 1-1

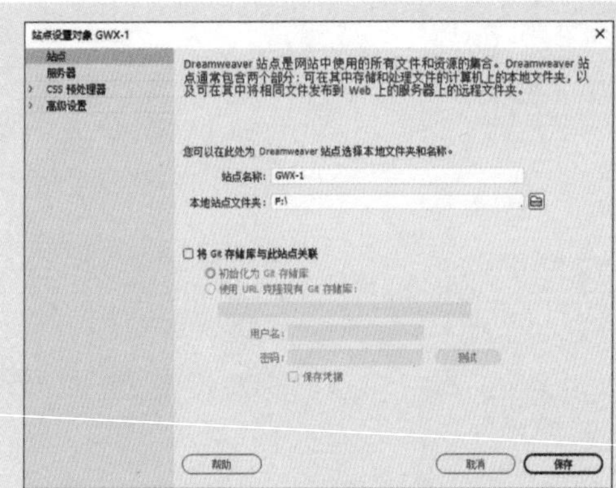

图 1-2

**步骤03** 保持其他选项卡默认设置，单击“保存”按钮即可创建站点。执行“窗口”|“文件”命令，在“文件”面板中即可看到创建的站点，如图1-3所示。

**步骤04** 在“文件”面板中选中创建的站点并右击，在弹出的快捷菜单中选择“新建文件夹”命令，如图1-4所示。

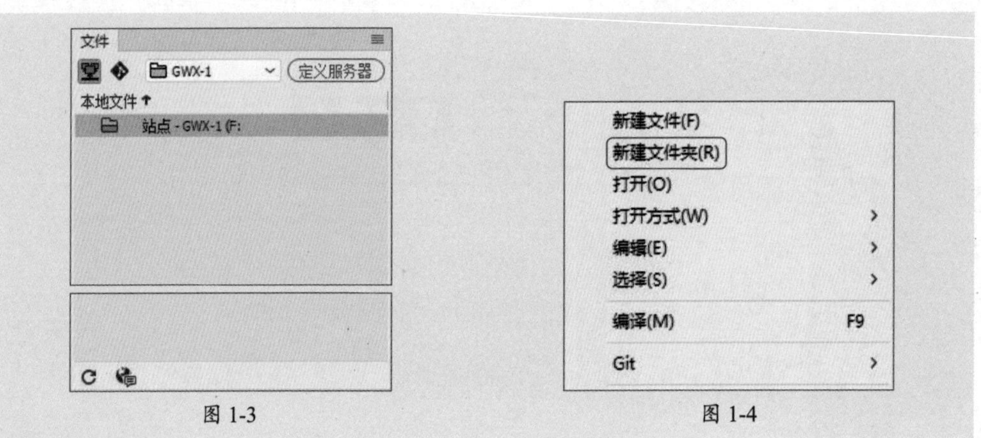

图 1-3　图 1-4

**步骤 05** 新建文件夹并修改其名称，如图1-5所示。

**步骤 06** 使用相同的方法再次创建index-GWX文件夹，如图1-6所示。

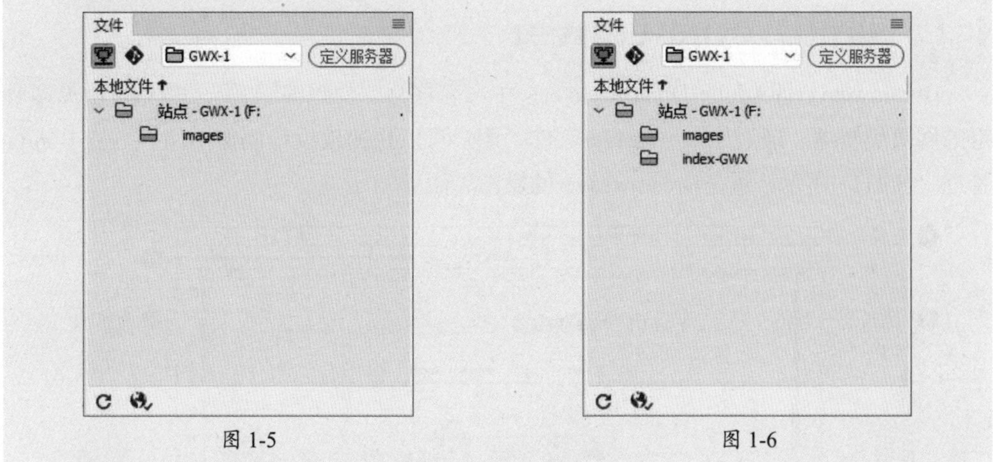


图 1-5　　　　图 1-6

**步骤 07** 选中“文件”面板中的index-GWX文件夹并右击，在弹出的快捷菜单中选择“新建文件”命令，新建文件并修改名称，如图1-7所示。

**步骤 08** 使用相同的方法，继续创建其他文件，如图1-8所示。

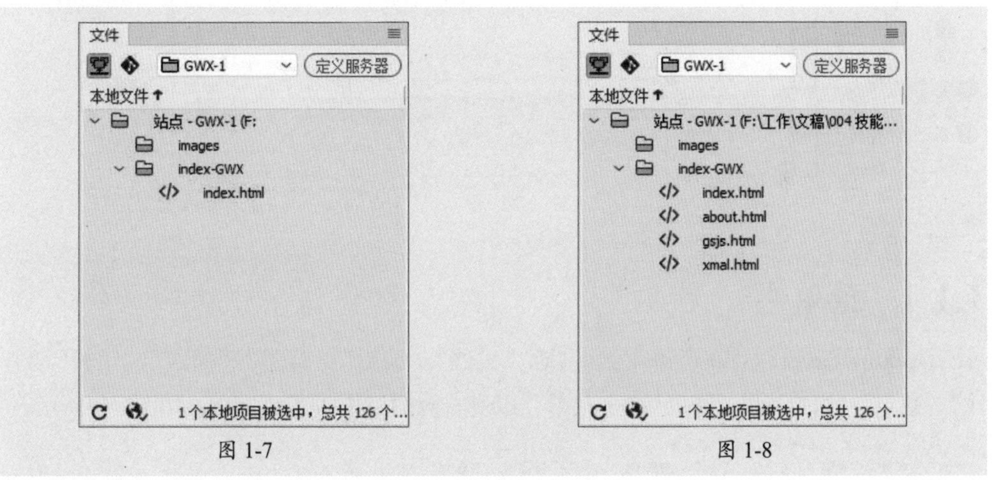


图 1-7　　　　图 1-8

至此，完成小微企业站点的创建。

**听我讲** Listen to me

## 1.1 初识Dreamweaver

Dreamweaver即Adobe Dreamweaver，中文名称为“梦想编织者”，是一个所见即所得的网页编辑器。通过Dreamweaver软件，用户可以快速地设计制作网站，并对其进行管理。如图1-9所示，这是Dreamweaver的操作界面。

图 1-9

### 1.1.1 菜单栏

Dreamweaver软件的菜单栏中包括“文件”“编辑”“查看”“插入”“工具”“查找”“站点”“窗口”和“帮助”9个菜单，以及右侧的工作区菜单 代码 ▾，如图1-10所示。

图 1-10

菜单栏中各菜单作用如下。

- **文件：** 该菜单中包括所有与文件相关的操作。通过该菜单中的命令，可以作出新建、打开或存储文档等操作。
- **编辑：** 该菜单中包括所有与编辑相关的操作，如所有与文本、段落和列表相关的格式设置操作等。
- **查看：** 使用该菜单中的命令可以切换文档的不同视图，还可以显示或隐藏不同类型的页面元素。

- **插入：** 通过该菜单中的命令，可以在网页中插入页面元素。
- **工具：** 该菜单包括与 HTML、CSS、资料库、模板、拼写和命令相关的工具。
- **查找：** 使用该菜单中的命令可以在当前文档、文件夹、站点或所有打开的文档中查找和替换代码、文本或标签（包含或不包含属性）。
- **站点：** 站点是包含网站中所有文件和资源的集合。使用该菜单中的命令可以新建、管理或编辑站点。
- **窗口：** 若要打开Dreamweaver软件中的面板、检查器或窗口，可以使用该菜单中的命令。
- **帮助：** 该菜单中的命令可以帮助用户更好地了解使用软件。
- **工作区菜单：** 单击该按钮，在弹出的下拉列表中可以切换不同的工作区，也可以新建、管理工作区。

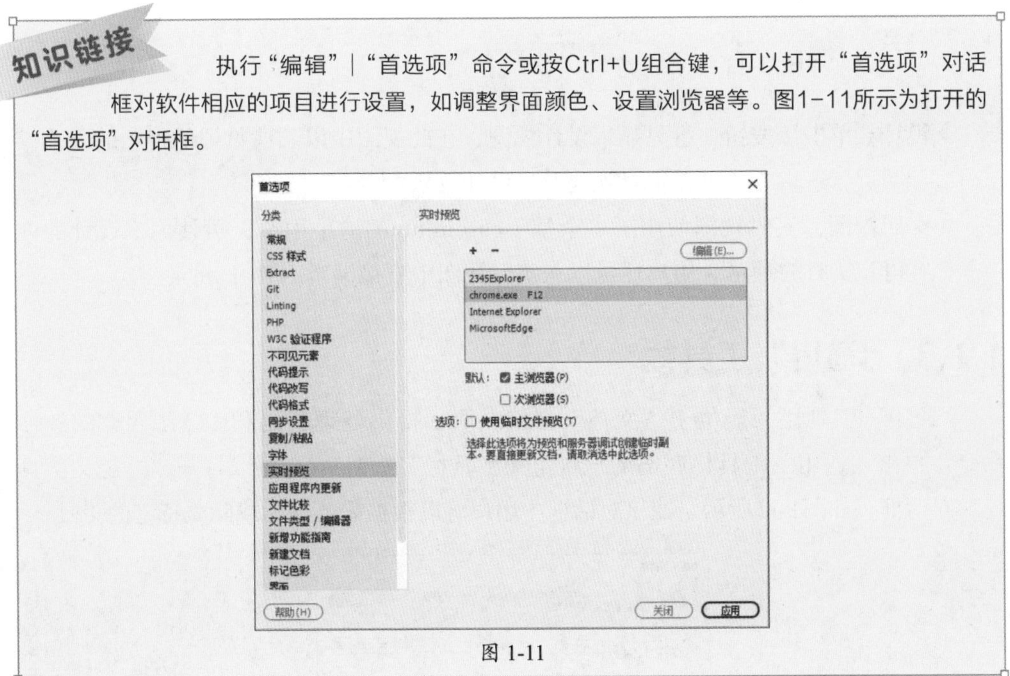

**知识链接** 执行“编辑”|“首选项”命令或按Ctrl+U组合键，可以打开“首选项”对话框对软件相应的项目进行设置，如调整界面颜色、设置浏览器等。图1-11所示为打开的“首选项”对话框。



图 1-11

## 1.1.2 文档工具栏

文档工具栏中的按钮可以帮助用户在文档的不同视图之间切换，包括“代码”“拆分”“设计”和“实时视图”4种，如图1-12所示。

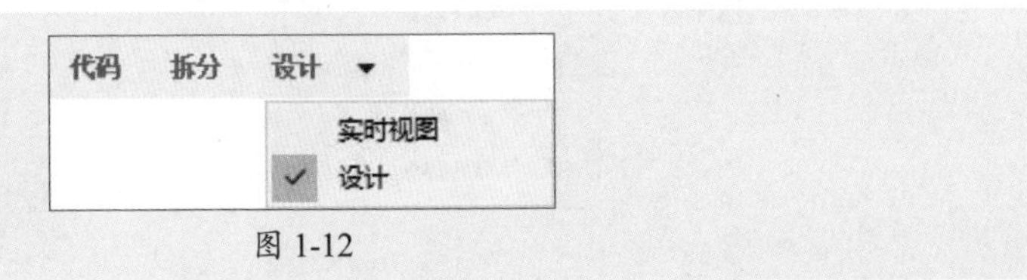


图 1-12

该工具栏中各按钮作用如下。

- **代码：** 单击该按钮，将在“文档”窗口中仅显示代码视图，如图1-13所示。
- **拆分：** 单击该按钮，可将“文档”窗口拆分为代码视图和设计视图，如图1-14所示。

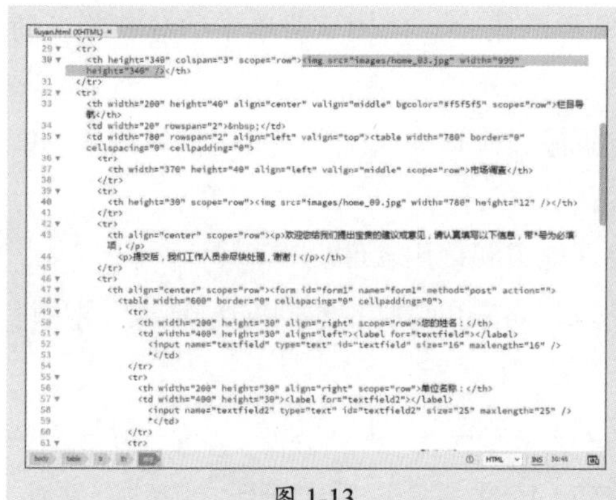

图 1-13

图 1-14

- **设计：** 单击该按钮，将只显示设计视图，在此视图中以“所见即所得”的方式设计网页，这种方式可以很直观地看到设计效果。
- **实时视图：** 实时视图使用了一个基于chromium的渲染引擎，可使用户设计的内容得到实时的预览。用户还可以在实时视图中直接编辑 HTML 元素。

## 1.1.3 “通用”工具栏

“通用”工具栏一般位于“文档”窗口左侧，提供处理代码和HTML元素的各种命令。单击“通用”工具栏底部的“自定义工具栏”按钮 ⋯，可以打开“自定义工具栏”对话框，如图1-15所示。在该对话框中用户可以根据需要显示或隐藏特定的工具。

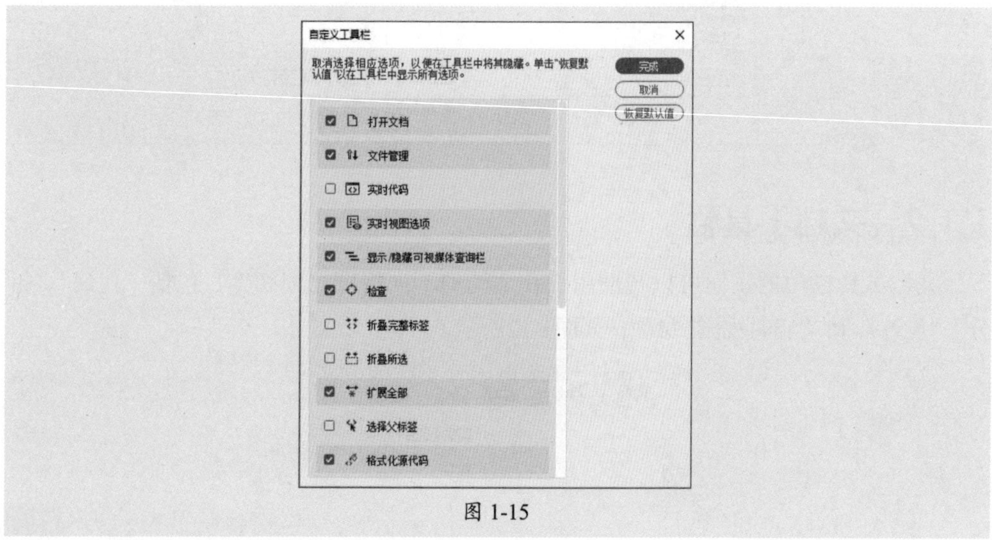


图 1-15

工具栏上的按钮是特定于视图的，并且仅在适用于当前所使用的视图时显示。

## 1.1.4 标签选择器

标签选择器显示当前选定内容的标签的层次结构，如图1-16所示。单击该层次结构中的任何标签即可选择该标签及其全部内容；右击标签，在弹出的快捷菜单中可以设置当前标签的class或ID属性。

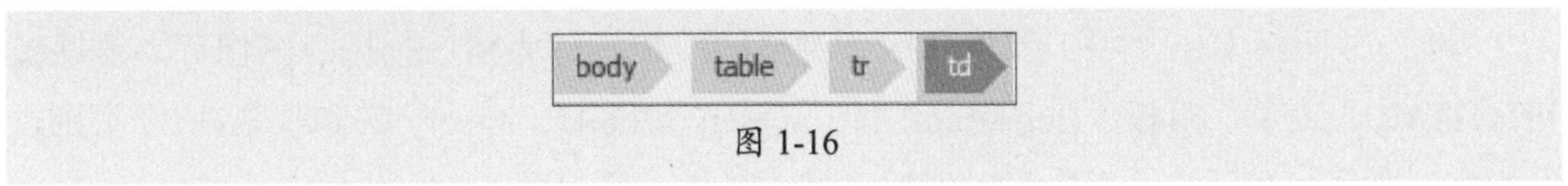


图 1-16

## 1.1.5 属性面板

属性面板显示当前选定页面元素的最常用属性，根据所选对象的不同，显示的属性也会随之变化。执行“窗口”|“属性”命令，即可打开属性面板。如图1-17所示，这是选择表格时的属性面板。

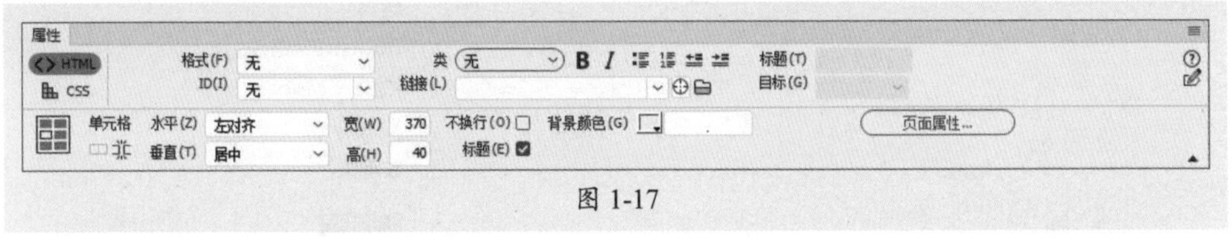


图 1-17

属性面板中部分选项的作用如下。

- **帮助**：单击该按钮将打开相应的帮助网页，以便于用户的使用。
- **快速标签编辑器**：单击该按钮可以在弹出的编辑器中快速地插入和编辑HTML标签，如图1-18所示。

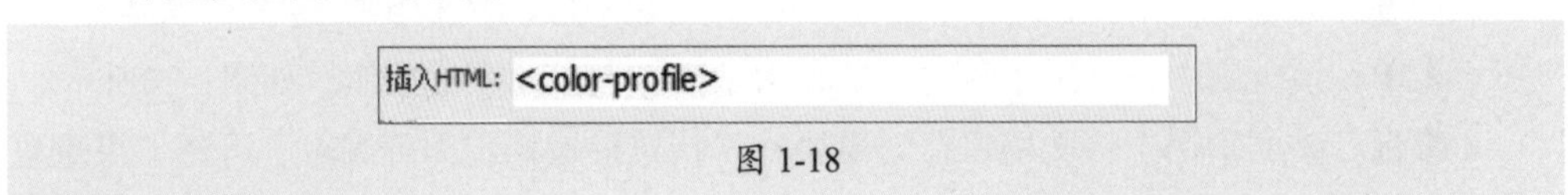


图 1-18

## 1.1.6 面板组

Dreamweaver软件中包括许多面板，用户可以根据需要自定义这些面板的位置及显示状态。常用的面板有“插入”面板、“文件”面板、“CSS设计器”面板等。

“窗口”菜单中包括Dreamweaver软件的所有面板，用户可以执行相应的命令打开面板。移动鼠标指针至面板的标题栏，按住鼠标左键拖曳即可移动面板。

### 1. “文件”面板

“文件”面板中存储着本地站点中的文件，用户可以在该面板中进行查看和管理。图1-19是打开的“文件”面板。通过“文件”面板，用户可以检查文件和文件夹是否与站点相关联，也可以执行标准文件维护操作（如打开和移动文件）。“文件”面板还可帮助用户管理文件并在本地和远程服务器之间传输文件。

### 2. “插入”面板

“插入”面板中包含用于创建和插入对象的按钮，如表格、按钮、图像等。这些按钮按HTML、表单、模板、Bootstrap组件、jQuery Mobile、jQuery UI和收藏夹7个类别进行组织，如图1-20所示。用户可以根据需要选择插入的对象。

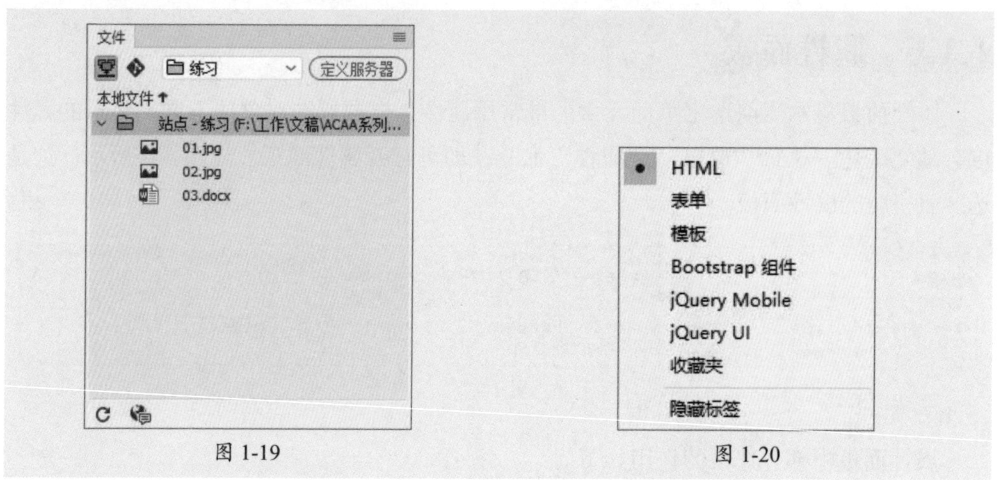

图 1-19　　图 1-20

这7个类别的作用分别如下。

- **HTML：** 选择HTML类别后，用户可以创建和插入最常用的 HTML 元素，如 div 标签、对象等，如图1-21所示（注：div有时也写成DIV或Div）。
- **表单：** 该类别中包含用于创建表单和用于插入表单元素的按钮，如图1-22所示。
- **模板：** 该类别用于将文档保存为模块并将特定区域标记为可编辑、可选、可重复或可编辑的区域。
- **Bootstrap组件：** 该类别中包含Bootstrap组件以提供导航、容器、下拉菜单以及可在响应式项目中使用的其他功能，如图1-23所示。
- **jQuery Mobile：** 该类别中包含使用jQuery Mobile构建站点的按钮。
- **jQuery UI：** 用于插入jQuery UI元素，如折叠式、滑块或按钮等。
- **收藏夹：** 用于将“插入”面板中最常用的按钮分组和组织到某一公共位置。

选择“插入”面板中的类别，单击对象按钮或将其拖曳至“文档”窗口中，即可插入对象。

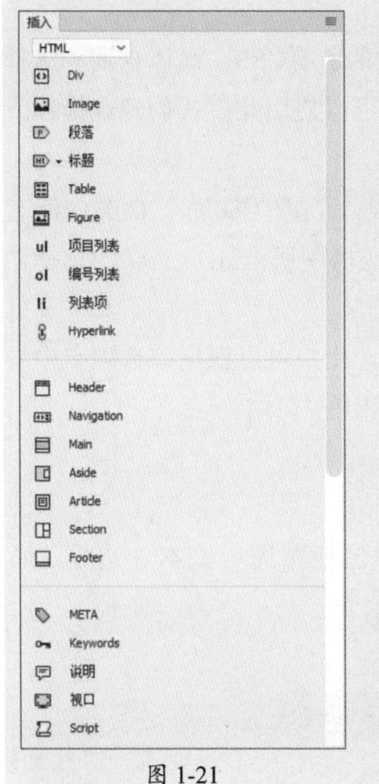


图 1-21

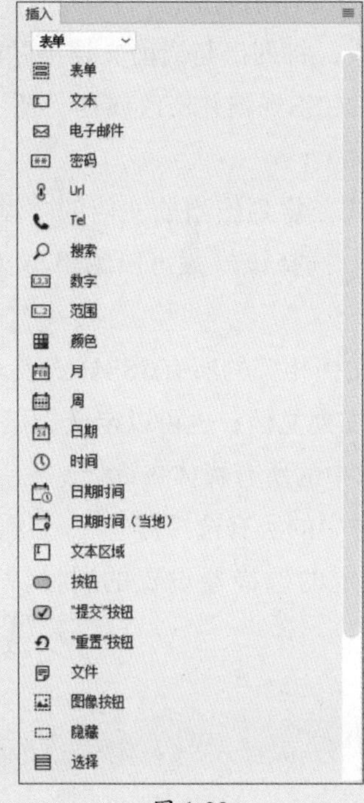


图 1-22

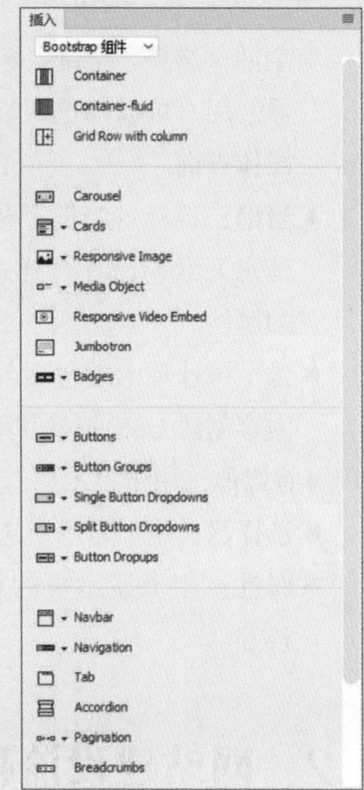


图 1-23

## 技巧点拨

处理XML、JavaScript、Java 和 CSS类型的文件时，“插入”面板和“设计”视图选项将变暗，无法使用。

## 3. “CSS 设计器”面板

“CSS设计器”面板可以让用户“可视化”地创建 CSS 样式和规则并设置属性和媒体查询。“CSS设计器”面板如图1-24所示。

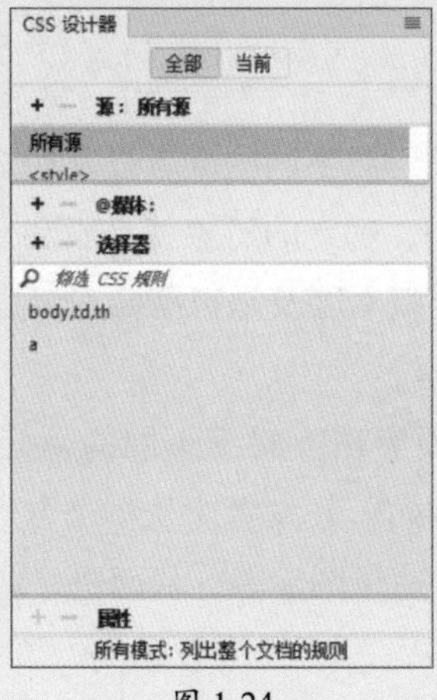


图 1-24

“CSS设计器”面板中各选项的作用如下。

- **全部：** 选择“全部”模式，将列出与当前文档关联的所有CSS、媒体查询和选择器。用户可以筛选所需的CSS规则并修改属性，还可以使用此模式创建选择器或媒体查询。
- **当前：** 选择“当前”模式，将列出当前文档的“设计”或“实时”视图中所有选定元素的已计算样式。选择该模式可以编辑与文档中所选元素关联的选择器的属性。
- **源：** 该选项卡中包括与文档相关的所有CSS样式表。用户可以根据该选项卡中的内容创建 CSS 并将其附加到文档，也可以定义文档中的样式。
- **@媒体：** 用于显示所选源中的所有媒体查询。
- **选择器：** 用于显示所选源中的所有选择器。
- **属性：** 用于显示可为指定的选择器设置的属性。包括布局、文本、边框、背景等。

## 1.2 网站建设流程

在建设网站之前，需要先对站点进行规划、对素材进行收集整理，再根据建站前的规划制作网站；对于制作完成的网站，还需要进行测试以确定满足需要，测试完成后再进行发布，使浏览者可以查看。发布并不是网站建设的结束，发布后的网站还需要进行更新维护，以确保其能正常运转。本节将针对网站建设的流程进行介绍。

### 1.2.1 规划站点

规划站点即整体定位网站，是建设网站的第一步。规划站点需要准备站点所需要的资料，并对这些资料进行整合，确定站点的风格和结构。在规划站点时，需要遵循以下4个原则。

**（1）确定网站的服务对象。**

只有确定了网站的服务对象，对不同的读者投其所好，制作出的网站才是有价值的网站。比如要制作一个服装网站，确定的对象就是服装。在确定服务对象后，还应考虑目标用户的计算机配置、浏览器版本以及是否需要安装插件等问题。

**（2）确定网站的主题和内容。**

网站的主题要鲜明，重点要突出。对于不同的爱好者和需求者，应该有不同的定位。比如，要制作一个图片类网站，开发者应从多个方面着手，对浏览者的需求进行了分类，如摄影图库、设计图库、适量图库等，从而更好地满足人们的需要。

**（3）把握网站结构。**

网站的总体结构要层次分明，尽量避免层次复杂的网站结构。一般网站结构选择树形结构，这种结构的特点是主次分明、内容突出。

**（4）选择网站风格。**

网站风格应该根据主题和内容进行选择，以求内容和形式的完美结合，突出网站的个性，达到更好地吸引人们的注意力的目的。风格的设计主要表现在色彩的应用上。

## 1.2.2 收集素材

建设网站前，应明确建设网站的目的、网站的功能、网站规模、投入费用等，再根据这些需求收集合适的素材。

## 1.2.3 制作网站

做完网站建设的前期准备工作后，就可以准备制作网站。网站是由网页组合而成的。网页是一个包含HTML标签的纯文本文件，是向浏览者传递信息的载体。网页采用HTML、CSS、XML等多种语言对页面中的各种元素（如文字、图像、音频等）进行描述，并通过客户端浏览器进行解析，从而向浏览者呈现各种内容。

**技巧点拨**

在制作网站时，可以先设计好网页的整体布局，再根据先大后小、先简单后复杂的原则进行制作。

## 1.2.4 测试网站

网站制作完成后，应进行本地测试，以保证页面的浏览效果与设计要求相吻合。网站测试还可以发现设计中的各种错误，从而为网站的管理和维护提供方便。网站测试的内容包括以下7个方面。

**（1）功能测试。**

功能的测试是非常关键的，测试内容包括链接测试、表单测试、Cookies测试、设计语言测试和数据库测试等。

**（2）性能测试。**

网站的性能测试主要从连接速度测试、负荷测试和压力测试几个方面进行的。①连接速度测试是指打开网页的响应速度测试。②负荷测试是在某一负载级别下，检测网站的实际性能。可以通过相应的软件在一台客户机上模拟多个用户来测试负载。③压力测试是测试系统的限制和故障恢复能力。

**（3）可用性测试。**

网站的可用性和易用性只能通过手工的方式进行测试，其主要内容包括导航测试、图形测试、内容测试和整体界面测试。

**（4）兼容性测试。**

兼容性测试主要用于验证应用程序是否可以在用户使用的机器上运行。若网站的用户是面向全球的，则需要测试各种操作系统、浏览器、视频设置和网络速度，以及各种设置的组合情况。

**（5）安全性测试。**

安全性测试包括对网站的安全性（服务器安全、脚本安全）进行测试，可能有的漏洞测试，攻击性测试，错误性测试，对客户服务器应用程序、数据、服务器、网络、防火墙等进行测试。

**（6）稳定性测试。**

稳定性测试是指测试网站运行中整个系统是否运行正常。

**（7）代码合法性测试。**

该测试主要包括程序代码合法性检查与显示代码合法性检查两项。

## 1.2.5　发布网站

创建并测试完网站后，就可以将文件上传至远程文件夹中发布网站。远程文件夹是存储文件的位置，这些文件用于测试、生产、协作和发布，具体取决于用户的环境。在Dreamweaver 中，可以通过“文件”面板很方便地实现文件的上传功能。具体的操作将在后文中进行介绍。

## 1.2.6　更新维护

网站发布后，并不代表网站建设的完结。用户需要更新维护网页内容，以使网站保持活力，长久运行。

网站的更新是指在不改变网站结构和页面形式的情况下，增加或修改网站的固定栏目内容；网站维护是指对网站运行状况进行监控，发现问题及时解决，并将其运行的实时信息进行统计。

网站的更新和维护主要包括以下3个方面。

**（1）内容的更新。**

内容的更新包括产品信息的更新、企业新闻动态更新、招聘启事的更新、网站图片的更换、网站重要页面的设计制作等（如发生重大事件、突发事件及公司周年庆典等活动页面）。

**（2）网站系统维护服务。**

网站系统维护服务包括E-mail账号维护服务、域名维护续费服务、网站空间维护、与IDC（互联网数据中心，为企业、媒体和各类网站提供大规模、高质量、安全可靠的专业化服务器托管服务）进行联系、域名解析服务等。

（3）企业网络的易用性和安全性维护。

企业网络的易用性和安全性维护包括通过FTP软件进行网页内容的上传、ASP服务器模型与CGI-BIN目录的管理维护、计数器文件的管理维护、网站的定期推广服务等。

## 1.3 创建站点

Dreamweaver站点网站中使用的所有文件和资源的集合。利用 Dreamweaver站点，用户可以组织和管理Web文档，将文档上传到 Web 服务器、跟踪和维护链接以及管理和共享文件。

### 1.3.1 创建本地站点

站点通常包含本地站点和远程站点两部分。本地站点中存储着网站中的所有文件。执行“站点”|“新建站点”命令，在打开的“站点设置对象”对话框中设置参数，完成后单击“保存”按钮即可创建本地站点。图1-25、图1-26分别为“站点设置对象”对话框与创建后的站点文件夹。

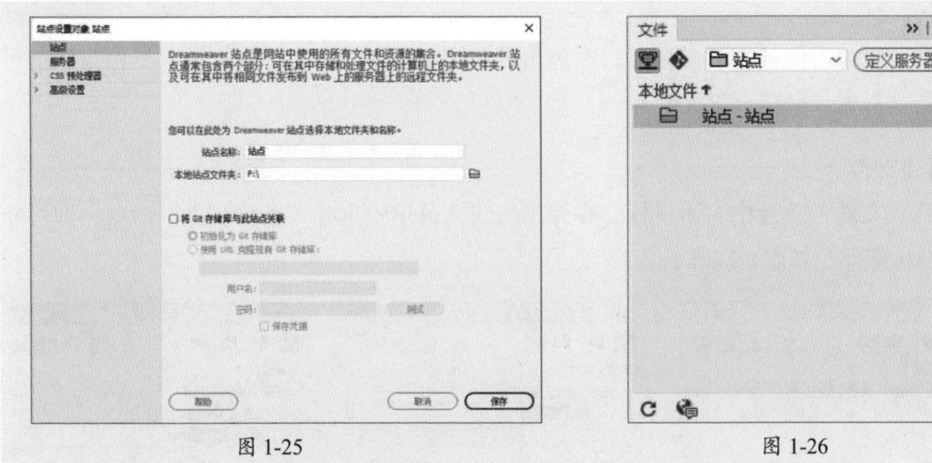


图 1-25　　图 1-26

“站点设置对象”对话框中各选项卡作用如下。

- **站点：**用于设置站点的基本信息，如名称、本地站点文件夹等。
- **服务器：**用于指定远程服务器和测试服务器。远程服务器可以指定远程文件夹的位置，该文件夹将存储生产、协作、部署或许多其他方案的文件。远程文件夹通常位于运行Web服务器的计算机上。
- **CSS预处理器：**用于预处理CSS的相关选项，如CSS输出、源文件夹等。
- **高级设置：**用于站点的高级设置，如在网站开发过程中记录一些开发过程中的信息、设置字体等。

### 1.3.2 创建远程站点

远程站点是指将存储于Internet服务器上的站点和相关文档。用户可以在远程服务器上发布站点文件，以便浏览者在线查看。

创建远程站点的方法与本地站点类似，但在“站点设置对象”对话框中创建完成站点名称和文件夹后，需要切换至“服务器”选项卡添加新服务器作为远程服务器。

## 1.4 站点的管理

创建并上传网站后，可以根据站点的实际情况对其进行管理，如编辑站点、删除站点、复制站点等。本节将对此进行介绍。

### 1.4.1 访问站点

在“文件”面板中选中站点，即可将其打开，如图1-27所示。打开站点后，可以对网站内容进行编辑。

#### 1. 新建文件夹

在“文件”面板中右击鼠标，在弹出的快捷菜单中选择“新建文件夹”命令，即可创建新文件夹，如图1-28所示。

#### 2. 新建文件

在“文件”面板中右击鼠标，在弹出的快捷菜单中选择“新建文件”命令，即可新建HTML文件，如图1-29所示。

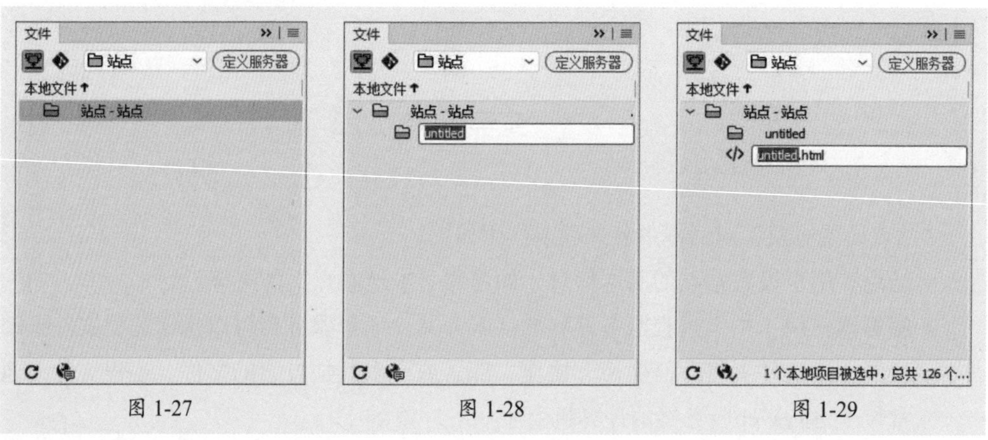


图 1-27　　图 1-28　　图 1-29

#### 3. 编辑文件或文件夹

选中“文件”面板中的文件或文件夹并右击，在弹出的快捷菜单中选择“编辑”命令，选择相应的子命令即可复制、剪切或删除所选中的对象。

## 1.4.2 编辑站点

通过“管理站点”对话框可以对创建好的站点的属性进行编辑修改。执行“站点”|“管理站点”命令，在“文件”面板中的“文件”下拉列表中选择“管理站点”命令，打开“管理站点”对话框，如图1-30所示。选中要编辑的站点，单击“编辑当前选定的站点”按钮✎，即可打开“站点设置对象”对话框，如图1-31所示。用户可以在该对话框中设置参数，完成后单击“保存”按钮修改站点属性。

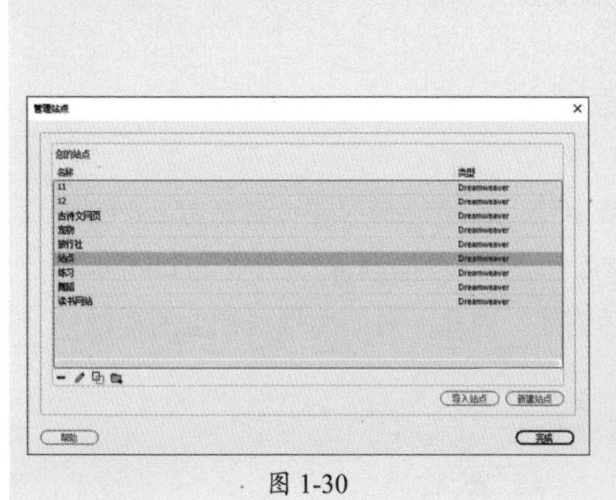


图 1-30

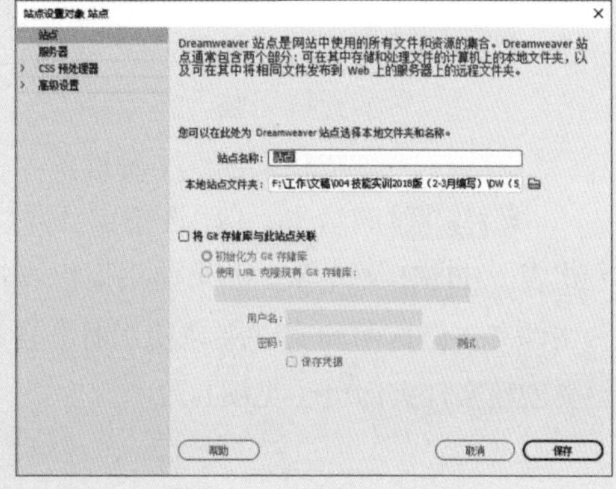


图 1-31

“管理站点”对话框中各按钮作用如下。

- **导入站点：** 单击该按钮，可以将以前备份的XML文件重新导入Dreamweaver软件中。
- **新建站点：** 单击该按钮，可以打开“站点设置对象”对话框新建站点。
- **删除当前选定的站点（−）：** 单击该按钮，可以删除当前选定的站点。
- **编辑当前选定的站点（✎）：** 单击该按钮，可以打开站点设置对话框对当前选定的站点进行编辑修改。
- **复制当前选定的站点（⧉）：** 单击该按钮，可以将已有站点复制为新站点，简单编辑后，即可创建结构相似的站点。
- **导出当前选定的站点（🗀）：** 单击该按钮，可以将当前选中的站点设置导出为XML文件，以便在不同设备和产品版本上重用这些设置。

**技巧点拨**

导入/导出功能不会导入或导出站点文件。它仅会导入/导出站点设置，以节省在Dreamweaver中重新创建站点的时间。

# 自己练/创建站点

**案例路径** 云盘 / 实例文件 / 第1章 / 自己练 / 创建站点

**项目背景** 创建站点是建站前非常重要的一步。站点中包括网站创建过程中需要的所有素材，通过对站点资料的应用，才可以制作出优秀、完整的网站。在网站上传至服务器中后，还可以根据站点实际情况进行管理。

**项目要求** ①分类清晰整洁。

②资料完整。

③站点文件夹不要过多。

**项目分析** 网站中一般用到的素材包括图像、音视频等多媒体资源以及CSS样式表、HTML文件等。如果使用模板或者库还会使用到Library文件夹和Templates文件夹，但这两种文件夹在使用时会自动创建。因此，只需要根据常见的素材分类创建文件夹即可（见图1-32）。

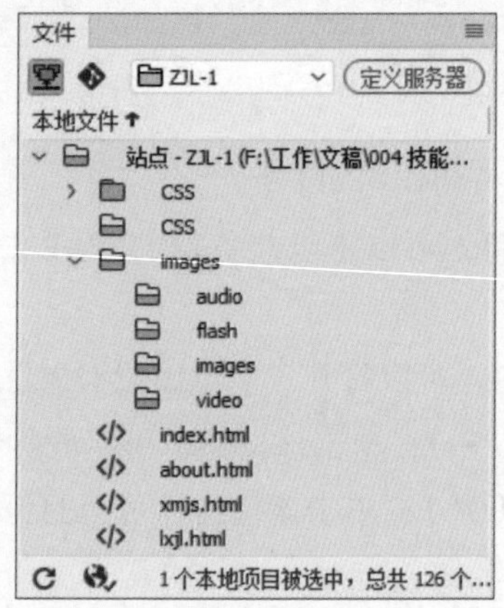


图 1-32

**课时安排** 1学时。

Dreamweaver

# 第2章

# 网页基本元素编辑详解

## 本章概述

网页中一般都包含文本、图像、表格、多媒体素材等多种元素。通过添加这些元素，可以使网页页面更加丰富多彩。本章将对网页中的基本元素进行介绍。通过本章的学习，用户可以了解网页中常见的基本元素，学会创建文本以及一些特殊元素。

## 要点难点

- 文本的创建 ★☆☆
- 特殊元素的插入 ★★☆
- 页面属性的设置 ★★☆

# 跟我学 制作古文网页

学习目标 本实例将练习制作古文网页。使用表格布局网页，添加图像和文字丰富网页的内容。通过本实例的练习，可以帮助读者学会页面属性的设置、文本的创建以及简单的表格布局等。

案例路径 云盘 / 实例文件 / 第2章 / 跟我学 / 制作古文网页

步骤 01 执行“站点”|“新建站点”命令，新建“GWX-2”站点，并新建images文件夹和index.html文件，如图2-1所示。

步骤 02 双击“文件”面板中的index.html文件，打开网页文档，执行“插入”|Table命令，打开Table对话框，设置参数，如图2-2所示。

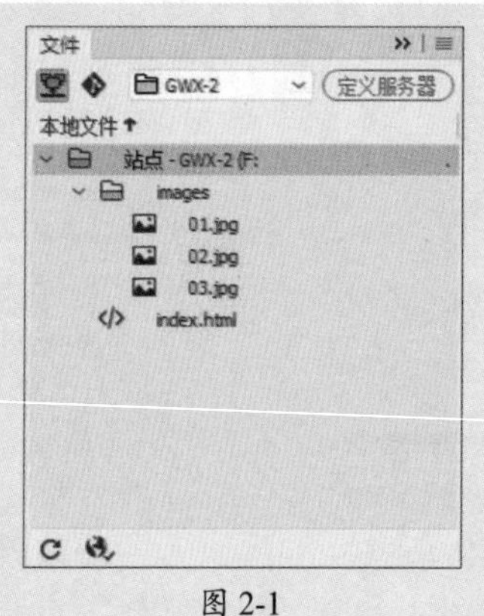


图 2-1

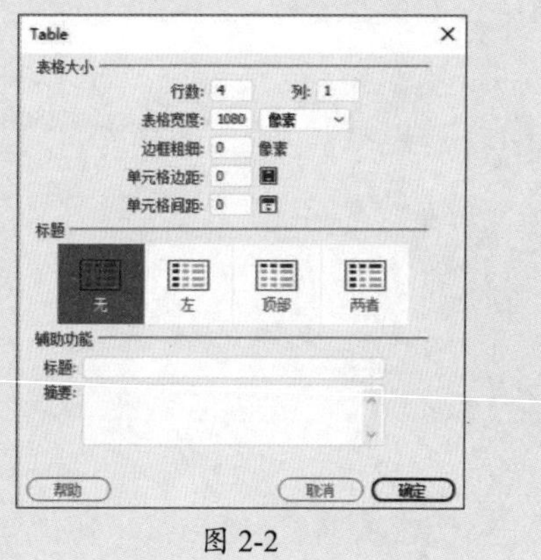


图 2-2

步骤 03 完成后单击“确定”按钮，插入一个4行1列的表格，如图2-3所示。

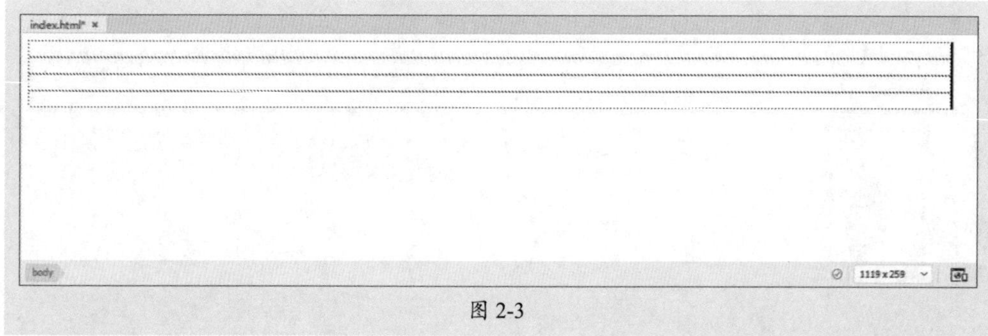


图 2-3

步骤 04 在网页文档空白位置单击，单击“属性”面板中的“页面属性”按钮，打开“页面属性”对话框后选择“外观（CSS）”选项卡，单击“背景图像”文本框后的“浏览”按钮，打开“选择图像源文件”对话框选择图像，如图2-4所示。

步骤 05 完成后单击“确定”按钮，返回“页面属性”对话框，如图2-5所示。

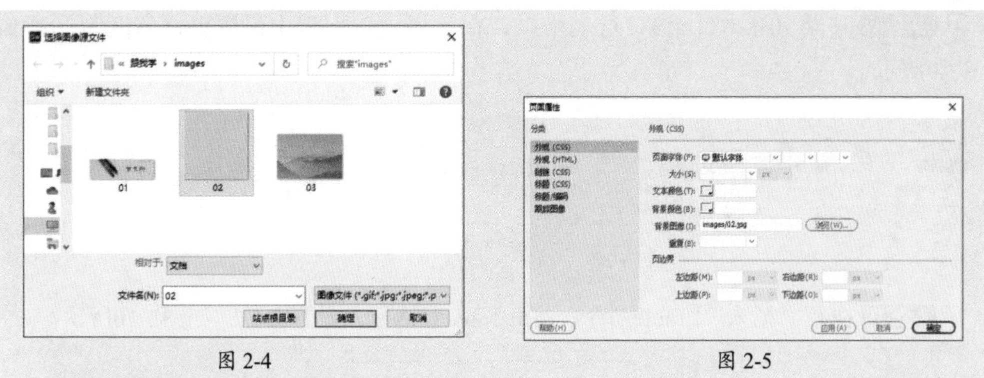

图 2-4　　　　图 2-5

**步骤 06** 单击“确定”按钮，添加页面背景，如图2-6所示。

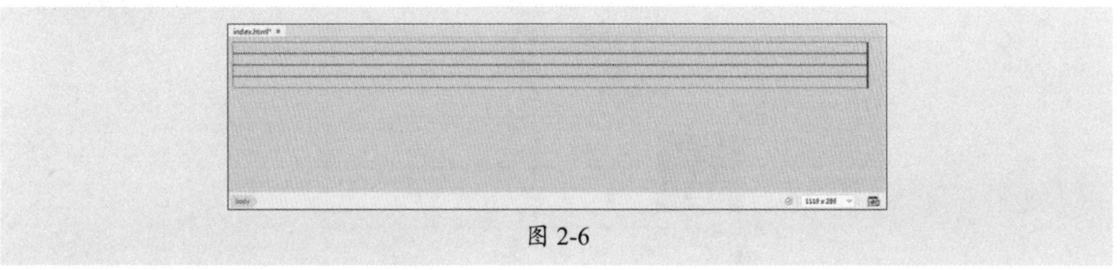

图 2-6

**步骤 07** 移动鼠标指针至表格第一行中单击，执行“插入”|Image命令，打开“选择图像源文件”对话框，选择图像，如图2-7所示。

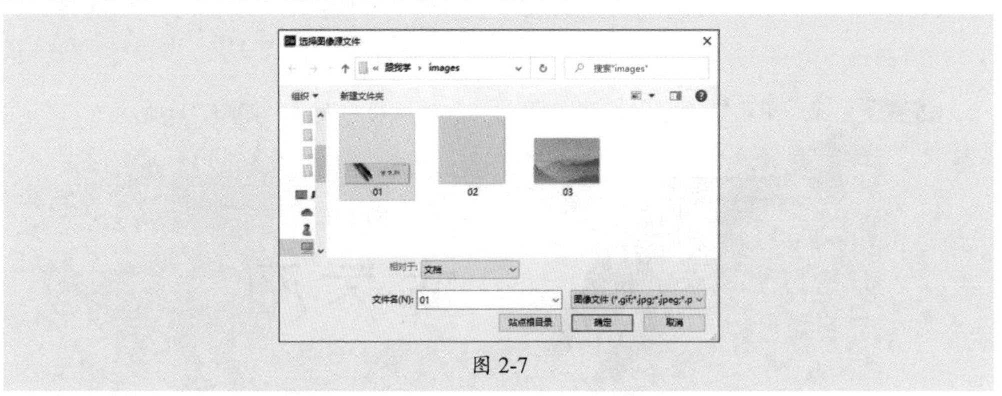


图 2-7

**步骤 08** 完成后单击“确定”按钮，插入图像，如图2-8所示。

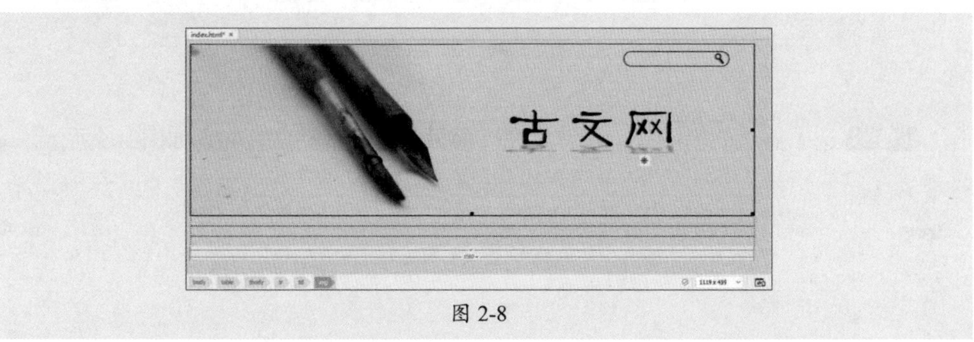


图 2-8

**步骤 09** 移动鼠标指针至第2行表格中，在“属性”面板中设置表格高度为50，如图2-9所示。

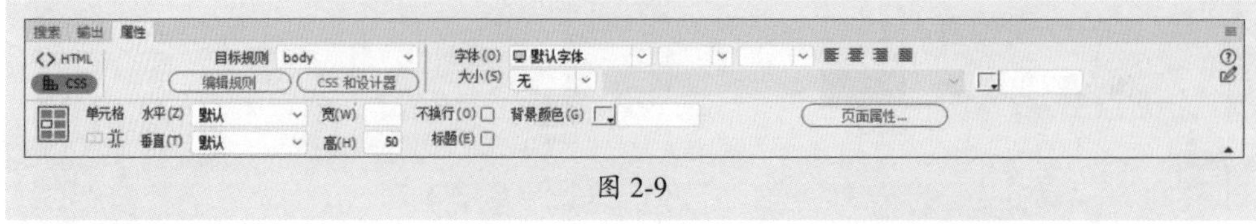

图 2-9

**步骤 10** 执行“插入”|Table命令，打开Table对话框，设置参数，如图2-10所示。

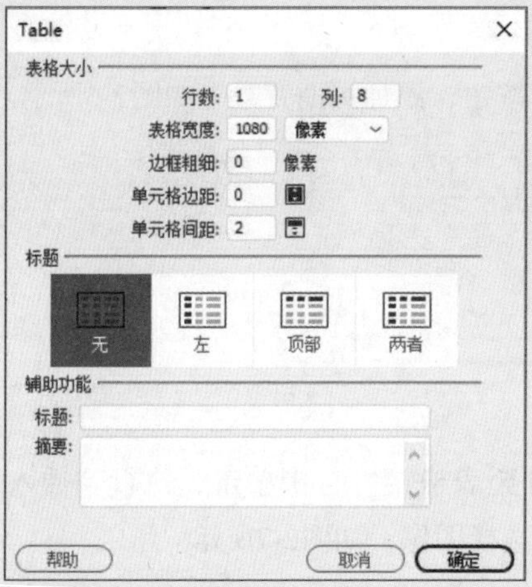

图 2-10

**步骤 11** 完成后单击“确定”按钮，插入一个1行8列的表格，如图2-11所示。

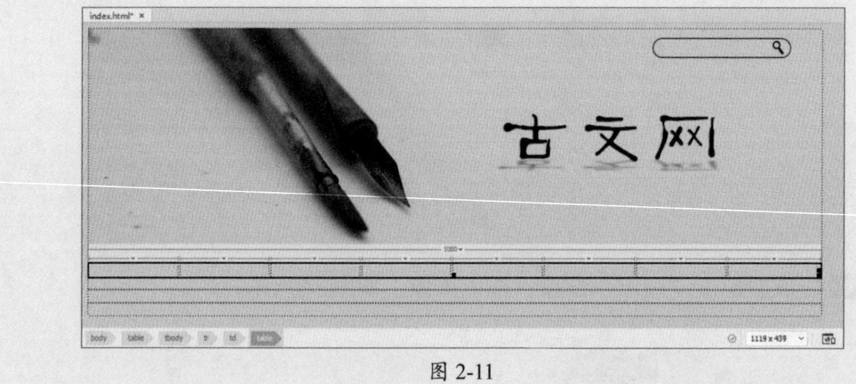


图 2-11

**步骤 12** 选中插入的表格行，在“属性”面板中设置其高度为50，如图2-12所示。

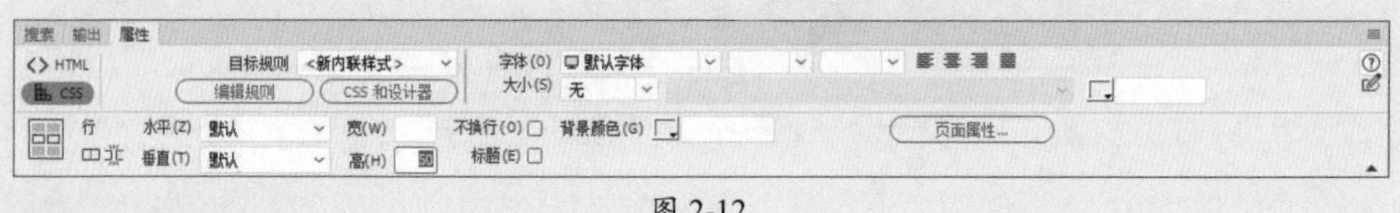

图 2-12

**步骤 13** 按住Ctrl键单击新插入表格的第1列和第8列，在“属性”面板中设置其宽度为150，如图2-13所示。

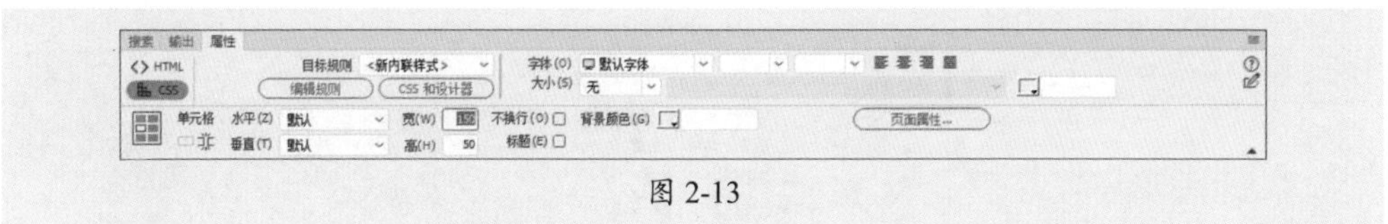


图 2-13

**步骤 14** 选中新插入表格的第2-7列，在“属性”面板中设置宽度为130，设置表格水平居中对齐、垂直居中，如图2-14所示。

图 2-14

**步骤 15** 在表格第2-7列中依次输入文字，如图2-15所示。

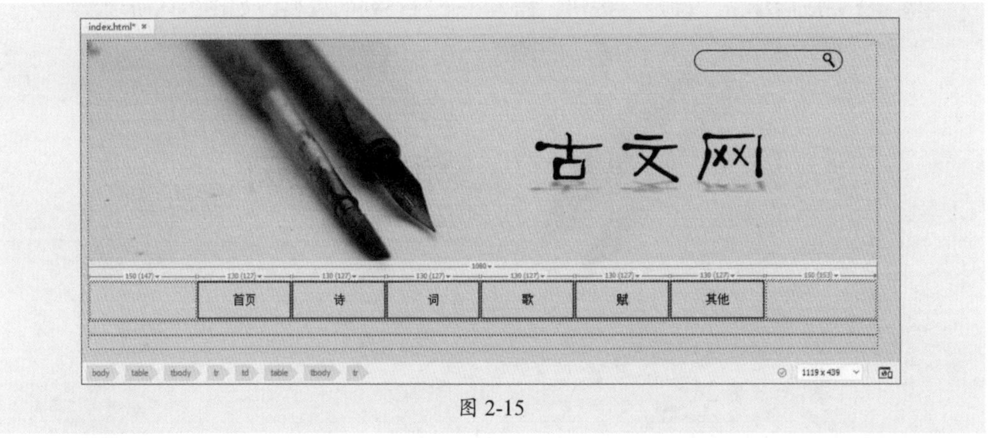


图 2-15

**步骤 16** 选中表格第2-7列，在“属性”面板“HTML属性检查器”中设置“格式”为标题3，效果如图2-16所示。

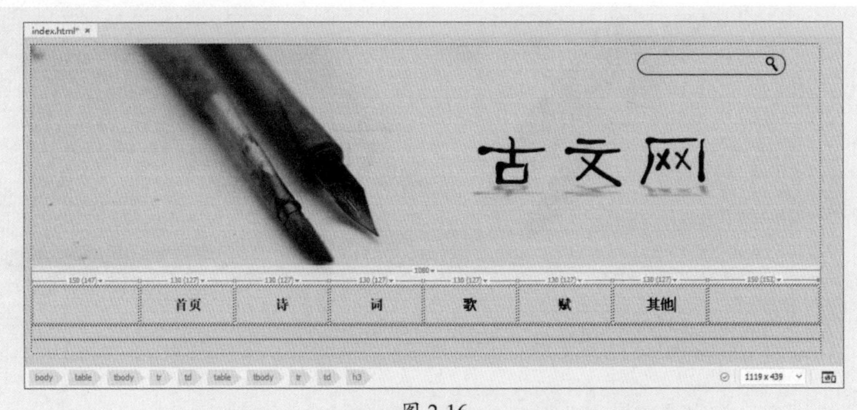


图 2-16

**步骤 17** 移动鼠标指针至第3行中，执行“插入”|Table命令，打开Table对话框，设置参数，如图2-17所示。

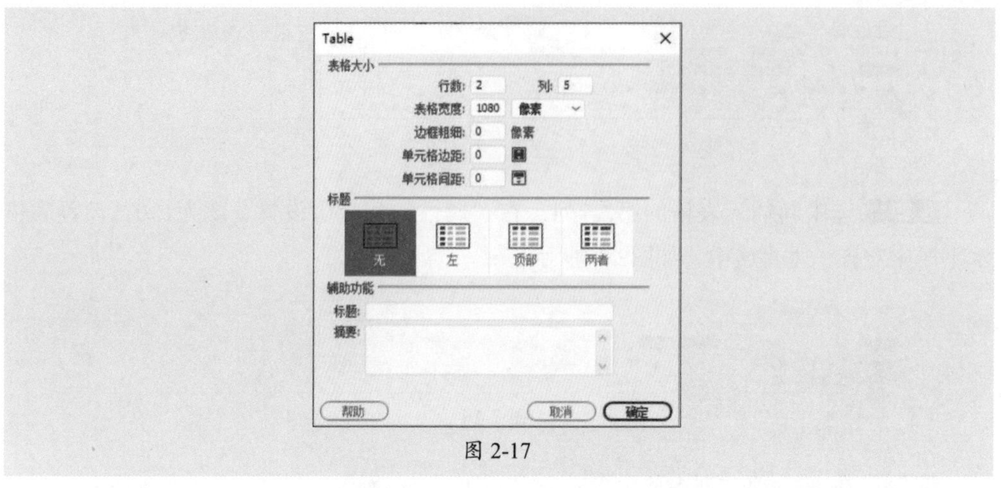


图 2-17

**步骤 18** 完成后单击“确定”按钮，插入一个2行5列的表格，如图2-18所示。

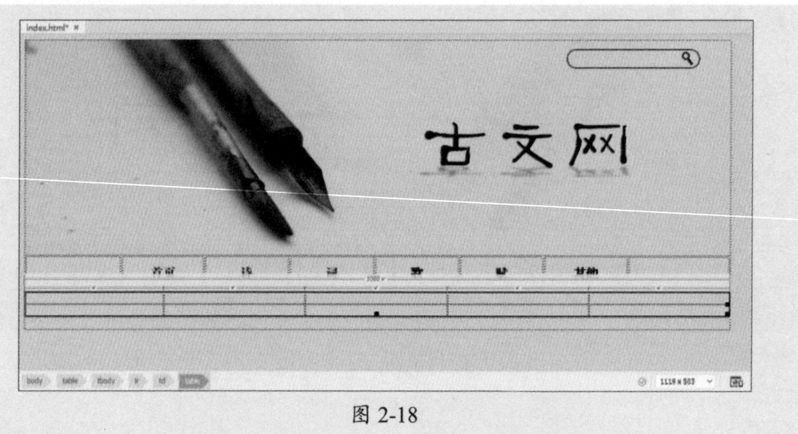


图 2-18

**步骤 19** 选中新插入表格的第1列，按Ctrl+Alt+M组合键合并单元格，如图2-19所示。

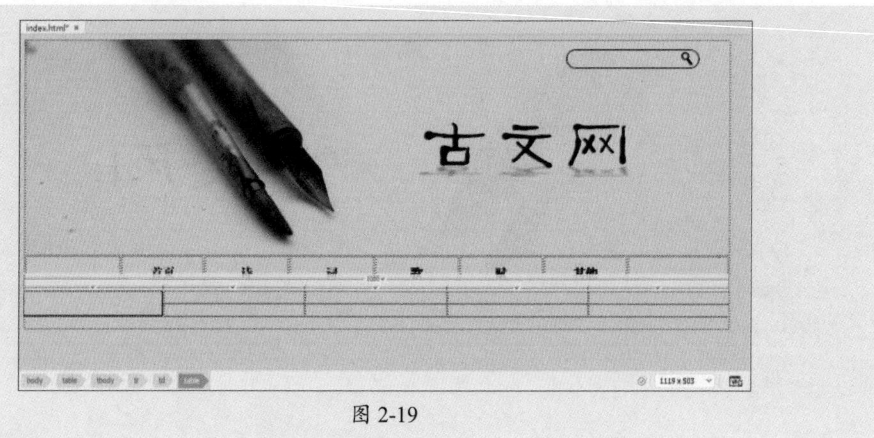


图 2-19

**步骤20** 使用相同的方法，合并第4列单元格、第5列单元格以及第1行第2~3列单元格，如图2-20所示。

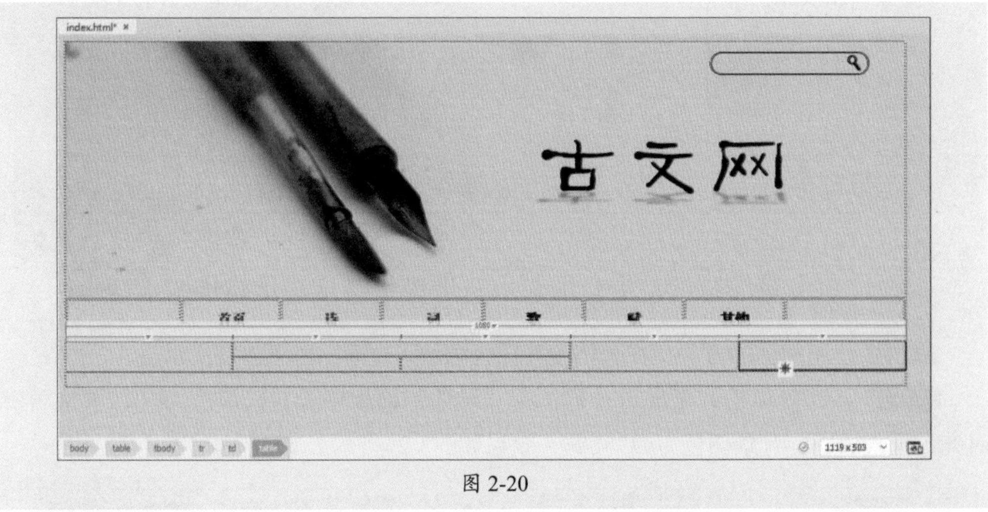


图 2-20

**步骤21** 选中第1行单元格，在“属性”面板中设置高度为400，选中第2行单元格，在“属性”面板中设置高度为200，效果如图2-21所示。

**步骤22** 设置第1列和第5列宽度为150，第2~4列宽度为260，效果如图2-22所示。

图 2-21　　图 2-22

### 技巧点拨

除了在“属性”面板中设置表格宽度外，也可以切换至“代码”视图，在相应的<td>标签中分别添加代码调整表格宽度：

```
width="150" 和 width="260"
```

**步骤23** 移动鼠标指针至新插入表格的第1行第2列中，在“属性”面板中设置其水平居中对齐，垂直顶端对齐。执行“插入”| Image命令，插入素材图像，如图2-23所示。

**步骤24** 在表格中单击，按Enter键换行，输入文字，并在“属性”面板中设置标题格式为“标题4”，效果如图2-24所示。

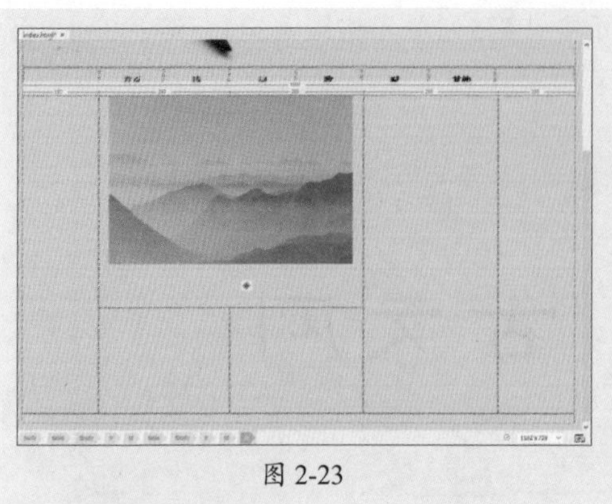

图 2-23

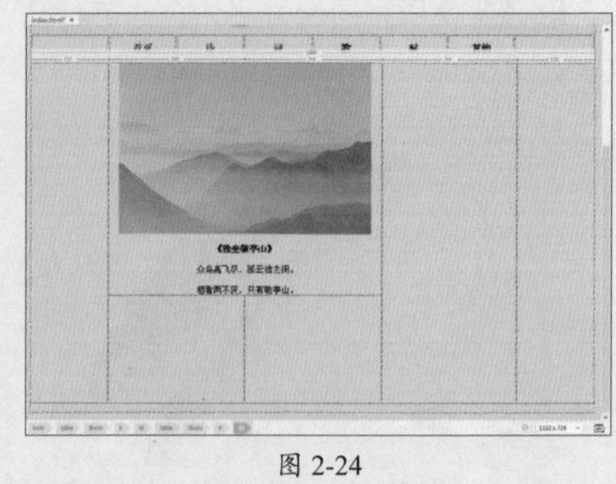

图 2-24

**步骤 25** 使用相同的方法，在表格中其他行列输入文字，如图2-25所示。

**步骤 26** 移动鼠标指针至最后一行，在“属性”面板中设置其高度为50，水平居中对齐，垂直居中，背景颜色为#775E26，效果如图2-26所示。

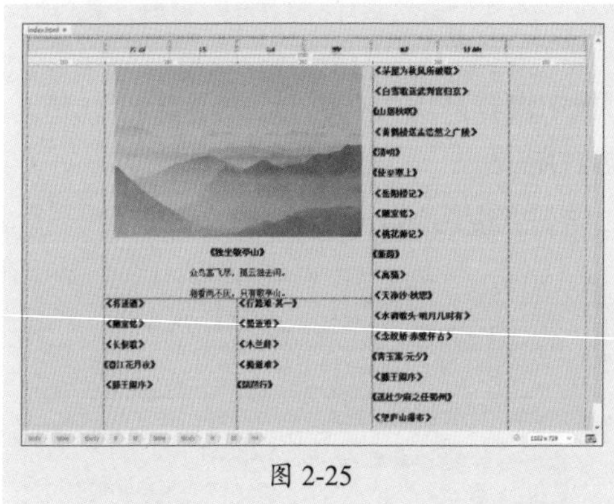

图 2-25

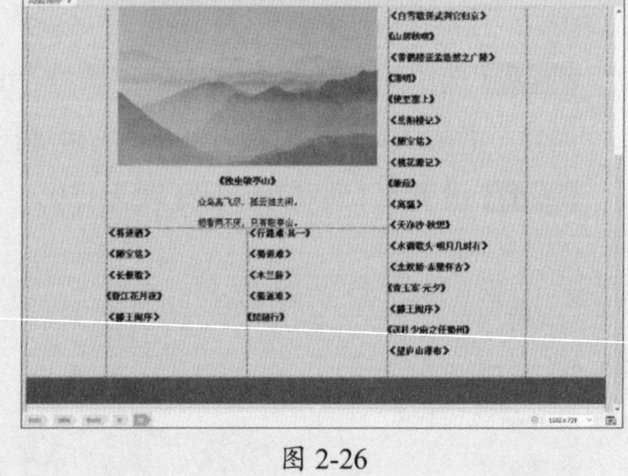

图 2-26

**步骤 27** 在该表格中输入文字，如图2-27所示。

**步骤 28** 选中输入的文字，在“属性”面板“CSS属性检查器”中设置颜色为白色，效果如图2-28所示。

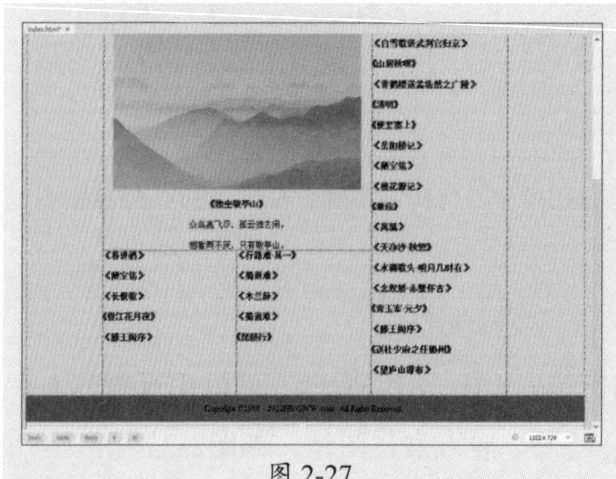

图 2-27

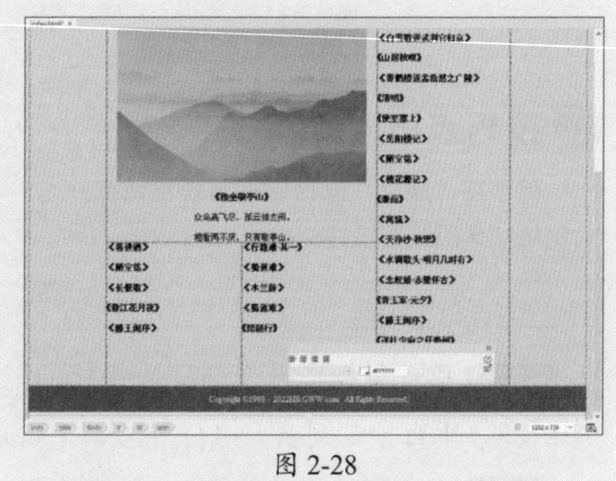

图 2-28

步骤 29 至此，完成古文网页的制作。保存文档后按F12键在浏览器中测试效果，如图2-29所示。

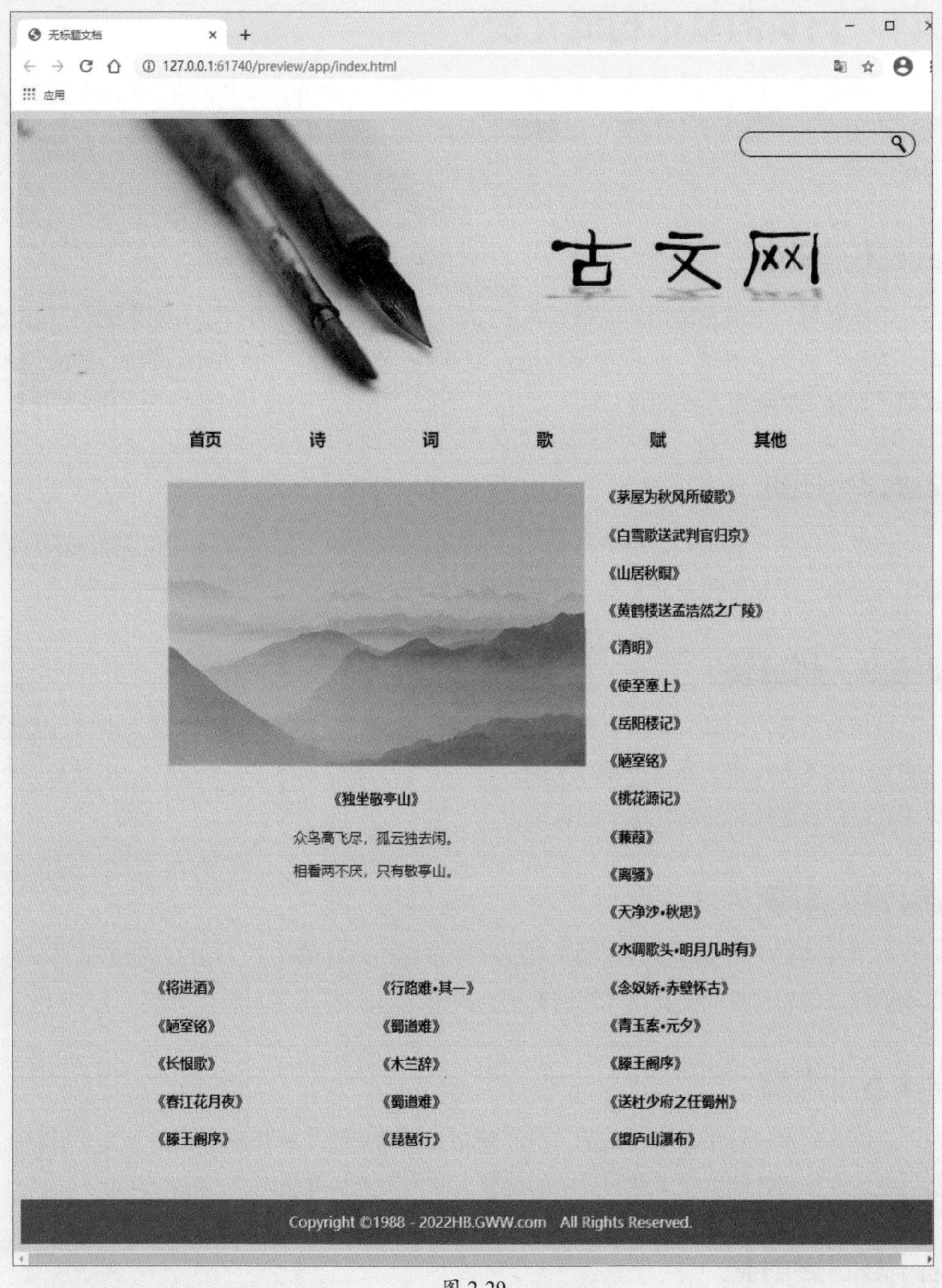


图 2-29

听我讲 Listen to me

# 2.1 网页的基本构成元素

文本和图像是网页中最基本的元素，结合超链接、表格、表单、动画等元素，可以制作出更加具有吸引力的网页，引起浏览者兴趣。本节将对网页的基本构成元素进行介绍。

## 2.1.1 文本

文本是网页中信息传达的主要方式。在设计过程中，设计者可以对网页中文字的样式、大小、颜色、底纹、边框等属性进行设置。一般来说，字体大小设置为9磅或12像素即可，文字的颜色不要超过3种。

## 2.1.2 图像

图像可以使所表达的信息更直观，使网页的视觉效果更加丰富。使用多幅图像时，要注意排版，避免整体杂乱无章。网页设计时常用的图片格式为JPG格式和GIF格式。

## 2.1.3 超链接

使用超链接可以从一个网页指向一个目标，该目标可以是另一个网页，也可以是相同网页上的不同位置，还可以是一个图片、一个电子邮件地址、一个文件，甚至是一个应用程序。超链接广泛地存在于网页中。

## 2.1.4 表单

表单是网页中负责收集数据的工具，常用于制作问卷调查表、用户注册界面等。使用表单可以增加网页的交互性，使网页更具活力。

## 2.1.5 表格

表格是网页设计中非常实用的工具，使用表格布局是一种传统的布局方式。通过表格可精确地控制各网页元素在网页中的位置，使网页更加有条理而不显得杂乱。

## 2.1.6 导航栏

导航栏就是一组超链接按钮，通过导航栏可以方便地浏览站点，清晰地找到需要的内容。导航栏可以是按钮，也可以是文本。其作用一般是用于链接网站各部分内容。

### 2.1.7 动画

动画是网页上最活跃的元素，常用的网页动画分为GIF动画和Flash动画两种。其中，GIF动画较为简单，在各种类、各版本的浏览器中都能播放；而Flash动画有很多重要的动画特征，如关键帧补间、运动路径、动画蒙版、形状变形和洋葱皮等。在网页中适当插入些动画，会产生意想不到的效果。

在一个好的网页中，除了以上几项最基本的元素外，还需要有横幅广告、字幕、悬停按钮、计数器、音频、视频等元素，因为有了这些多种多样的元素，才使网页变得丰富多彩。

## 2.2 文本内容的创建

文本是网页中必不可少的内容，通过文本，可以很好地传达网页信息。用户可以在创建文本内容时，对文本的字体、颜色、格式等属性进行设置，以使网页页面更加美观。

### 2.2.1 输入文本

在网页中有两种输入文本的方式：直接输入文本和导入文本。用户可以根据需要选择合适的方式。

#### 1. 直接输入文本

直接输入文本的方式非常简单。打开网页，将鼠标指针定位到需要输入文本的地方，输入文字内容即可，如图2-30所示。

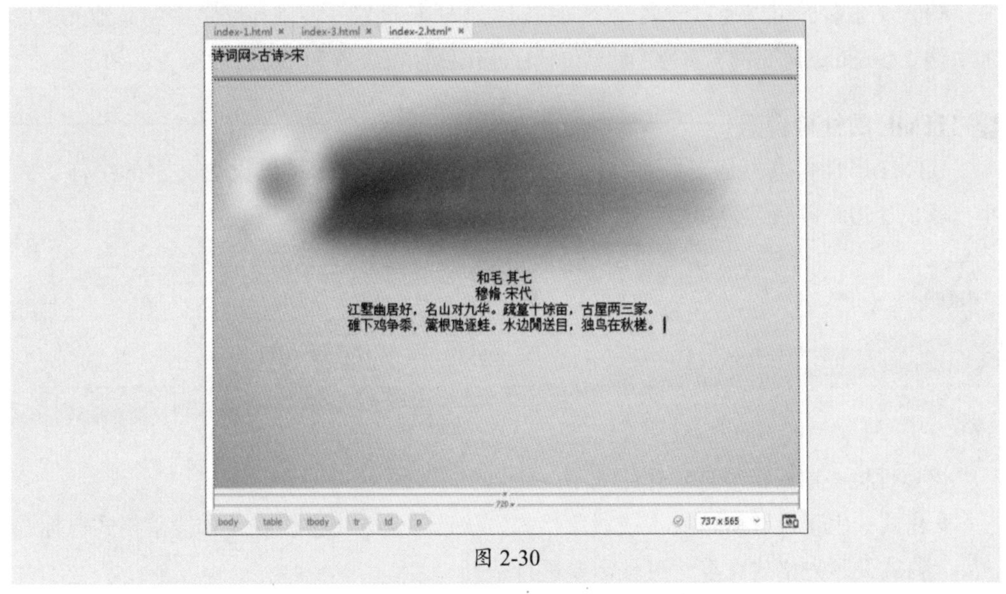


图 2-30

### 2. 导入文本

通过“导入”命令添加文本可以节省输入文字的时间。打开需要导入文本的网页文件，将鼠标指针定位到需要输入文本的地方，执行“窗口”|“文件”命令，在弹出的“文件”面板中选中Word文档，拖曳至文档窗口中，在弹出的“插入文档”对话框中选择合适的选项，如图2-31所示，完成后单击“确定”按钮，即可插入文档，如图2-32所示。

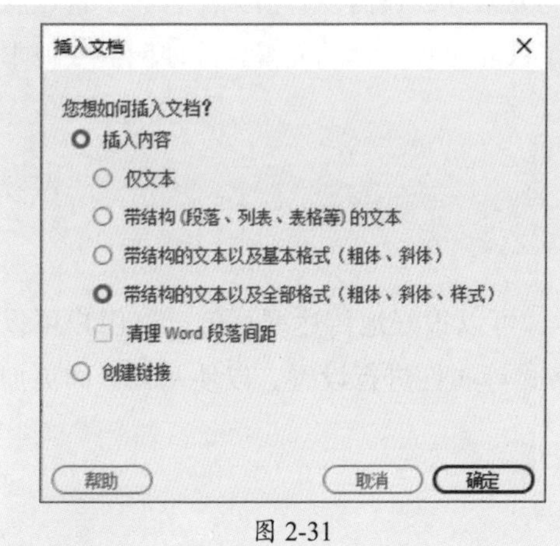


图 2-31

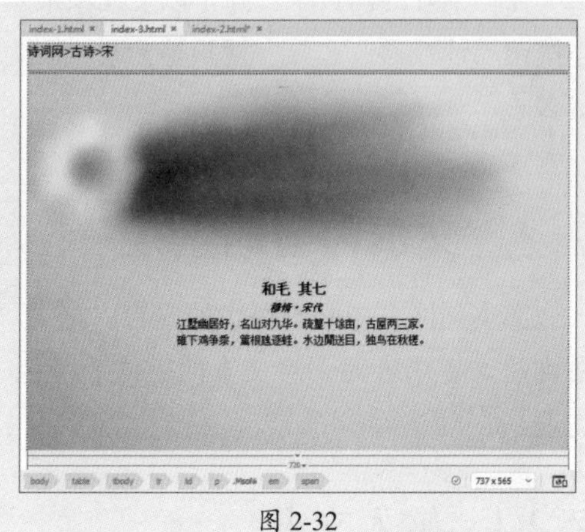


图 2-32

**技巧点拨**

导入文本时可以保留Word文档中的设置，节省文本格式设置的时间。

## 2.2.2 设置文本属性

输入文本后，可以通过“属性”面板对文本进行设置，使其与网页中的其他元素更加协调。Dreamweaver的“属性”面板包括HTML属性检查器和CSS属性检查器两部分。

### 1. HTML 属性检查器

HTML属性检查器通过添加HTML标签设置文本样式，可以设置文本的字体、大小、颜色、边距等属性，如图2-33所示。

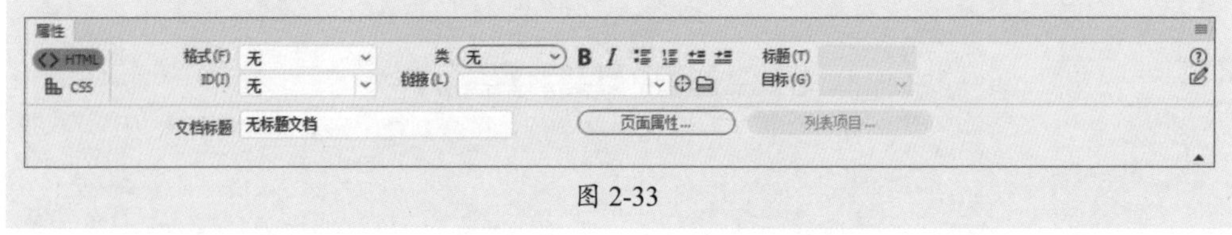


图 2-33

该属性检查器中部分选项作用如下。

- **格式：**用于设置所选文本或段落格式，该选项包含多种格式，如段落格式、标题格式及预先格式化等，可按需要进行选择。

- **ID：** 用于设置所选内容的ID。
- **类：** 显示当前应用于所选文本的类样式。
- **项目列表：** 用于创建所选文本的项目列表。若未选择文本，将启动一个新的项目列表。
- **编号列表：** 用于创建所选文本的编号列表。若未选择文本，将启动一个新的编号列表。
- **链接：** 为所选文本创建超文本链接。
- **标题：** 为超级链接指定文本工具提示。
- **目标：** 用于指定准备加载链接文档的方式。“_blank”可以将链接文件加载到一个新的、未命名的浏览器窗口。“_parent”可以将链接文件加载到该链接所在框架的父框架集或父窗口中；如果包含链接的框架不是嵌套的，则链接文件加载到整个浏览器窗口中。“_self”可以将链接文件加载到该链接所在的同一框架或窗口中；此目标是默认的，因此通常不需要指定它。“_top”可以将链接文件加载到整个浏览器窗口，从而删除所有框架。
- **页面属性：** 单击该按钮，即可打开“页面属性”对话框，在该对话框中可对页面的外观、标题、链接等各种属性进行设置，如图2-34所示。

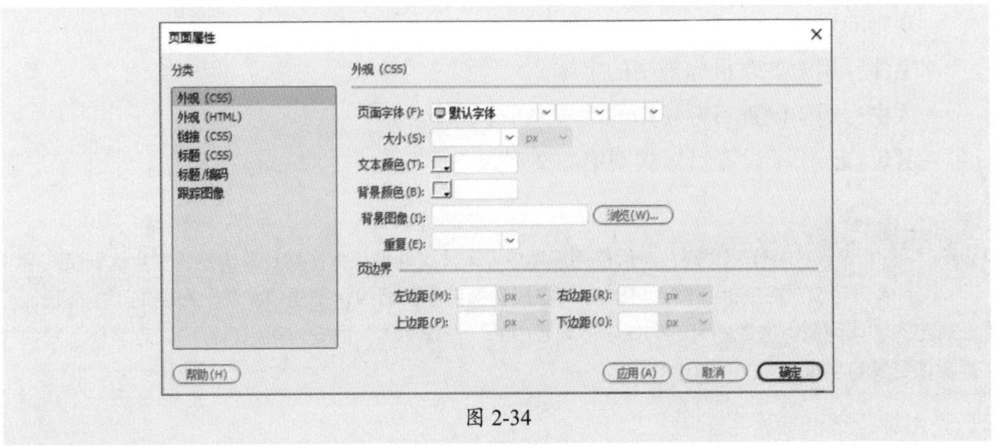


图 2-34

- **列表项目：** 为所选的文本创建项目、编号列表。

## 2. CSS 属性检查器

在CSS属性检查器中，用户可以选择使用层叠样式表设置文本，这是一种能控制网页样式而不损坏其结构的方式。图2-35所示为CSS属性检查器。

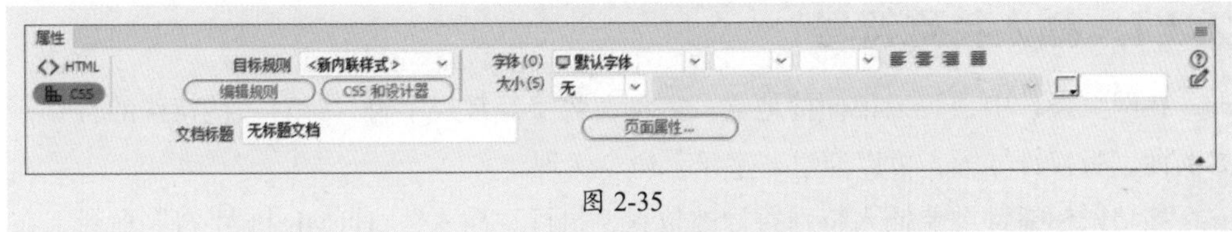


图 2-35

该属性检查器中部分选项作用如下。

- **目标规则：** 用于选择CSS规则。
- **编辑规则：** 单击该按钮，将打开目标规则的“GSS规则定义”对话框，如图2-36所示。在该对话框中可以对CSS规则进行定义。

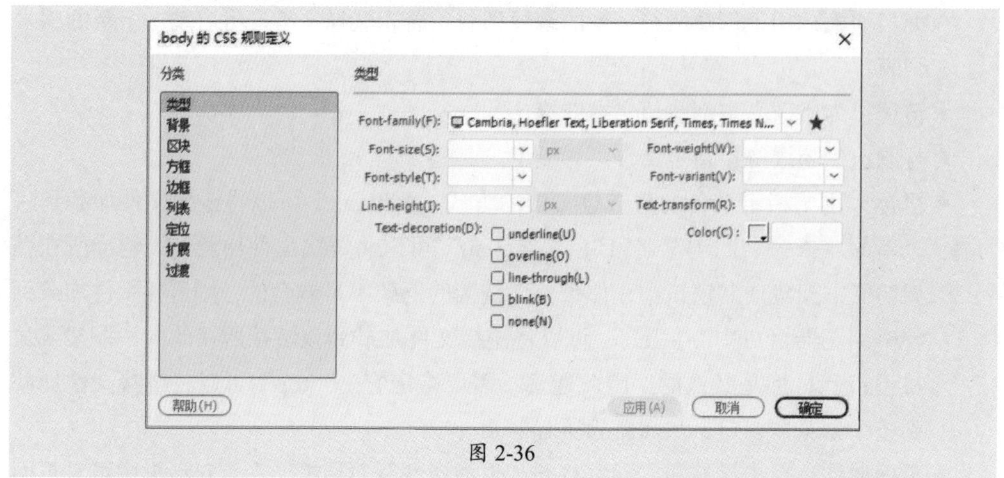


图 2-36

- **CSS和设计器：** 单击该按钮将打开“CSS设计器”面板并在当前视图中显示目标规则的属性。
- **字体：** 用于更改目标规则的字体。
- **大小：** 用于设置目标规则的字号大小。
- **颜色□：** 用于设置目标规则中的文字颜色。

> **知识链接**
>
> 制作网页时，一般使用黑体或者宋体这两种在大多数计算机系统中默认安装的字体。若想选择其他字体，可以在CSS属性检查器面板中，单击“字体”右侧的下拉按钮，在弹出的字体列表中选择即可。选择字体列表中的“管理字体”命令，可以打开“管理字体”对话框添加更多的字体。

## 2.3 其他常见元素的插入

在网页中，除了常见的文本、图像等元素外，设计者还可以根据需要插入特殊符号、水平线、日期与时间等元素。本节将对此进行介绍。

### 2.3.1 插入特殊符号

在网页设计中，可以很便捷地输入字母、数字等常规字符，针对一些特殊的符号，如商标、版权符号等，可以通过“字符”命令实现。

移动鼠标指针至要插入特殊符号的位置，执行“插入”| HTML |“字符”命令，在

其子菜单中选择命令即可。图2-37所示为“字符”命令的子菜单。若选择其中的“其他字符”命令，将打开“插入其他字符”对话框，如图2-38所示。在弹出的“插入其他字符”对话框中，选择需要的字符符号即可。

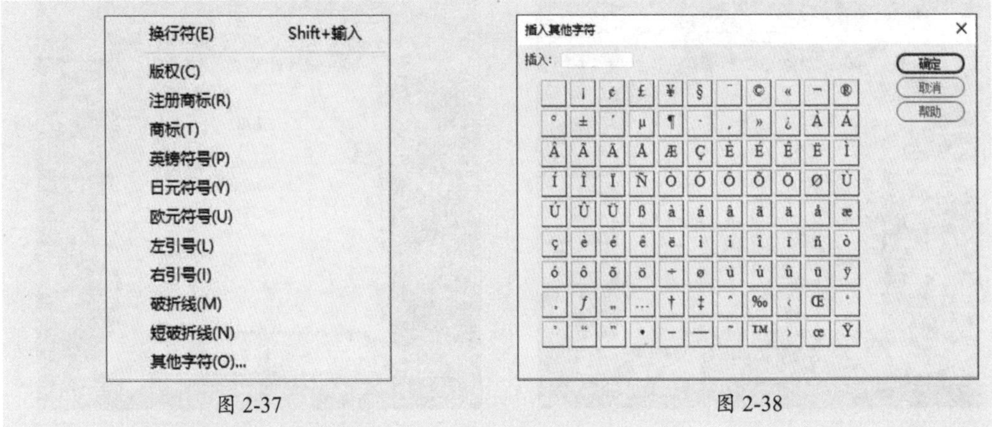


图 2-37　　图 2-38

## 2.3.2 插入日期和时间

执行“插入”|HTML|“日期”命令，可以打开“插入日期”对话框，如图2-39所示。在该对话框中设置参数后单击“确定”按钮，即可插入日期与时间。

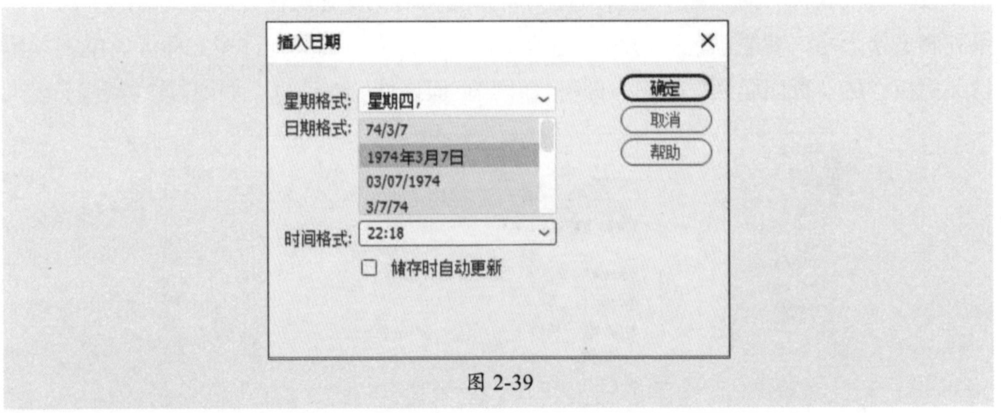


图 2-39

**技巧点拨**

选中“储存时自动更新”复选框，可以在每次保存文档时都更新插入的日期。

## 2.3.3 插入水平线

使用水平线可以很好地分隔文本和可视对象。移动鼠标指针至要插入水平线的位置，执行“插入”|HTML|“水平线”命令，即可插入水平线。如图2-40、图2-41所示，这是插入水平线前后的效果。

图 2-40　　图 2-41

## 2.4 页面属性的设置

在“页面属性”对话框中可以指定页面布局和格式设置属性，设置页面的默认字体系列和文字大小、背景颜色、边距、链接样式及页面设计的其他许多方面等。单击“属性”面板中的“页面属性”按钮，即可打开“页面属性”对话框，如图2-42所示。

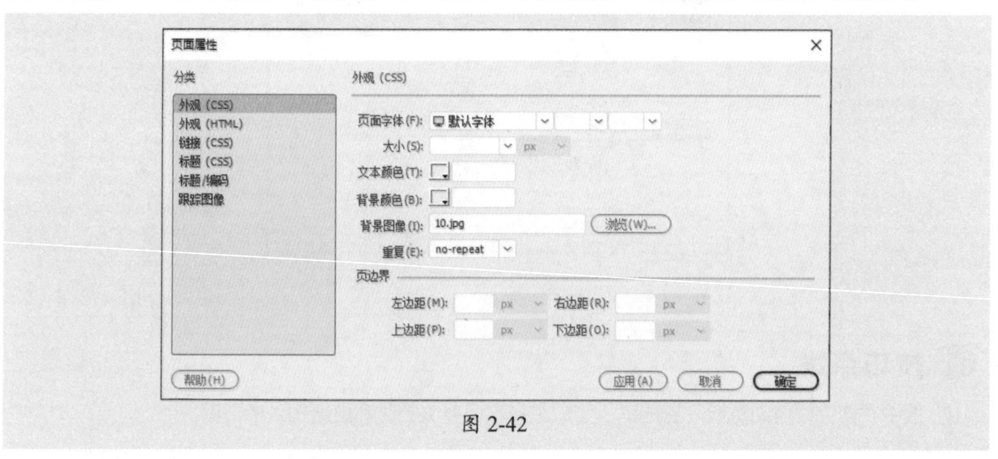


图 2-42

下面将针对该对话框中各选项卡进行介绍。

### 2.4.1 外观

在Dreamweaver中可以使用CSS和HTML两种方法修改页面属性。下面将分别对这两种方式进行介绍。

## 1. 外观（CSS）

打开“页面属性”对话框后选择“外观（CSS）”选项卡，在该选项卡中可以对页面的字体、大小、颜色、页边距等进行设置，如图2-43所示。

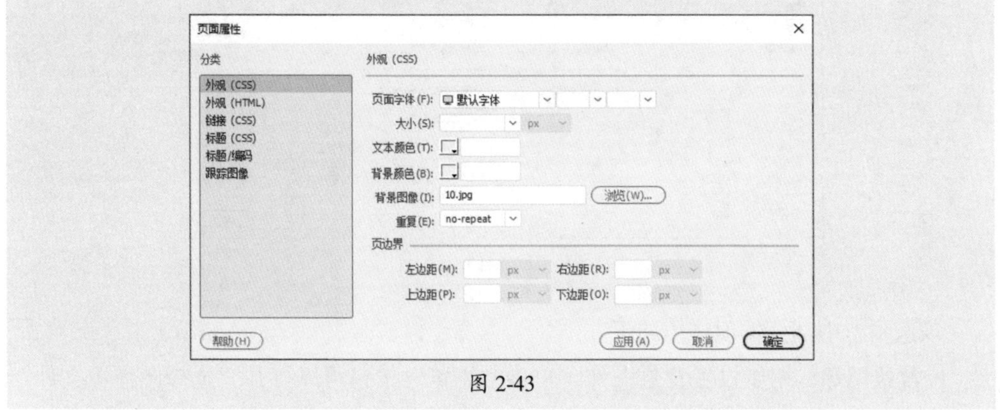


图 2-43

该选项卡中各选项作用如下。

- **页面字体：**用于设置页面中的默认文本字体。
- **大小：**用于设置在页面中使用的默认文字大小。
- **文本颜色：**用于设置网页中显示文本时默认的颜色。
- **背景颜色：**用于设置网页的背景颜色。
- **背景图像：**用于添加背景图像。单击“浏览”按钮可以打开“选择图像源文件”对话框以选择合适的背景图像。
- **重复：**用于设置背景图像在页面上的显示方式。选择repeat选项将分别在横向和纵向重复或平铺图像；选择repeat-X选项将横向平铺图像；选择repeat-Y选项将纵向平铺图像；选择no-repeat选项将不重复背景图像，仅显示一次。
- **左边距：**用于设置网页左边空白的宽度。
- **上边距：**用于设置网页顶部空白的高度。
- **右边距：**用于设置网页右边空白的宽度。
- **下边距：**用于设置网页底部空白的高度。

**技巧点拨**

若页面使用了外部 CSS 样式表，Dreamweaver将不会覆盖在该样式表中设置的标签。

## 2. 外观(HTML）

在“外观（HTML）”选项卡中设置属性会导致页面采用 HTML 格式，而不是 CSS 格式。选择“外观（HTML）”选项卡后“页面属性”对话框如图2-44所示。

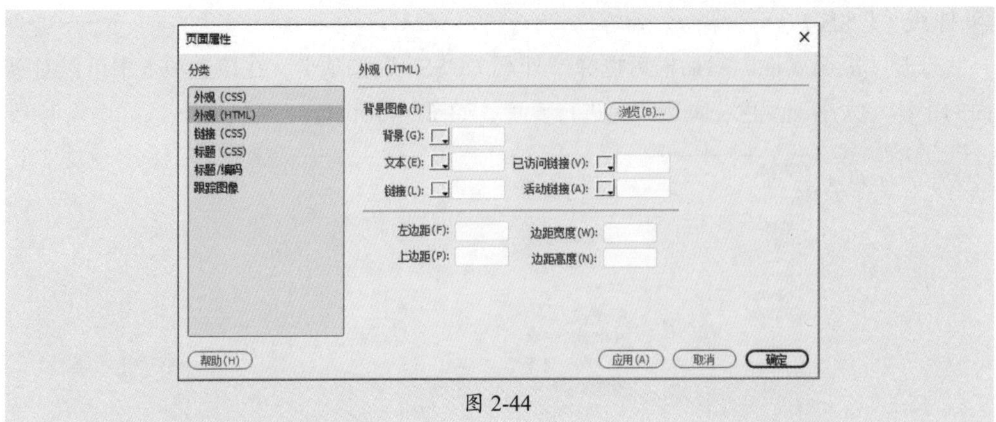


图 2-44

该选项卡中部分选项作用如下。

- **背景图像：**用于设置背景图像。单击“浏览”按钮可以打开“选择图像源文件”对话框以选择合适的背景图像。
- **背景：**用于设置页面的背景颜色。
- **文本：**用于设置显示字体时使用的默认颜色。
- **链接：**用于设置应用于链接文本的颜色。
- **已访问链接：**用于设置应用于已访问链接的颜色。
- **活动链接：**用于设置当鼠标（或指针）在链接上单击时应用的颜色。

## 2.4.2 链接（CSS）

在“链接”选项卡中可以对页面链接效果进行设置，如图2-45所示。

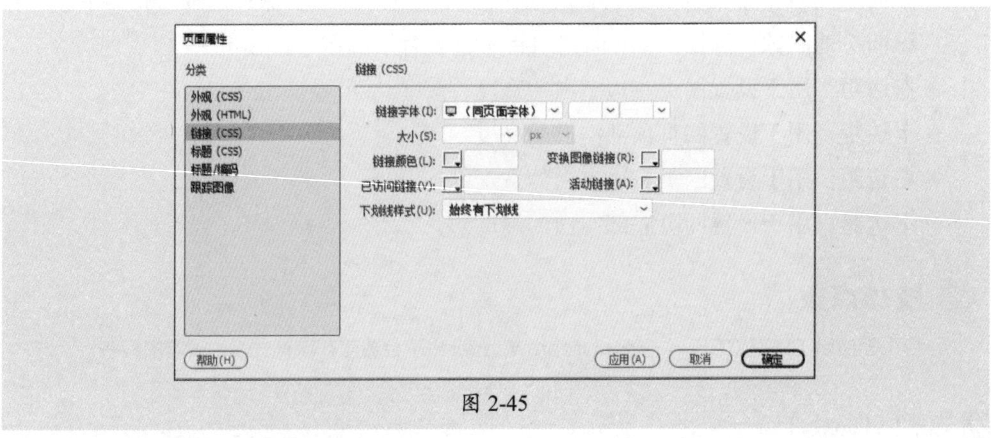


图 2-45

该选项卡中部分选项作用如下。

- **链接字体：**用于设置页面超链接文本在默认状态下的字体。
- **大小：**用于设置超链接文本的字号大小。
- **下划线样式：**用于设置当鼠标指针移动到超链接文字上方时，采用的下划线样式。

## 2.4.3 标题（CSS）

在“标题”选项卡中可以对与标题相关的属性进行设置，如默认标题字体及不同标题字体的字号及颜色等，如图2-46所示。

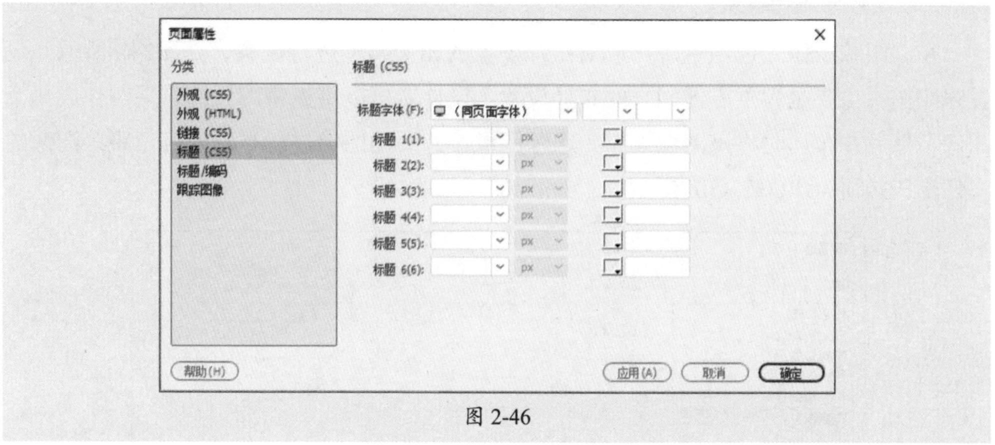


图 2-46

## 2.4.4 标题/编码

在“标题/编码”选项卡中可以对网页的标题、文字编码等属性进行设置，如图2-47所示。

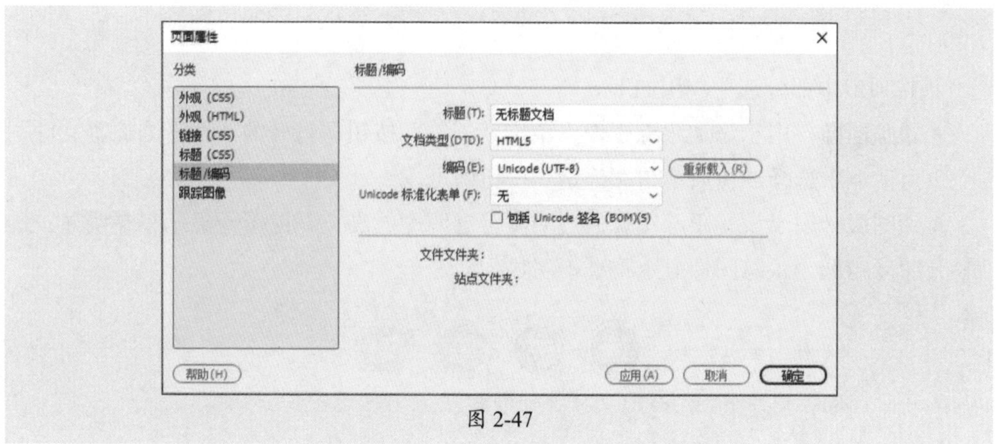


图 2-47

该选项卡中部分选项作用如下。

- **标题：**用于设置在“文档”窗口和大多数浏览器窗口的标题栏中出现的页面标题。
- **文档类型：**用于设置文档的类型。
- **编码：**用于设置文档中字符所用的编码。
- **重新载入：**单击该按钮，将转换现有文档或者使用新编码重新打开。
- **Unicode标准化表单：**仅在选择 UTF-8 作为文档编码时才启用。包括C、D、KC、KD 4种选项。其中，选项C是用于万维网的字符模型的最常用规范形式。

- **包括Unicode签名（BOM）（S）**：选中该选项后，将在文档中包括一个字节顺序标记 (BOM)。

## 2.4.5 跟踪图像

在“跟踪图像”选项卡中可以对跟踪图像的相关属性进行设置，如图2-48所示。设置跟踪图像主要是为了方便网页的布局设置。设计者可以事先将网页的布局制作成一个图像，然后在布局时将该图像设置为跟踪图像，并照此图像进行布局即可。跟踪图像的文件格式必须为JPEG、GIF或PNG。

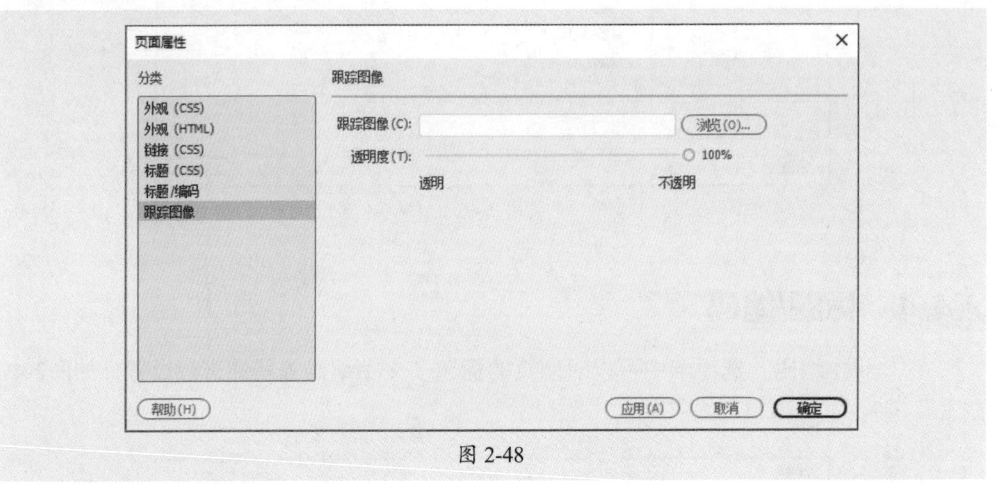


图 2-48

该选项卡中部分选项作用如下。

- **跟踪图像**：用于添加跟踪图像，单击“浏览”按钮在打开的“选择图像源文件”对话框中选择图像后单击“确定”按钮即可。
- **透明度**：用于设置跟踪图像的透明度。透明度越高，跟踪图像显示得越明显；透明度越低，跟踪图像显示得越不明显。

# 自己练 / 设计酒店首页

**案例路径** 云盘 / 实例文件 / 第2章 / 自己练 / 设计酒店首页

**项目背景** 澳美酒店是一家知名五星级酒店，崇尚独特个性，追求豪华、优雅。每一家酒店都有其独特的主题风格，曾获得过多次国内外奖项。现受该酒店委托，为其制作网站首页。

**项目要求** ①风格稳健简单，不要过于华丽；

②体现酒店特色；

③网页布局和谐，不拥挤。

**项目分析** 黑色是一种神秘的颜色，整个网页使用黑色为背景色，使酒店显得更加神秘、庄重，符合其星级及风格繁多的特性；网页中的图像选择稍亮的酒店图像，与背景产生对比，体现其鲜明个性。通过文字介绍酒店情况，使其主题更加清晰明了（见图2-49）。

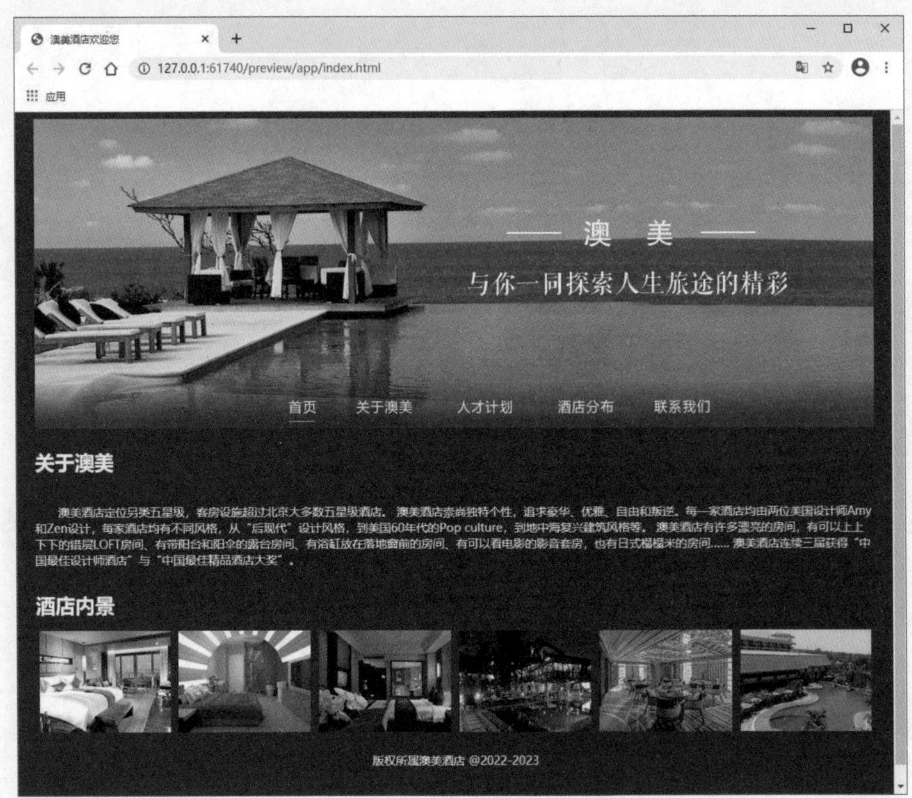


图 2-49

**课时安排** 2学时。

# Dreamweaver

Dreamweaver

第3章

# 网页多媒体元素详解

## 本章概述

图像元素和音视频等多媒体元素可以丰富网页，使其更具视觉冲击力与感染力。本章将针对图像元素与音视频、动画元素的插入与编辑进行介绍。通过本章的学习，可以帮助用户了解如何在网页中使用多媒体元素。

## 要点难点

- 学会插入图像 ★☆☆
- 学会编辑插入的图像 ★★☆
- 了解多媒体元素的插入 ★★☆

# 跟我学 制作图片网站首页

**学习目标** 本实例将练习制作图片网站首页。使用表格布局网页，使用图像丰富页面内容。通过本实例，可以帮助用户学会简单的网页制作以及多媒体元素的应用。

**案例路径** 云盘 / 实例文件 / 第3章 / 跟我学 / 制作图片网站首页

**步骤 01** 执行“站点”|“新建站点”命令，新建“GWX-3”站点，并新建images文件夹和index.html文件，如图3-1所示。

**步骤 02** 双击“文件”面板中的index.html文件，打开网页文档，执行“插入”|Table命令，打开Table对话框，设置参数，如图3-2所示。

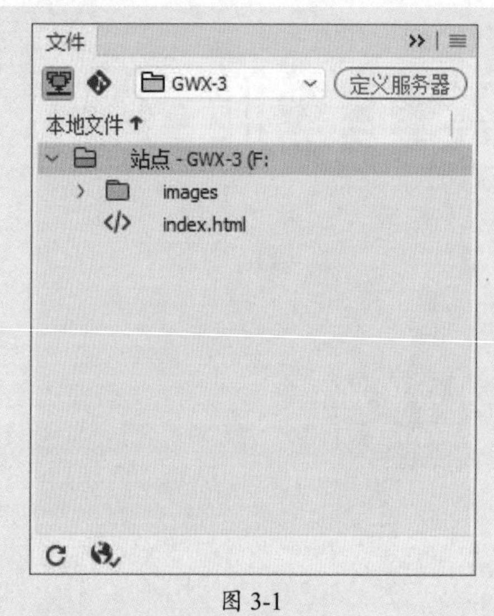


图 3-1

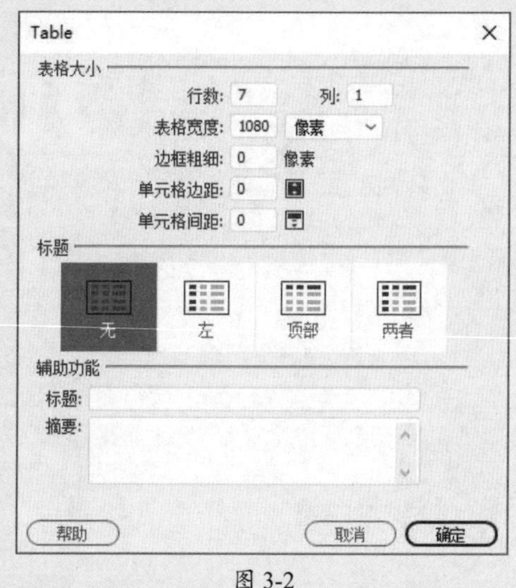


图 3-2

**步骤 03** 完成后单击“确定”按钮，插入一个7行1列的表格，如图3-3所示。

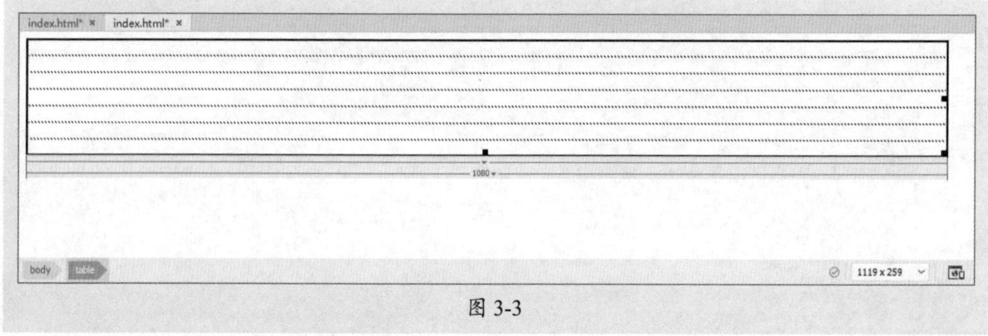


图 3-3

**步骤 04** 移动鼠标指针至第1行表格中，执行“插入”|Image命令，打开“选择图像源文件”对话框，选择图像，如图3-4所示。

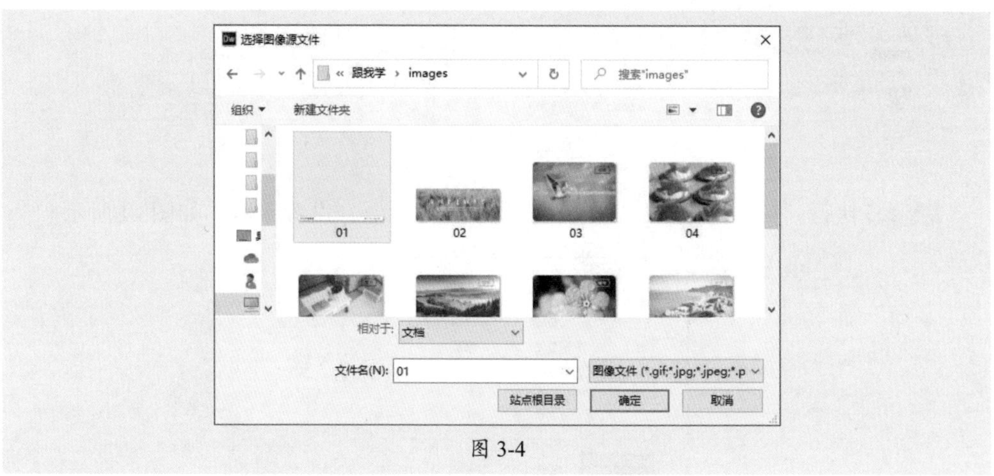


图 3-4

步骤 05 完成后单击“确定”按钮，插入图像，如图3-5所示。

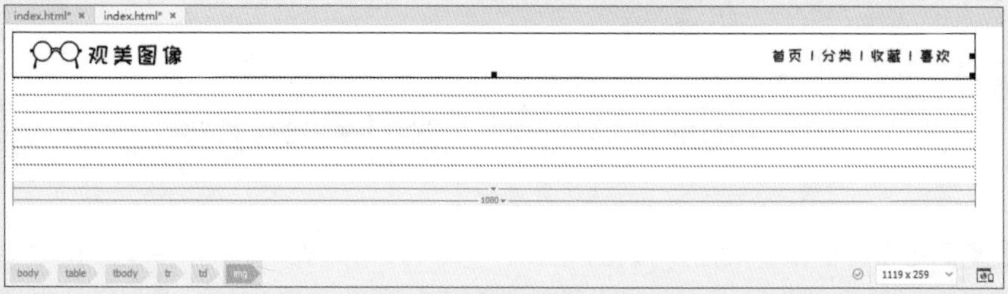

图 3-5

步骤 06 使用相同的方法，在表格第2行插入图像，如图3-6所示。

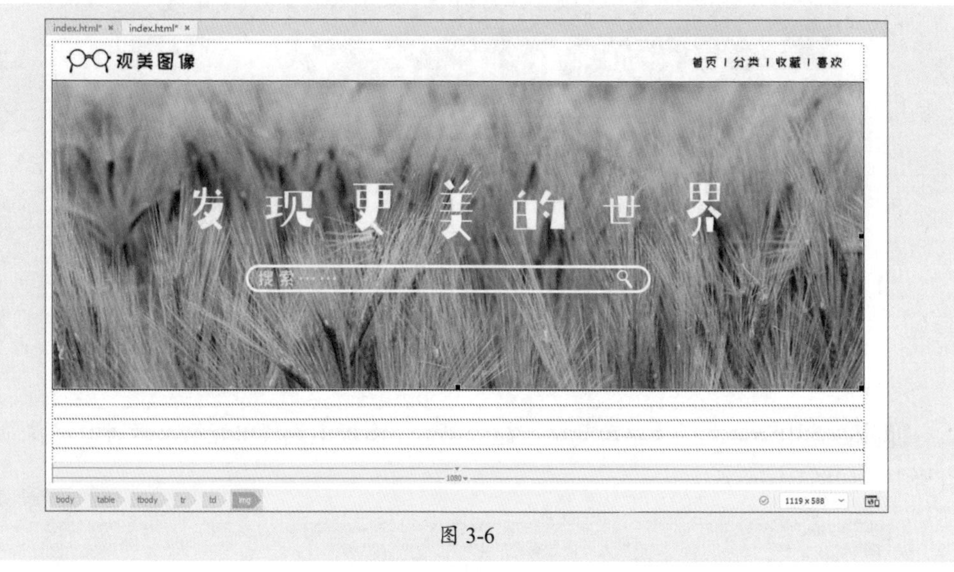


图 3-6

步骤 07 移动鼠标指针至第3行表格中，在“属性”面板中设置单元格水平居中对齐，垂直居中，如图3-7所示。

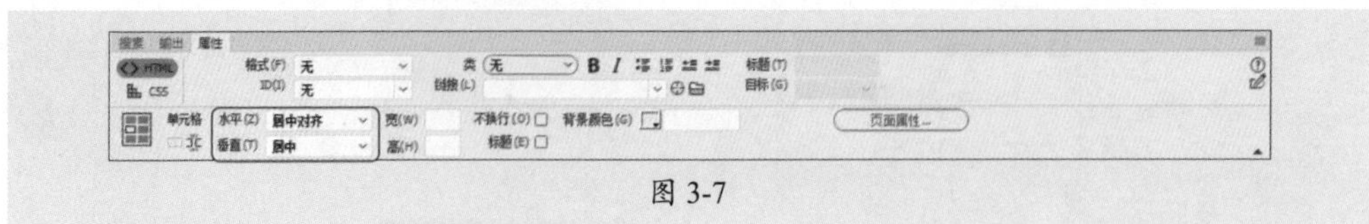

图 3-7

步骤08 执行“插入”| Table命令，打开Table对话框，设置参数，如图3-8所示。

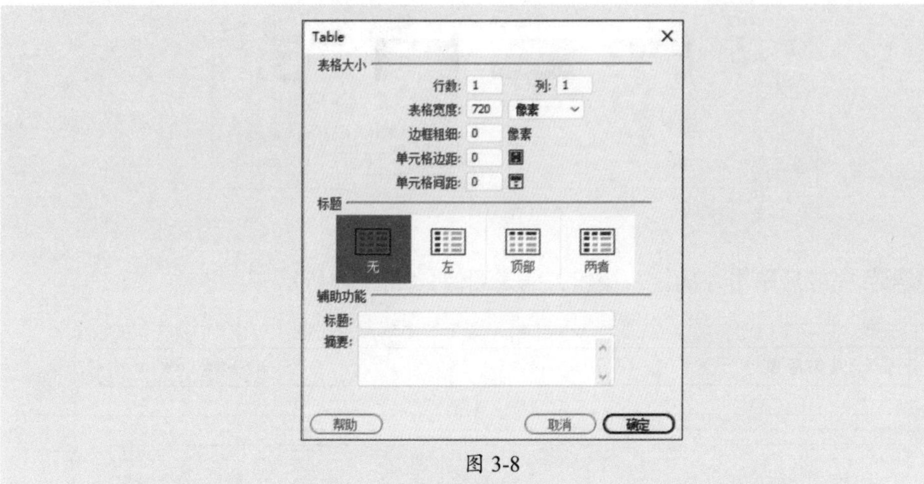


图 3-8

步骤09 完成后单击“确定”按钮，插入一个1行1列的表格，如图3-9所示。

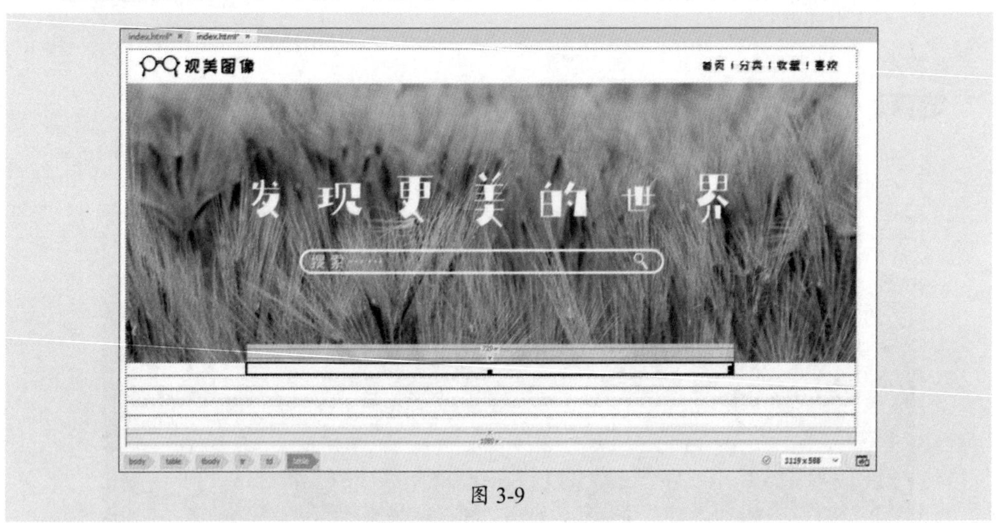


图 3-9

步骤10 选中新插入的表格单元格，在“属性”面板中设置单元格水平居中对齐，垂直居中，如图3-10所示。

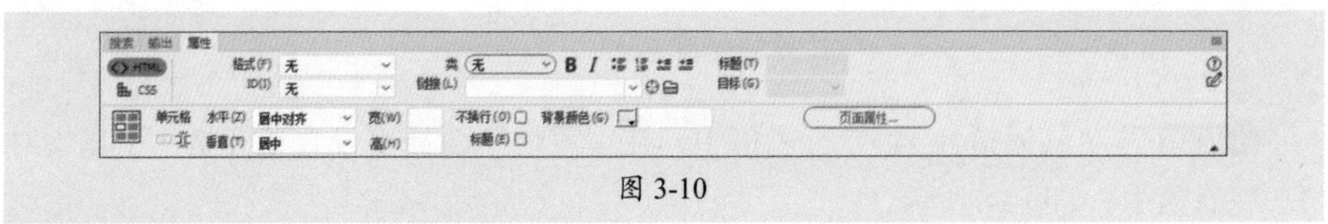

图 3-10

**步骤 11** 在该单元格中输入文字，并在“属性”面板“HTML属性检查器”中设置格式为“标题2”，效果如图3-11所示。

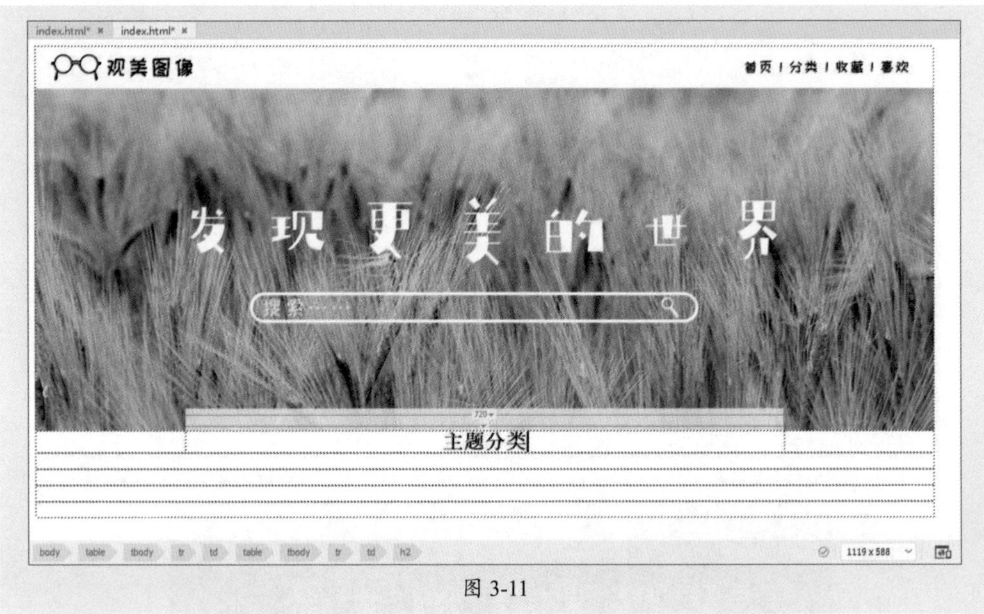


图 3-11

**步骤 12** 在文字末端单击，执行“插入”|HTML|“水平线”命令，在文字下方插入水平线，如图3-12所示。

图 3-12

**步骤 13** 移动鼠标指针至第4行单元格中，在“属性”面板中设置单元格水平居中对齐，垂直居中。执行“插入”|Table命令，打开Table对话框，设置参数，如图3-13所示。

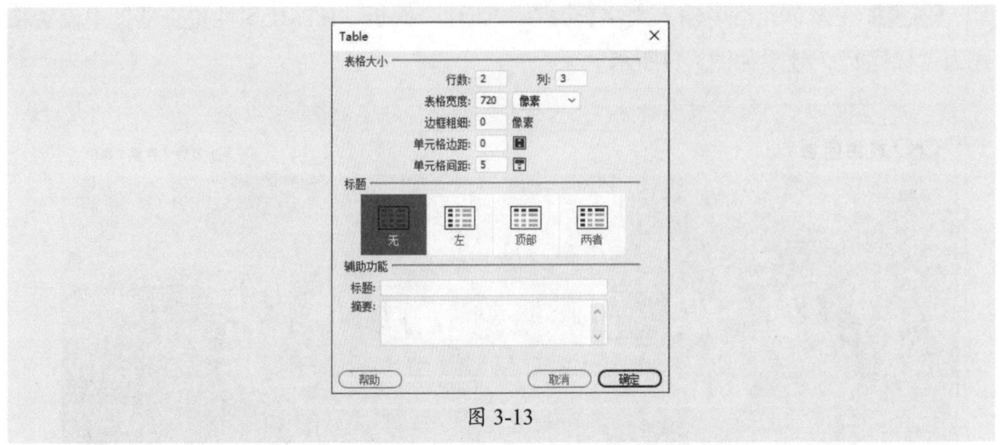


图 3-13

**步骤 14** 完成后单击“确定”按钮，插入一个2行3列的表格，如图3-14所示。

图 3-14

**步骤 15** 移动鼠标指针至新插入表格的第1行第1列单元格中，执行“插入”|Image命令，打开“选择图像源文件”对话框，选择图像，如图3-15所示。

**步骤 16** 完成后单击“确定”按钮，插入图像，如图3-16所示。

图 3-15

图 3-16

**步骤 17** 选中插入的图像，在“属性”面板中设置其宽度为230，如图3-17所示。

图 3-17

**步骤 18** 设置完成后效果如图3-18所示。

**步骤 19** 使用相同的方法输入其他图像，并调整其尺寸，效果如图3-19所示。

图 3-18

图 3-19

**步骤 20** 移动鼠标指针至第5行单元格中，在“属性”面板中设置单元格水平居中对齐，垂直居中。执行“插入”|Table命令，打开Table对话框，设置参数，如图3-20所示。

**步骤 21** 完成后单击“确定”按钮，插入一个1行1列的表格，如图3-21所示。

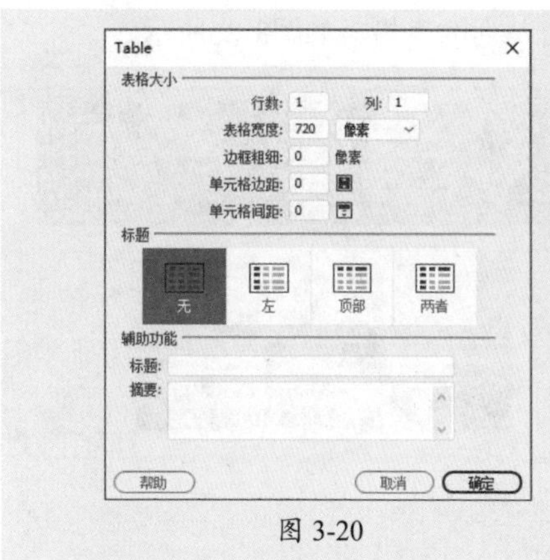


图 3-20

图 3-21

**步骤 22** 选中新插入的表格单元格，在“属性”面板中设置单元格水平居中对齐，垂直居中，如图3-22所示。

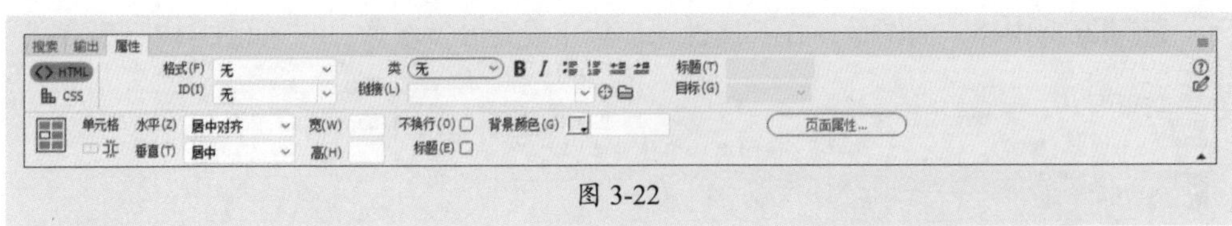

图 3-22

**步骤 23** 在该单元格中输入文字，并在“属性”面板“HTML属性检查器”中设置格式为“标题2”，效果如图3-23所示。

**步骤 24** 在文字末端单击，执行“插入”|HTML|“水平线”命令，在文字下方插入水平线，如图3-24所示。

图 3-23　　图 3-24

**步骤 25** 移动鼠标指针至第6行单元格中，在“属性”面板中设置单元格水平居中对齐，垂直居中。执行“插入”|Table命令，打开Table对话框，设置参数，如图3-25所示。

**步骤 26** 完成后单击“确定”按钮，插入一个2行4列的表格，如图3-26所示。

图 3-25　　图 3-26

**步骤 27** 选中新插入表格的第2行，按Ctrl+Alt+M组合键合并单元格，效果如图3-27所示。

**步骤 28** 移动鼠标指针至新插入表格的第1行第1列单元格中，执行“插入”|Image命令，插入素材图像，如图3-28所示。

图 3-27

图 3-28

步骤 29 选中插入的图像，在“属性”面板中设置其宽度为175，效果如图3-29所示。

步骤 30 使用相同的方法插入其他图像，如图3-30所示。

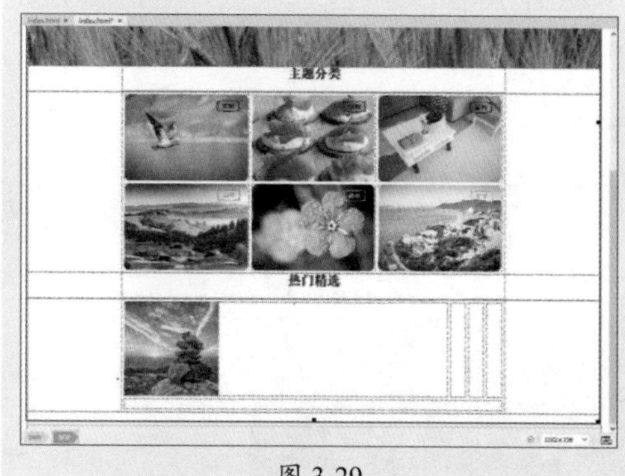

图 3-29

图 3-30

步骤 31 移动鼠标指针至合并单元格中，在“属性”面板中设置单元格水平居中对齐，垂直居中。输入文字，如图3-31所示。

步骤 32 选中输入的文字，在“属性”面板中设置其格式为“标题3”，效果如图3-32所示。

图 3-31

图 3-32

**步骤33** 移动鼠标指针至最后1行单元格中，在“属性”面板中设置单元格水平居中对齐，垂直居中，高度为50。输入文字，如图3-33所示。

**步骤34** 在文字首端单击，执行“插入”|HTML|“水平线”命令，在文字上方插入水平线，如图3-34所示。

图 3-33

图 3-34

**步骤35** 保存文件，按F12键在浏览器中测试效果，如图3-35所示。

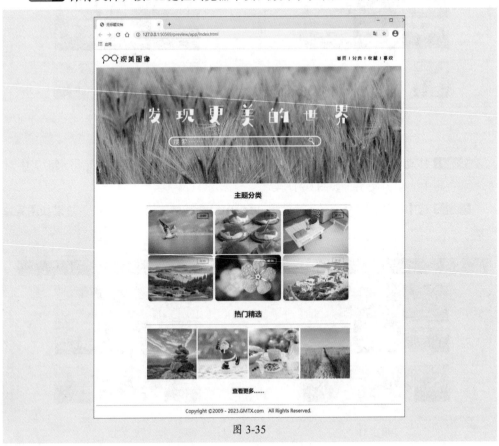

图 3-35

至此，完成图片网站首页的制作。

听我讲 Listen to me

# 3.1 图像的插入与编辑

图像可以丰富网页画面，使网页内容更加充实。在设计网页时，设计者可以根据网页布局需要，在网页中合适位置插入图像。

## 3.1.1 网页图像的格式

Internet中支持多种图像格式，常用的有JPEG格式、GIF格式和PNG格式3种。这3种格式的文件均可以保持较高画质，且图像文件较小。

### 1. JPEG 格式

JPEG（Joint Photographic Experts Group，联合图像专家组），是由国际标准化组织制订、面向连续色调静止图像的一种压缩标准。该格式通过有损压缩，可以得到占据较小储存空间的图像。同时，JPEG格式具有调节图像质量的功能，用户可以根据需要选择合适的压缩比例，压缩比越大，图像质量越低。

JPEG格式支持24位真彩色，可以较好地保留图像色彩信息，但不支持透明背景色。该格式图像被广泛应用于网页制作上，尤其是在表现色彩丰富、物体形状结构复杂的图片等方面，JPEG有着无可替代的优势。

### 2. GIF 格式

GIF（Graphics Interchange Format，图形交换格式）格式采用Lempel-Ziv-Welch（LZW）压缩算法，最高支持256种颜色，适用于表现颜色较少的图片。在Web运用中，用户可以根据GIF带调色板的特性来优化调色板，减少图像使用的颜色数，而不影响图片的质量。

### 3. PNG 格式

PNG（Portable Network Graphic，便携式网络图形）文件格式采用无损压缩的方式，可以在不损失图像数据的情况下得到较小体积文件，并且支持真彩和灰度级图像的Alpha通道透明度。PNG文件还可以保存图像名称、作者、版权、创作时间、注释等文本信息。

**技巧点拨**

文件必须具有.png文件扩展名才能被Dreamweaver识别为PNG文件。

## 3.1.2 插入图像

在使用Dreamweaver软件设计网页时，设计者可以使用“插入”命令插入图像，也可以使用HTML标签插入图像。

### 1. 使用“插入”命令插入图像

新建网页文档，执行“插入”|Image命令，或按Ctrl+Alt+I组合键，打开“选择图像源文件”对话框，如图3-36所示。在该对话框中选择要插入的图像，单击“确定”按钮即可在网页中插入图像，如图3-37所示。

图 3-36

图 3-37

### 2. 使用 HTML 标签插入图像

除了“插入”命令，还可以使用<img>标签插入图像。新建网页文档，切换至代码视图中，移动鼠标指针至<body></body>标签之间，输入<img>标签，在<img>标签中输入src，在弹出的列表中选择“src”，此时代码变为<img src="">，单击弹出的“浏览”按钮 浏览... ，打开“选择文件”对话框，选择素材文件后单击“确定”按钮，即可插入图像，如图3-38所示。切换至设计视图效果如图3-39所示。

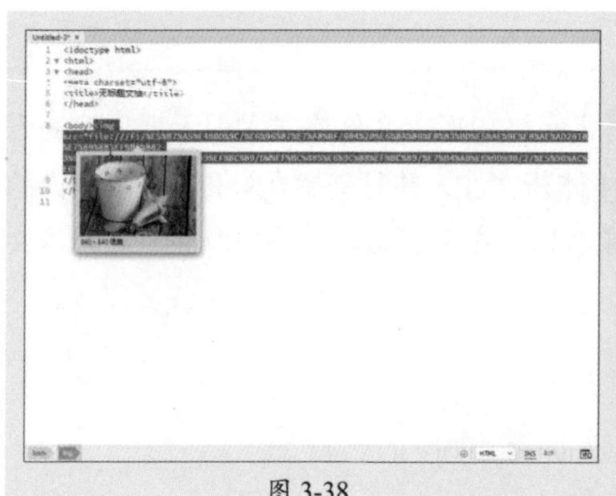

图 3-38

图 3-39

将图像插入Dreamweaver文档时，HTML代码中会生成对该图像文件的引用。为了确保该引用的正确性，图像文件必须位于当前站点中。如果图像文件不在当前站点中，Dreamweaver会询问是否要将此文件复制到当前站点中。

## 3.1.3 图像的属性设置

与设置文本属性类似，用户也可以在“属性”面板中设置图像的属性。选中图像，执行“窗口”|“属性”命令或按Ctrl+F3组合键，打开“属性”面板，如图3-40所示。

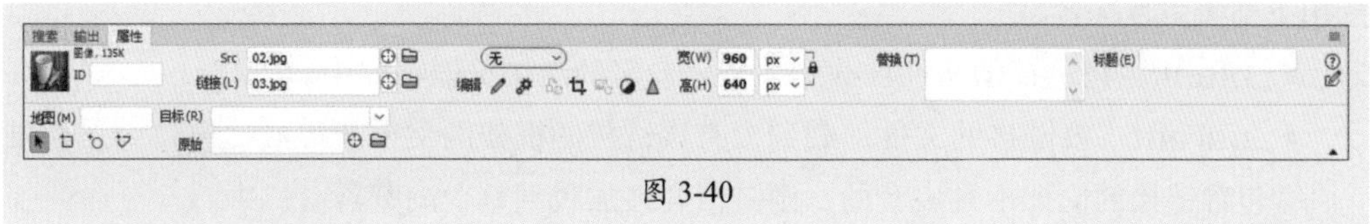


图 3-40

该面板中各选项作用如下。

**（1）“宽”与“高”：** 用于设置图像的宽度和高度，单位为像素。在页面中插入图像时，Dreamweaver 会自动用图像的原始尺寸更新这些文本框。

如果设置的“宽”和“高”值与图像的实际宽度和高度不相符，则该图像在浏览器中可能不会正确显示。单击“宽”和“高”文本框标签，或单击“宽”和“高”文本框右侧的“重设为原始大小”按钮可以恢复其原始值。

**（2）源文件** Src **：** 用于指定图像的源文件。单击“浏览文件”按钮即可打开“选择图像源文件”对话框选择文件，也可以直接在文本框中输入路径。

**（3）链接：** 用于指定图像的超链接。将“指向文件”图标拖动到“文件”面板中的某个文件，或单击“浏览文件”按钮打开“选择文件”对话框选择链接的文件，或手动输入URL，即可创建图像的超链接。按F12键测试，单击源图像跳转至链接对象，如图3-41、图3-42所示。

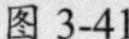

图 3-41

图 3-42

**（4）替换：** 指定在只显示文本的浏览器或已设置为手动下载图像的浏览器中代替图像显示的替代文本。当用户的浏览器不能正常显示图像时，替换文字将代替图像给用户以提示。对于使用语音合成器（用于只显示文本的浏览器）的有视觉障碍的用户，将大声读出该文本。在某些浏览器中，当鼠标指针滑过图像时也会显示该文本。

**（5）地图名称和热点工具：** 允许标注和创建客户端图像地图。

**（6）目标：** 用于指定链接的页面应加载到的框架或窗口。当图像没有链接到其他文件时，此选项不可用。当前框架集中所有框架的名称都显示在“目标”列表中。也可选用下列保留目标名。

- **_blank：** 将链接的文件加载到一个未命名的新浏览器窗口中。
- **_parent：** 将链接的文件加载到含有该链接的框架的父框架集或父窗口中。如果包含链接的框架不是嵌套的，则链接文件加载到整个浏览器窗口中。
- **_self：** 将链接的文件加载到该链接所在的同一框架或窗口中。此目标是默认的，所以通常不需要指定它。
- **_top：** 将链接的文件加载到整个浏览器窗口中，从而删除所有框架。

**（7）编辑：** 用于启动在“外部编辑器”首选参数中指定的图像编辑器并打开选定的图像。

**（8）从源文件更新：** 若 Web 图像（即 Dreamweaver 页面上的图像）与原始 Photoshop 文件不同步，则表明Dreamweaver检测到原始文件已经更新，并以红色显示智能对象图标的一个箭头。当在“设计”视图中选择该Web图像并在属性检查器中单击“从源文件更新”按钮时，该图像将自动更新，以反映用户对原始Photoshop文件所做的任何更改。

**（9）编辑图像设置：** 单击该按钮将打开“图像优化”对话框并优化图像。

**（10）裁剪：** 单击该按钮可以裁切图像的大小，从所选图像中删除不需要的区域。选中要裁剪的图像，单击“属性”面板中的“裁剪”按钮，使用鼠标在图像上拖拽设置合适的大小，如图3-43所示。完成后按Enter键或在图像上双击即可裁剪图像，如图3-44所示。

**（11）重新取样：** 单击该按钮可以对已调整大小的图像进行重新取样，提高图片在新的大小和形状下的品质。

**（12）亮度和对比度：** 单击该按钮可以打开“亮度/对比度”对话框调整图像的亮度和对比度设置。

**（13）锐化：** 单击该按钮可以打开“锐化”对话框调整图像的锐度。

图 3-43

图 3-44

**技巧点拨**

在Dreamweaver中裁剪图像时，会更改源文件的大小。用户可以在编辑前备份源文件，以防止无法撤回的情况发生。

## 3.1.4 图像的对齐方式

针对插入的图像，设计者可以设置其对齐方式，使图像排列更加整齐。在Dreamweaver软件中，用户可以设置图像与同一行中的文本、图像、插件或其他元素对齐，还可以设置图像的水平对齐方式。

选中图像并右击，在弹出的快捷菜单中选择“对齐”命令，在其子菜单中即可选择合适的命令设置对齐，如图3-45所示。

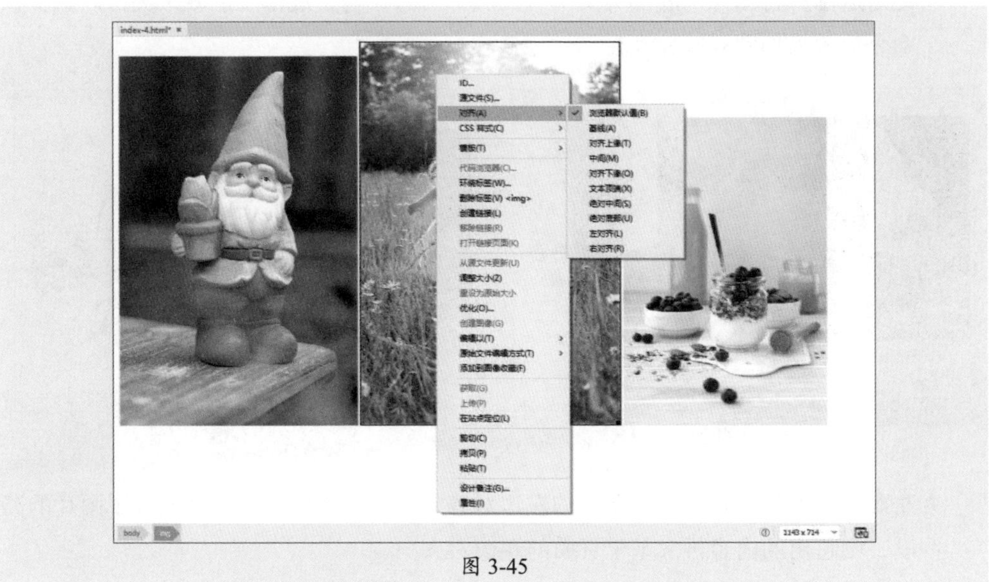


图 3-45

这10种对齐方式作用分别如下。

- **浏览器默认值：** 设置图像与文本的默认对齐方式。
- **基线：** 将文本的基线与选定对象的底部对齐，其效果与“默认值”基本相同。
- **对齐上缘：** 将页面第1行中的文字与图像的上边缘对齐，其他行不变。选择该命令后效果如图3-46所示。
- **中间：** 将第1行中的文字与图像的中间位置对齐，其他行不变。选择该命令后效果如图3-47所示。

图 3-46

图 3-47

- **对齐下缘：** 将文本（或同一段落中的其他元素）的基线与选定对象的底部对齐，与“默认值”的效果类似。
- **文本顶端：** 将图像的顶端与文本行中最高字符的顶端对齐，与顶端的效果类似。
- **绝对中间：** 将图像的中部与当前行中文本的中部对齐，与“居中”的效果类似。选择该命令后效果如图3-48所示。
- **绝对底部：** 将图像的底部与文本行的底部对齐，与“底部”的效果类似。选择该命令后效果如图3-49所示。

图 3-48

图 3-49

- **左对齐：** 图片将基于全部文本的左边对齐，如果文本内容的行数超过了图片的高度，则超出的内容再次基于页面的左边对齐。
- **右对齐：** 与“左对齐”相对应，图片将基于全部文本的右边对齐。

知识链接

在Dreamweaver软件中处理图像时，可以使用外部图像编辑器编辑选定的图像，保存后，在Dreamweaver“文档”窗口中可以看到图像发生改变。

执行“编辑”|“首选项”命令，在打开的“首选项”对话框中选择“文件类型/编辑器”选项卡，设置Photoshop为主要编辑器，如图3-50所示。完成后单击“应用”和“关闭”按钮，即可为现有文件类型设置外部图像编辑器，且主编辑器为Photoshop。

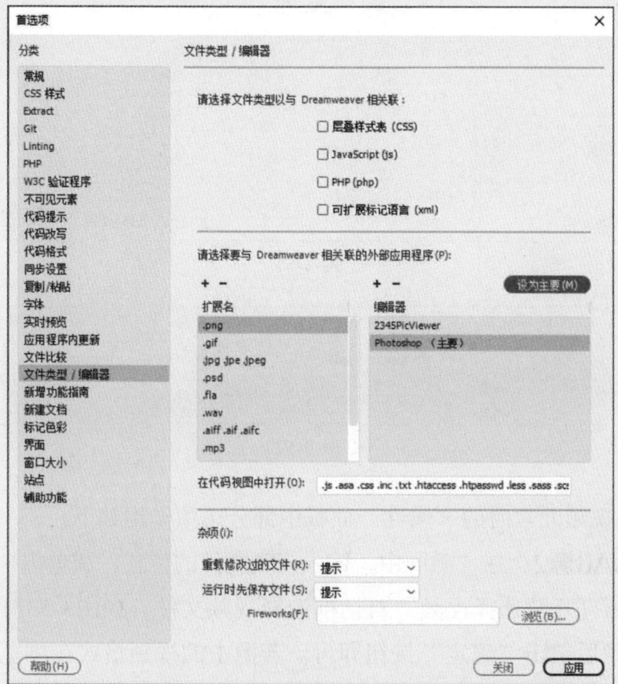


图 3-50

选中要通过外部图像编辑器编辑的图像，执行“编辑”|“图像”|“编辑以”|Photoshop命令，即可打开Photoshop软件进行编辑。

## 3.2　多媒体元素的插入

设计网页时，添加一些动画、音频等多媒体元素，可以使网页效果更加生动有趣。本节将针对多媒体元素的插入进行介绍。

### 3.2.1　插入HTML5 Video

网页设计者可以在网页中插入HTML5视频。HTML5 视频元素提供一种将电影或视频嵌入网页中的标准方式。

移动鼠标指针至要插入视频的位置单击，执行“插入”|HTML|HTML5 Video命令，或按Ctrl+Alt+Shift+V组合键，即可在鼠标插入点插入一个HTML5视频元素，如

图3-51所示。选择该元素，在“属性”面板中设置参数即可插入视频。如图3-52所示为选择HTML5视频元素时的“属性”面板。

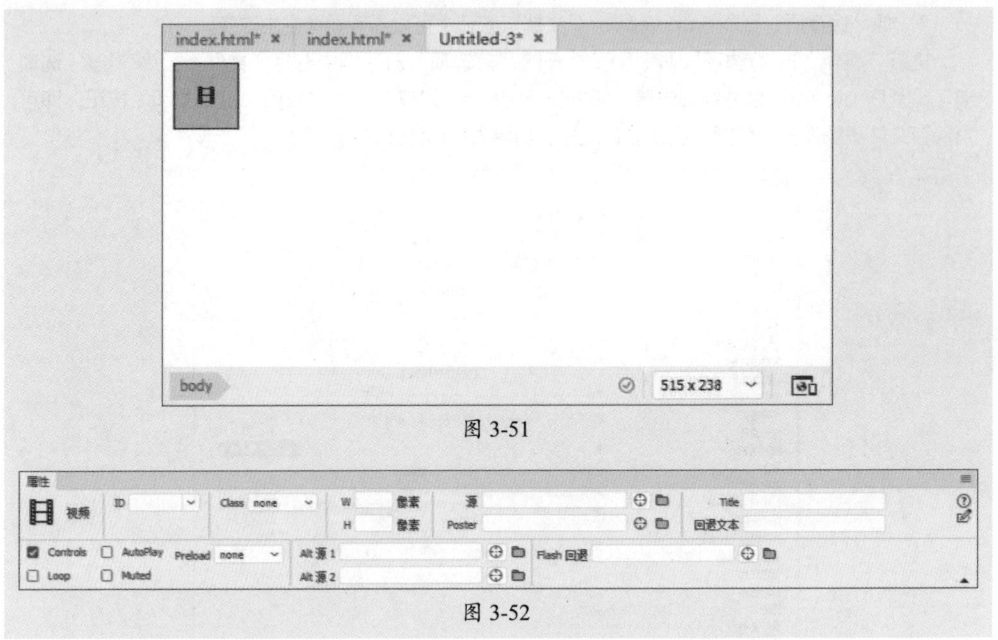


图 3-51

图 3-52

选择HTML5视频元素时的“属性”面板中部分选项作用如下。

- **源/Alt源1/Alt源2：** 在“源”中，输入视频文件的位置，或单击“源”右侧的“浏览”按钮打开“选择视频”对话框选择视频文件，如图3-53所示。在该对话框中选择视频后单击“确定”按钮即可。若源中的视频格式在浏览器中不被支持，则会使用“Alt 源 1”或“Alt 源 2”中指定的视频格式。浏览器将选择第一个可识别格式来显示视频。

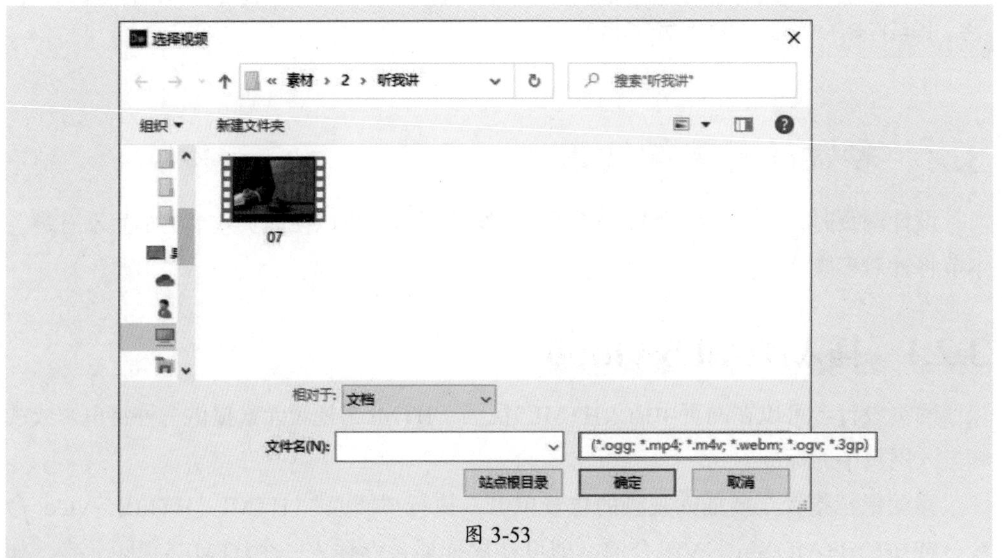


图 3-53

- **宽度（W）和高度（H）**：用于设置输入视频的宽度和高度。
- **Poster（海报）**：输入要在视频完成下载后或用户单击“播放”后显示的图像的位置。
- **Controls（控件）**：用于选择是否要在 HTML 页面中显示视频控件，如播放、暂停和静音。
- **AutoPlay（自动播放）**：用于选择是否希望视频一旦在网页上加载后便开始播放。
- **Preload（预加载）**：用于指定关于在页面加载时视频应当如何加载的作者首选参数。选择“自动”会在页面下载时加载整个视频。选择“元数据”会在页面下载完成之后仅下载元数据。
- **Loop（循环）**：选择该选项后，可以连续播放视频，直到用户停止播放影片。
- **Muted（静音）**：选择该选项后，将使视频的音频部分静音。

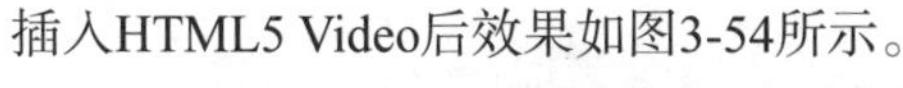
插入HTML5 Video后效果如图3-54所示。

图 3-54

## 3.2.2 插入SWF格式文件

SWF是动画设计软件Flash的专用格式，支持矢量和点阵图形，被广泛应用于网页设计、动画制作等领域。SWF格式文件包含丰富的视频、声音、图形和动画。用户可以在浏览器中播放该文件，并可在 Dreamweaver 中进行预览。

移动鼠标指针至要插入视频的位置单击，执行“插入”|HTML|Flash SWF命令，或按Ctrl+Alt+F组合键，打开“选择SWF”对话框，选中要打开的素材文件，如图3-55所示。完成后单击“确定”按钮，即可插入Flash动画，“文档”窗口中将显示SWF文件占位符，如图3-56所示。

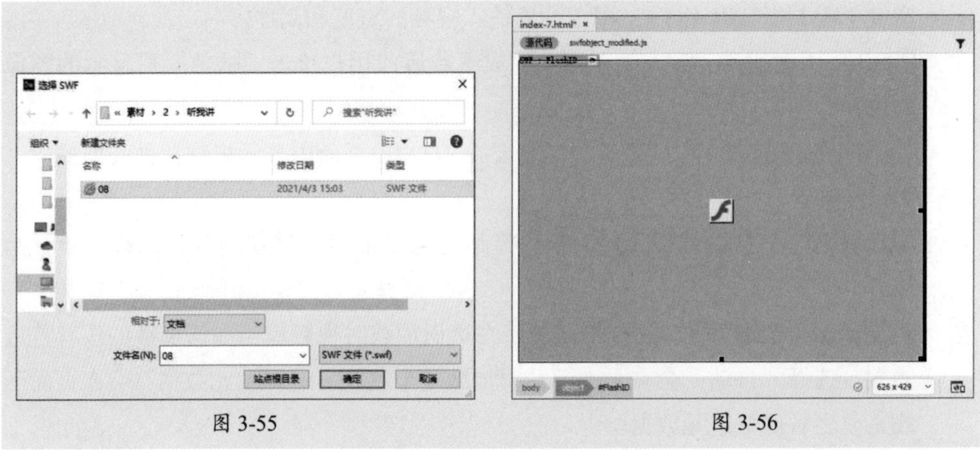


图 3-55　　　　图 3-56

选中SWF文件占位符，在“属性”面板中可以对其参数进行设置，如图3-57所示。

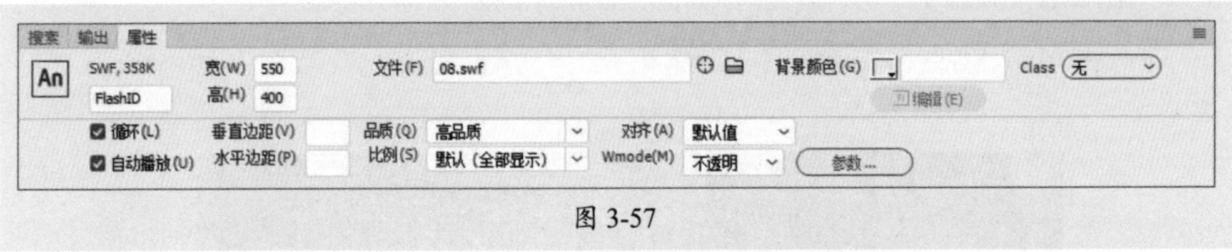


图 3-57

选择SWF文件占位符时的“属性”面板中部分选项作用如下。

- **ID：**为SWF文件指定唯一ID。在属性检查器最左侧的未标记文本框中输入ID。从Dreamweaver CS4起，需要唯一ID。
- **宽和高：**以像素为单位指定影片的宽度和高度。
- **文件：**指定SWF文件或Shockwave文件的路径。单击文件夹图标以浏览到某一文件，或者输入路径。
- **背景颜色：**指定影片区域的背景颜色。在不播放影片时（在加载时和在播放后）也显示此颜色。
- **编辑：**启动Flash以更新FLA文件（使用Flash创作工具创建的文件）。如果计算机上没有安装Flash，则会禁用此选项。
- **Class：**可用于对影片应用CSS类。
- **循环：**使影片连续播放。如果没有选择循环，则影片将播放一次，然后停止。
- **自动播放：**在加载页面时自动播放影片。
- **垂直边距和水平边距：**指定影片上、下、左、右空白的像素数。
- **品质：**在影片播放期间控制抗失真。高品质设置可改善影片的外观，但高品质设置的影片需要较快的处理器才能在屏幕上正确呈现；低品质设置会首先照顾到显示速度，然后才考虑外观，而高品质设置首先照顾到外观，然后才考虑显示速度；自动低品质会首先照顾到显示速度，但会在可能的情况下改善外观；自动高品质开始时会同时照顾显示速度和外观，但以后可能会根据需要牺牲外观以确保速度。

- **比例：**确定影片如何适合在宽度和高度文本框中设置的尺寸。“默认”设置为显示整个影片。
- **对齐：**确定影片在页面上的对齐方式。
- **Wmode：**为SWF文件设置Wmode参数以避免与DHTML元素相冲突。默认值是不透明，这样在浏览器中，DHTML元素就可以显示在SWF文件的上面。如果SWF文件包括透明度，并且希望DHTML元素显示在它们的后面，则选择“透明”选项。选择“窗口”选项可从代码中删除Wmode参数并允许SWF文件显示在其他DHTML元素的上面。
- **参数：**打开一个对话框，可在其中输入传递给影片的附加参数。影片必须已经设计好，才可以接收这些附加参数。

## 3.2.3 插入Flash Video文件

除了SWF格式外，用户还可以在网页中添加FLV视频。Flash Video的出现有效地解决了视频文件导入Flash后，导出的SWF文件体积庞大，不能在网络上很好地使用等缺点。在Dreamweaver软件中用户可以选择插入累进式下载视频和流视频两种类型的Flash Video。

### 1. 累进式下载视频

该视频类型是将FLV文件下载到站点访问者的硬盘上，再进行播放。与传统的“下载并播放”视频传送方法不同，累进式下载允许在下载完成之前就开始播放视频文件。

执行“插入”|HTML|Flash Video命令，打开“插入FLV”对话框，选择视频类型为“累进式下载视频”，如图3-58所示。

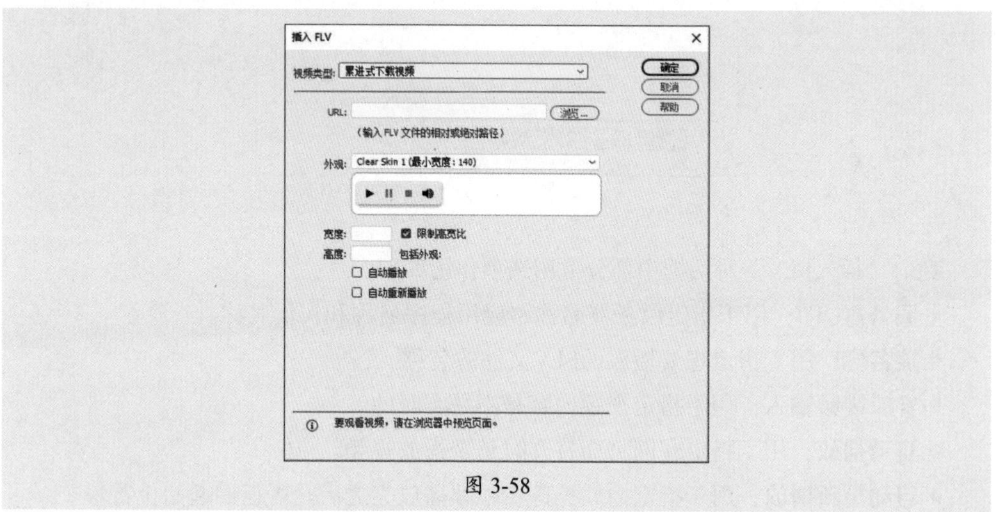


图 3-58

此时“插入FLV”对话框中部分常用选项作用如下。

- **URL：** 用于指定FLV文件的相对路径或绝对路径。若要指定相对路径（例如video/mymtv.flv）可单击“浏览”按钮，导航到FLV文件并将其选定。若要指定绝对路径，则输入FLV文件的URL（例如，http://www.tv888.com/mymtv.flv）。
- **外观：** 用于指定视频组件的外观。
- **宽度：** 以像素为单位指定FLV文件的宽度。
- **高度：** 以像素为单位指定FLV文件的高度。
- **包括外观：** FLV文件的宽度和高度与所选外观的宽度和高度相加得出的和。
- **限制高宽比：** 用于保持视频组件的宽度和高度之间的比例不变。默认情况下会选择此选项。
- **自动播放：** 用于指定在网页面打开时是否播放视频。
- **自动重新播放：** 用于指定播放控件在视频播放完之后是否返回起始位置。

## 2. 流视频

该视频类型是对视频内容进行流式处理，并在一段可确保流畅播放的很短的缓冲时间后在网页上播放该内容。选择视频类型为“流视频”，“插入FLV”对话框如图3-59所示。

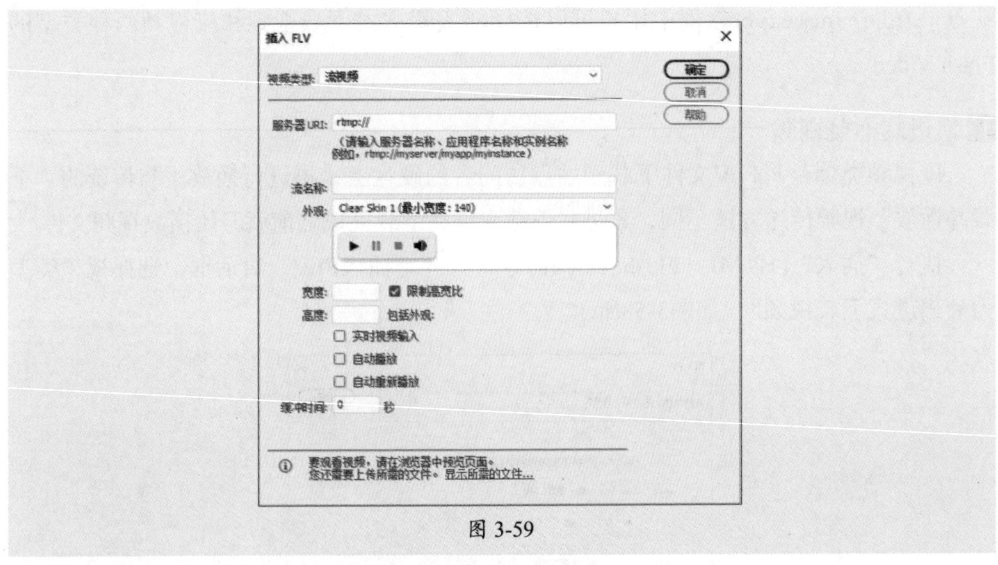


图 3-59

此时“插入FLV”对话框中部分常用选项作用如下。

- **服务器URI：** 用于指定服务器名称、应用程序名称和实例名称。
- **流名称：** 用于指定想要播放的FLV文件的名称。
- **实时视频输入：** 用于指定视频内容是不是实时的。
- **自动播放：** 用于指定在网页面打开时是否播放视频。
- **自动重新播放：** 用于指定播放控件在视频播放完之后是否返回起始位置。

- **缓冲时间**：要指定在视频开始播放前，进行缓冲处理所需的时间（以秒为单位）。默认的缓冲时间设置为0。这样在单击了“播放”按钮后视频会立即开始播放。

## 3.2.4 插入音频

在网页中插入音频文件，可以使网页更加活跃，更具吸引力。用户可以选择插入HTML5 Audio或插入音频插件。

### 1. 插入 HTML5 Audio

HTML5 音频元素提供一种将音频内容嵌入网页中的标准方式。

移动鼠标至要插入音频的位置，执行“插入”|HTML|HTML5 Audio命令，即可在鼠标插入点插入一个HTML5音频元素。选择该元素，在“属性”面板中设置参数即可插入视频。如图3-60所示为选择HTML5音频元素时的“属性”面板。

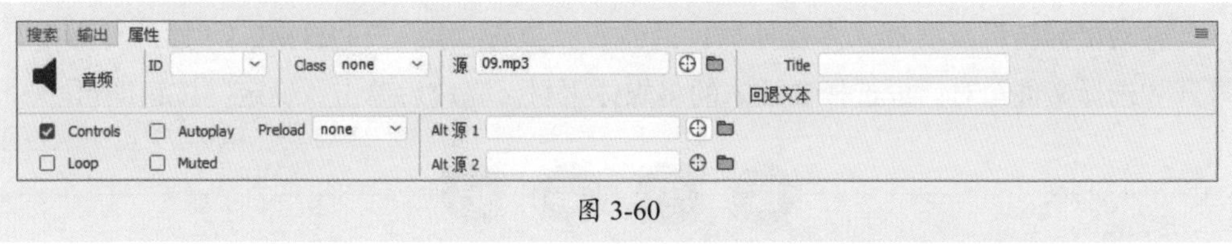


图 3-60

插入HTML5音频元素的方法与视频元素类似，这里不再做过多解释。

### 2. 插入音频插件

除了插入HTML5 Audio音频外，用户还可以通过“插件”命令嵌入音频，将声音直接集成到页面中。通过这种方式嵌入的音频，只有在访问站点的访问者具有所选声音文件的适当插件后，声音才可以播放。

移动鼠标指针至要插入音频的位置，执行“插入”|HTML|“插件”命令，打开“选择文件”对话框选择要插入的音频，如图3-61所示。完成后单击“确定”按钮即可在鼠标插入点插入一个带有拼图块的矩形，如图3-62所示。

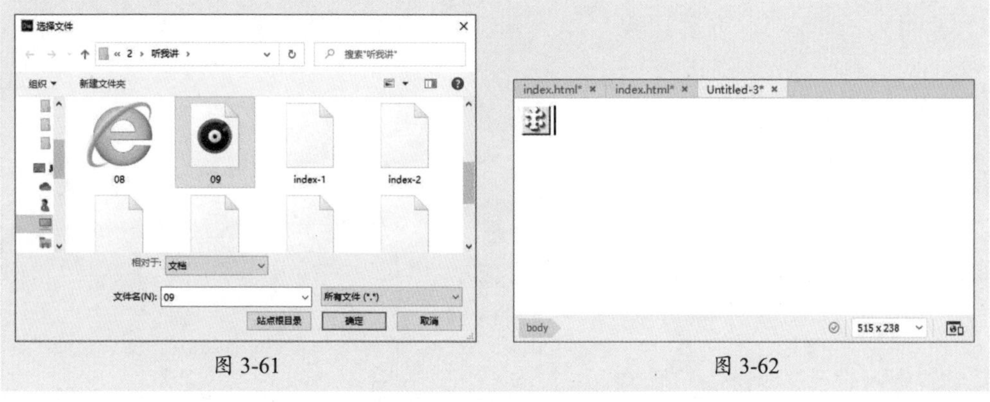


图 3-61　　图 3-62

选中该图形，可在“属性”面板中对其参数进行设置，如图3-63所示。

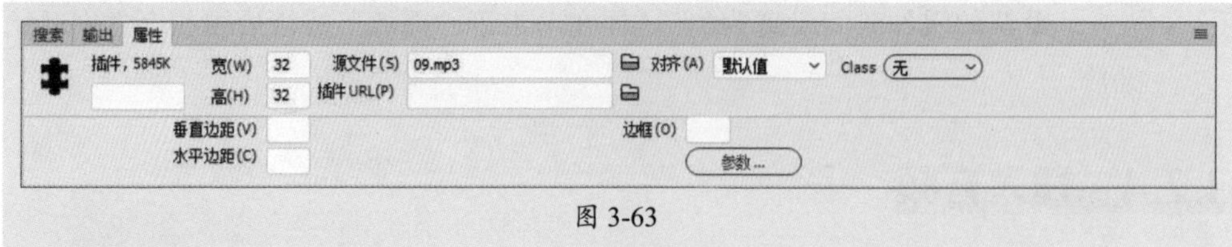


图 3-63

使用HTML标签<bgsound></bgsound>可以插入背景音频。

## 3.2.5 插入插件

除了音频，设计者还可以通过“插件”命令在网页中插入其他多种多媒体元素，如AVI、MOV等。

移动鼠标指针至要插入多媒体插件的位置，执行“插入”|HTML|“插件”命令，打开“选择文件”对话框选择要插入的多媒体素材。完成后单击“确定”按钮即可。

读书笔记

# 自己练 / 制作书法网站首页

**案例路径** 云盘 / 实例文件 / 第3章 / 自己练 / 制作书法网站首页

**项目背景** 书法是中国汉字特有的一种传统艺术，在中国历史上，书法作品在文学界占据了浓墨淡彩的一席。铁画银钩书法网致力于宣传与弘扬书法文化，推陈出新，既展示古代名家作品，又积极培养新人，促进国内书法界的和谐发展。现受该网站委托，为其重新设计网站首页。

**项目要求** ①体现书法特色，弘扬传统文化；

②页面简洁大方，整齐有序；

③体现中国特色。

**项目分析** 铁画银钩书法网是一个致力于宣扬书法文化的网站，因此在图像选择上选择了大量书法作品，通过名家作品与视频欣赏，体现书法特色；网页右侧开辟了咨询中心区，可以帮助浏览者了解书法的相关信息，如图3-64所示。

图 3-64

**课时安排** 2学时。

Dreamweaver

Dreamweaver

# 第4章

# 网页超链接应用详解

## 本章概述

超链接可以有效地链接网站中的网页，使零散的网页整合为一个完整的网站。在Dreamweaver软件中，用户既可以为文本、图像创建超链接，又可以针对特定的锚点、电子邮件等创建链接。本章将对此进行详细介绍。

## 要点难点

- 了解超链接 ★☆☆
- 学会创建超链接 ★★☆
- 学会应用超链接 ★★☆
- 学会管理超链接 ★★★

## 跟我学 创建国粹特色网页

学习目标 本实例将练习制作国粹特色网页，使用表格布局网页页面，使用超链接链接当前网页与其他网页。通过本实例的练习，可以帮助读者了解各种常用链接的使用方法。

案例路径 云盘 / 实例文件 / 第4章 / 跟我学 / 创建国粹特色网页

步骤 01 执行“站点”|“新建站点”命令，新建“GWX-4”站点，并新建images文件夹、 index.html文件和GH.html文件，并将素材文件放置于images文件夹中，如图4-1所示。

步骤 02 双击index.html文件，打开文档，执行“插入”|Table命令，打开Table对话框，设置参数，如图4-2所示。

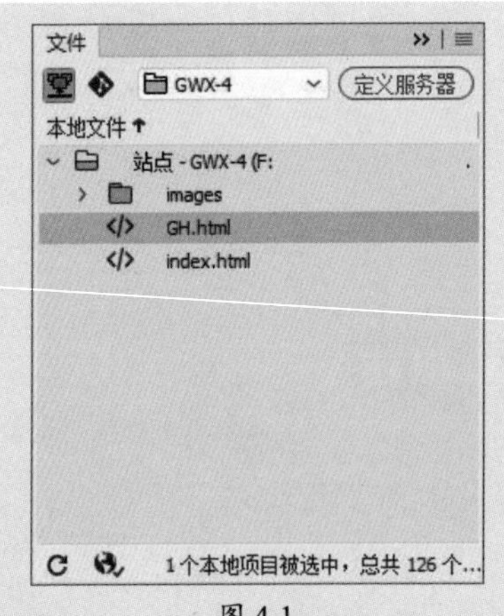


图 4-1

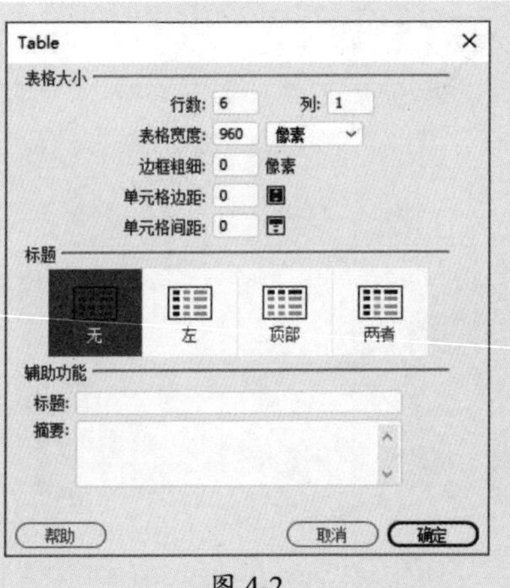


图 4-2

步骤 03 完成后单击“确定”按钮，插入一个6行1列的表格，如图4-3所示。

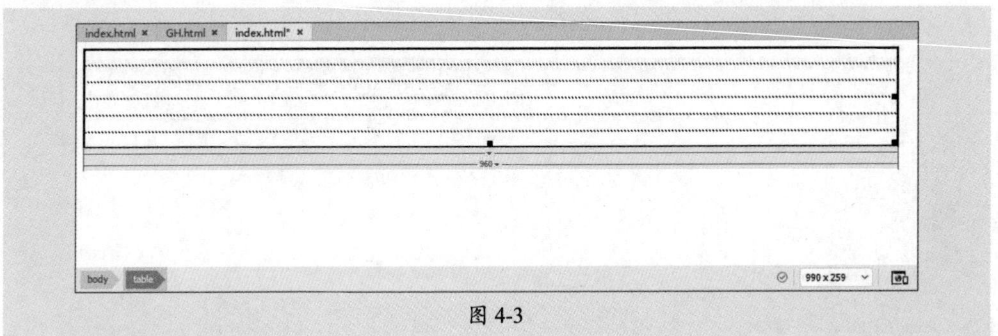


图 4-3

步骤 04 移动鼠标指针至第1行表格中，执行“插入”|Image命令，插入本章图像文件01.jpg，如图4-4所示。

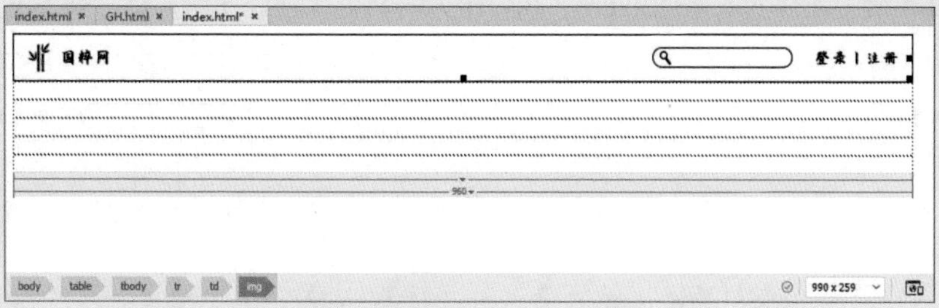

图 4-4

步骤05 使用相同的方法，在第2行中继续插入素材图像“02.jpg”，如图4-5所示。

图 4-5

步骤06 移动鼠标指针至第3行单元格中，执行“插入”|Table命令，插入一个4行3列的表格，如图4-6所示。

图 4-6

**步骤 07** 选中新插入表格的第1列，按Ctrl+Alt+M组合键合并单元格，如图4-7所示。

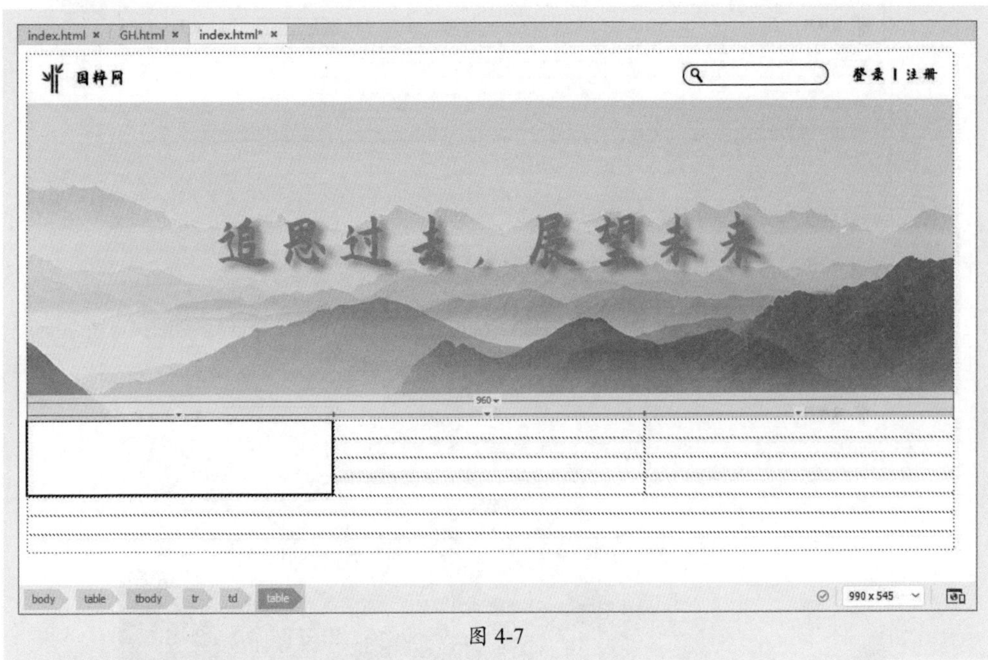


图 4-7

**步骤 08** 使用相同的方法，合并新插入表格的第2列，并调整第1列宽度为180，第2列宽度为460，第3列宽度为320，效果如图4-8所示。

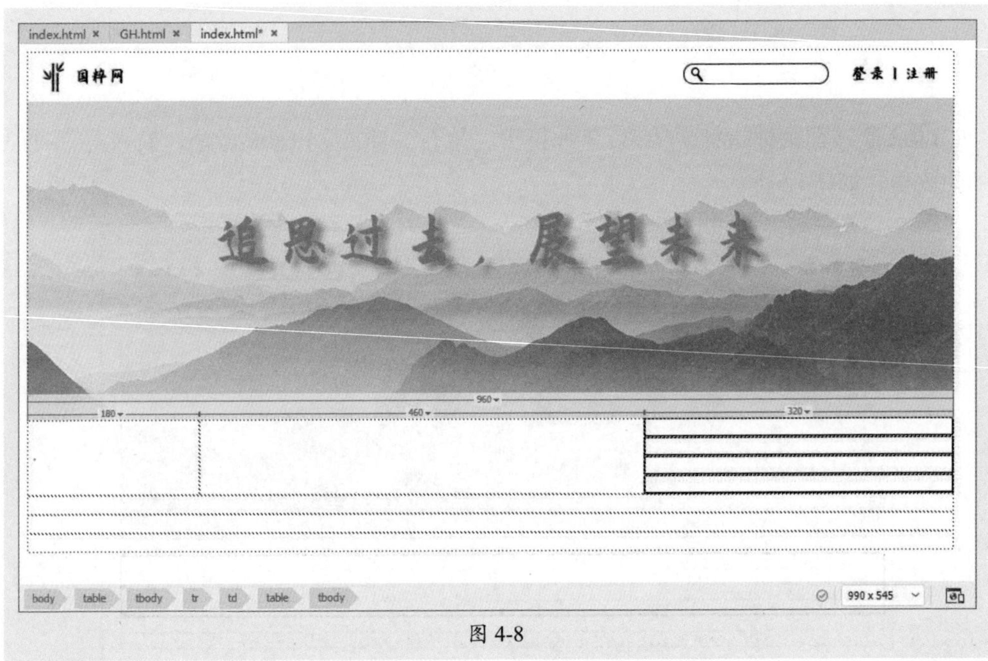


图 4-8

**步骤 09** 移动鼠标指针至第1列单元格中，执行“插入”|Table命令，插入一个6行1列、间距为10的表格，如图4-9所示。

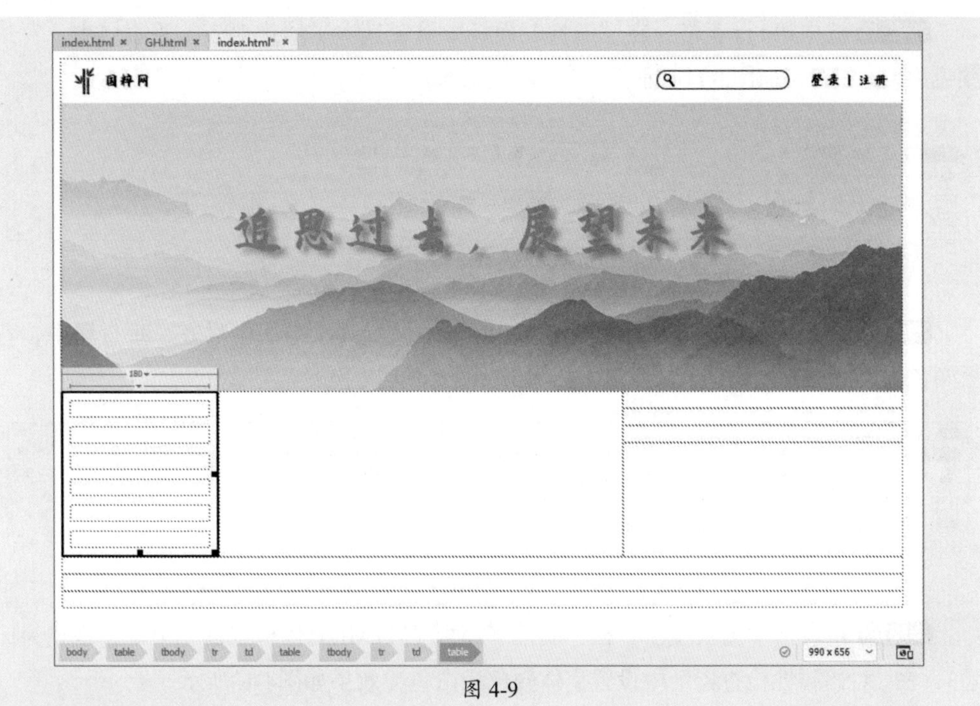


图 4-9

步骤 10 选中插入的表格列，在“属性”面板中设置高为50，效果如图4-10所示。

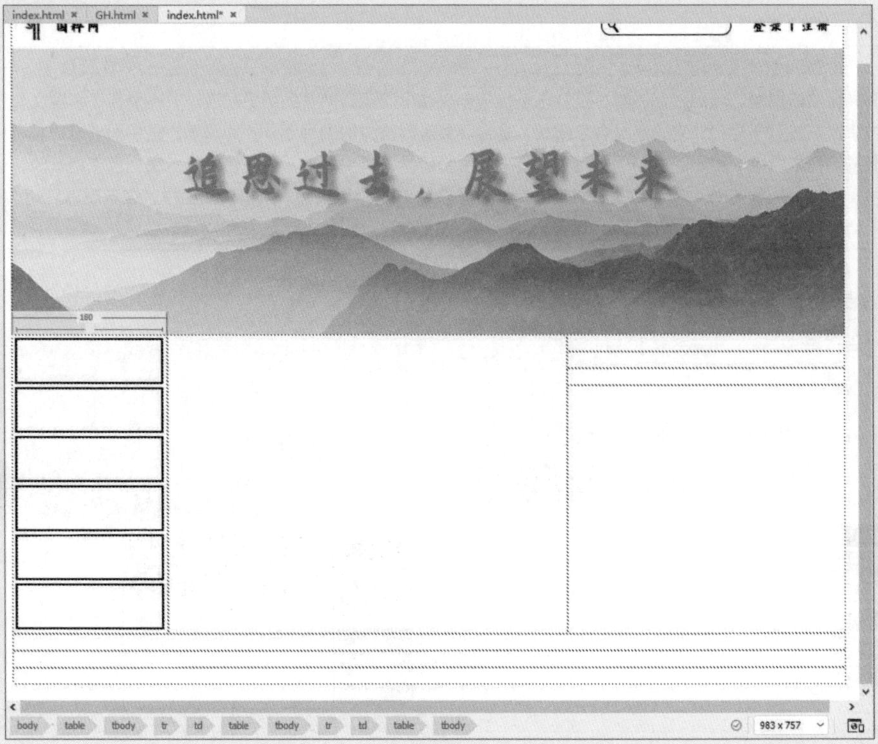

图 4-10

**步骤 11** 选中第1行表格，在“属性”面板中设置其水平居中对齐，垂直居中，背景颜色为#3A5F72，如图4-11所示。

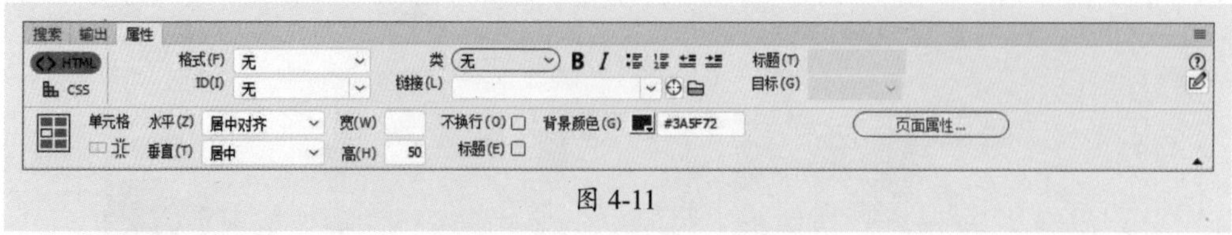

图 4-11

**步骤 12** 选中第2-5行表格，在“属性”面板中设置其水平居中对齐，垂直居中，背景颜色为#6F9DB4，如图4-12所示。

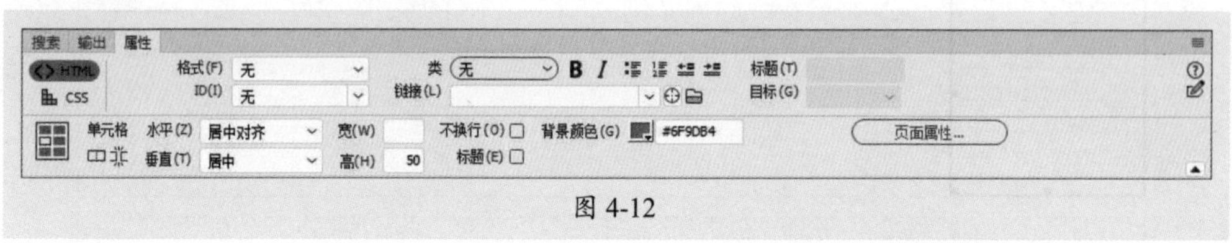

图 4-12

**步骤 13** 在表格中输入文字，在“属性”面板“HTML属性检查器”中设置格式为标题3，在“CSS属性检查器”中设置字体颜色为白色，效果如图4-13所示。

**步骤 14** 设置合并表格第2列垂直顶端对齐，在合并表格的第2列中输入文字，在“代码”视图中添加<p style= “text-indent:2em” ></p>，设置首行缩进2字符，该处完整代码如下：

```
<td width="460" rowspan="4" valign="top"><p style="text-indent: 2em">国粹是指一个国家固有文化中的精华。中国上起尧舜，至今已流传千年。在中国源远流长的历史长河中，也涌现了多种文化精髓。如京剧，起源于近代北京，融合各家所长，是当今最有影响力的剧种之一；如国画，是中国创造的具有悠久历史与鲜明民族特色的绘画。中国画以线条为造型的主要手段，讲究用笔，用墨，使线、墨、色交相辉映，达到&quot;气韵生动&quot;的艺术效果，且诗中有画，画中有诗，为历代文人所喜；如围棋，谋定而思后动，棋盘变化千端，落子无悔……</p></td>
```

效果如图4-14所示。

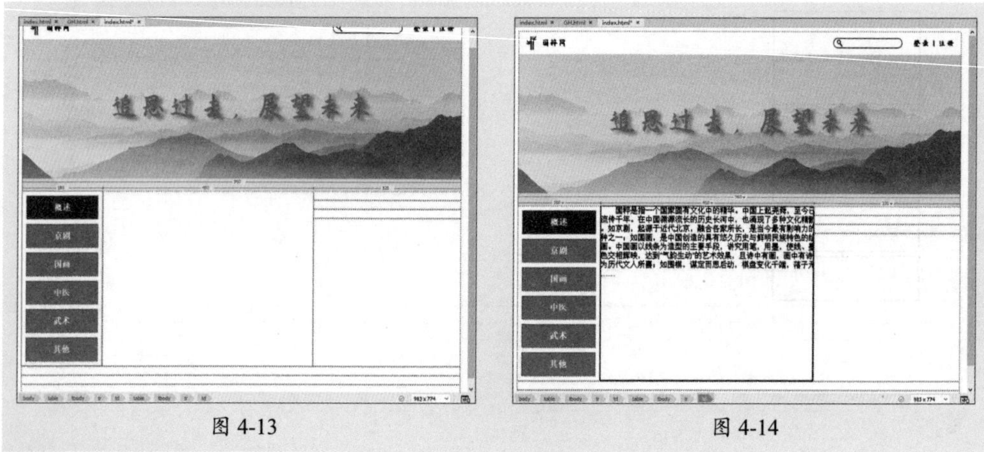

图 4-13　　图 4-14

**步骤 15** 移动鼠标指针至第1行第3列单元格中，执行“插入”|Image命令，插入本章图像文件03.jpg，如图4-15所示。

**步骤 16** 在第2行第3列单元格中输入文字，如图4-16所示。

图 4-15

图 4-16

**步骤 17** 移动鼠标指针至第1行第3列单元格中，执行“插入”|Image命令，插入本章图像文件04.jpg，如图4-17所示。

**步骤 18** 在第2行第3列单元格中输入文字，如图4-18所示。

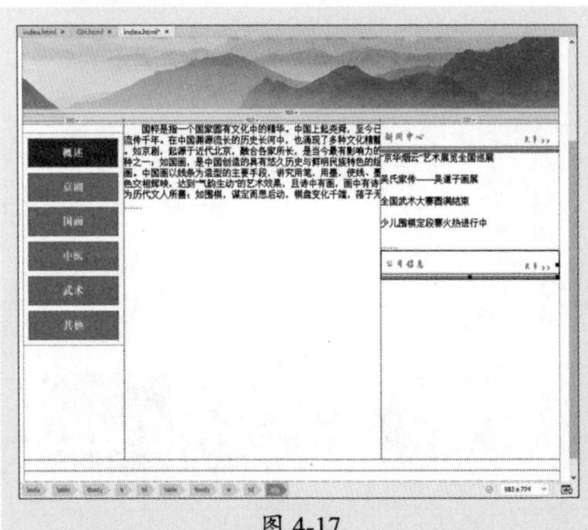

图 4-17

图 4-18

**步骤 19** 移动鼠标指针至第4行单元格中，执行“插入”|Image命令，插入本章图像文件05.jpg，如图4-19所示。

**步骤 20** 移动鼠标指针至第5行单元格中，执行“插入”|Table命令，插入1行4列、间距为5的表格，如图4-20所示。

**步骤 21** 移动鼠标指针至新插入表格的第1行第1列单元格中，执行“插入”|Image命令，插入本章图像文件06.jpg，并在“属性”面板中调整合适大小，如图4-21所示。

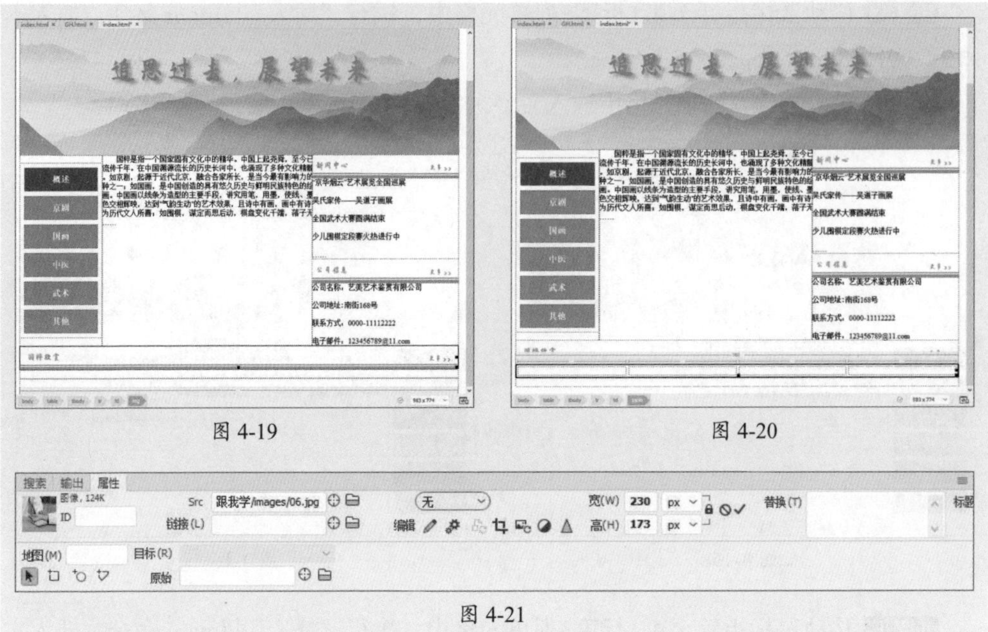


图 4-19　图 4-20

图 4-21

**步骤22** 调整后效果如图4-22所示。

**步骤23** 使用相同的方法，继续插入素材图像并调整至合适大小，如图4-23所示。

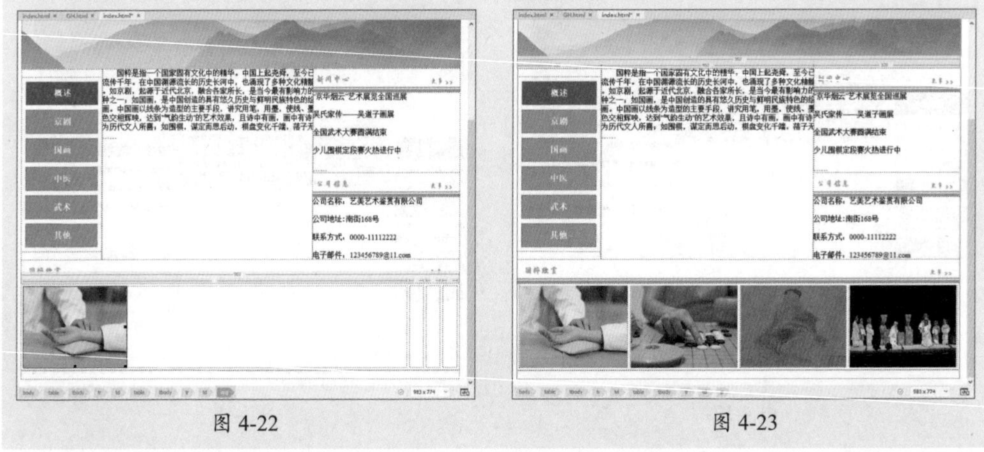

图 4-22　图 4-23

**步骤24** 移动鼠标指针至第6行表格中，在“属性”面板中设置单元格水平居中对齐，垂直居中，高度为50，如图4-24所示。

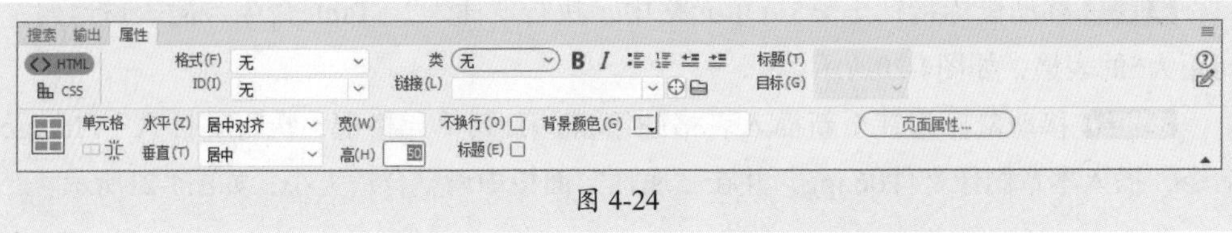


图 4-24

**步骤 25** 在该单元格中输入文字，并在“属性”面板“CSS属性检查器”中设置字体颜色为#6F9DB4，效果如图4-25所示。

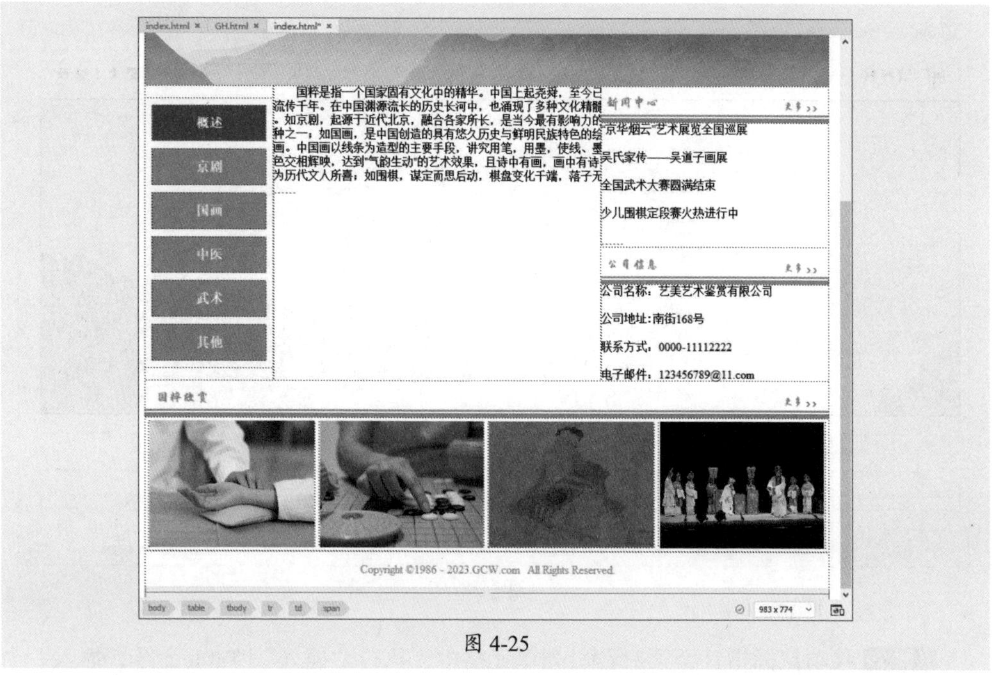

图 4-25

**步骤 26** 保存文件。双击“文件”面板中的GH.html文件，打开文档，执行“插入”|Table命令，插入一个6行1列的表格，如图4-26所示。

图 4-26

**步骤 27** 移动鼠标指针至第1行第1列单元格中，执行“插入”|Image命令，插入本章图像文件01.jpg，如图4-27所示。

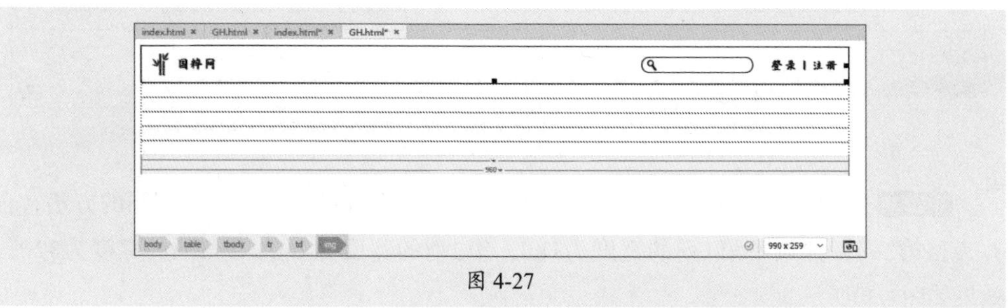

图 4-27

**步骤 28** 使用相同的方法，在第2行第1列单元格中插入本章素材图像文件02.jpg，如图4-28所示。

图 4-28

**步骤 29** 移动鼠标指针至第3行第1列单元格中，执行“插入”|Table命令，插入一个2行3列的表格，如图4-29所示。

图 4-29

**步骤 30** 选中新插入表格的第1列，按Ctrl+Alt+M组合键合并，使用相同的方法，合并表格第2列，并调整第1列的宽度为180，第2列的宽度为460，第3列的宽度为320，效果如图4-30所示。

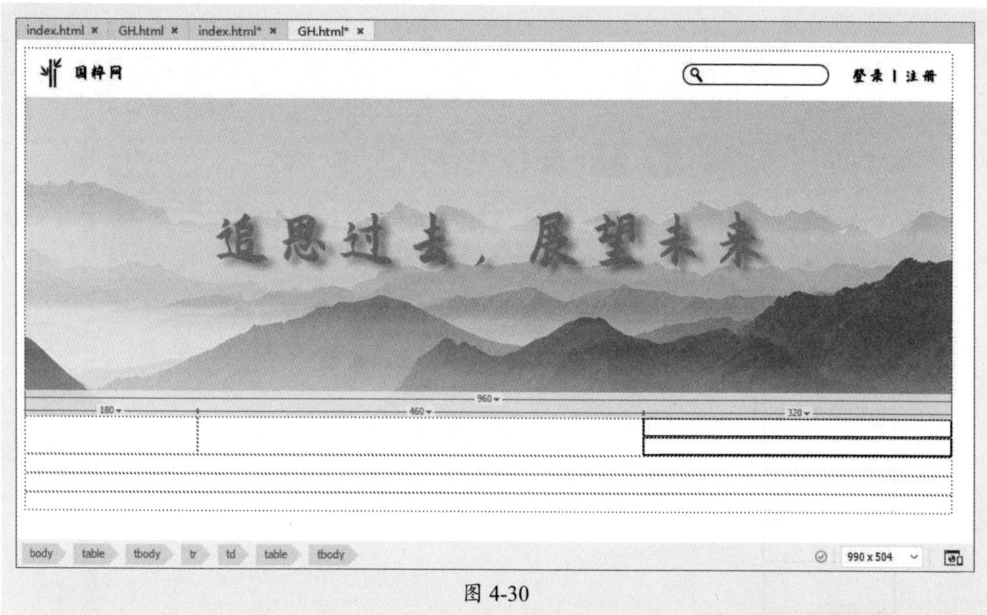


图 4-30

**步骤 31** 移动鼠标指针至第1列单元格中，执行“插入”|Table命令，插入一个6行1列、间距为10的表格，如图4-31所示。

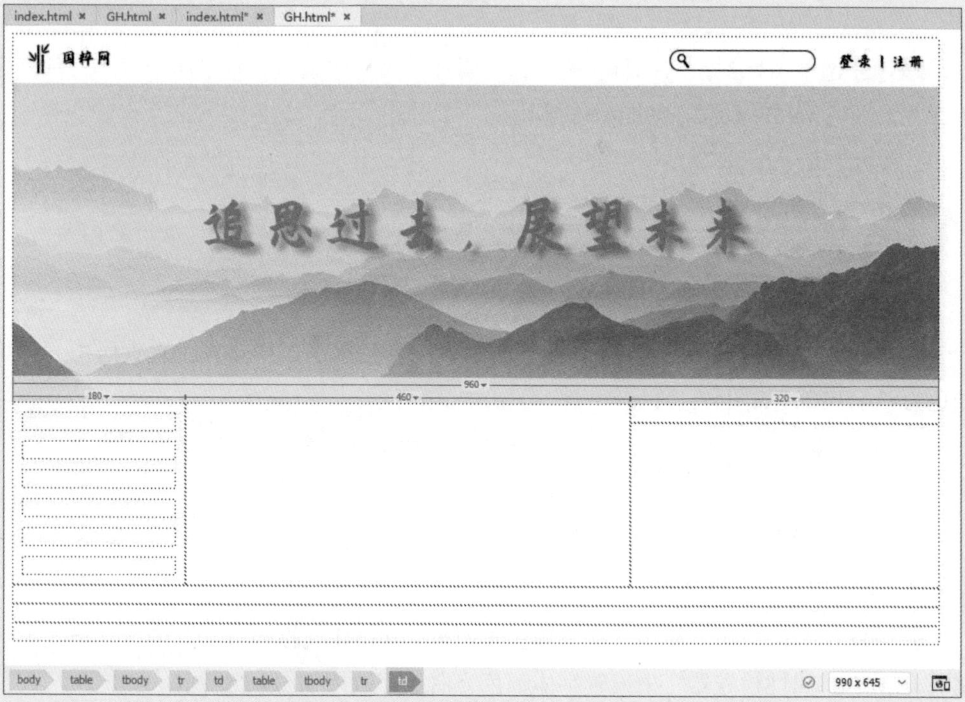

图 4-31

**步骤 32** 选中插入的表格列，在“属性”面板中设置高为50，效果如图4-32所示。

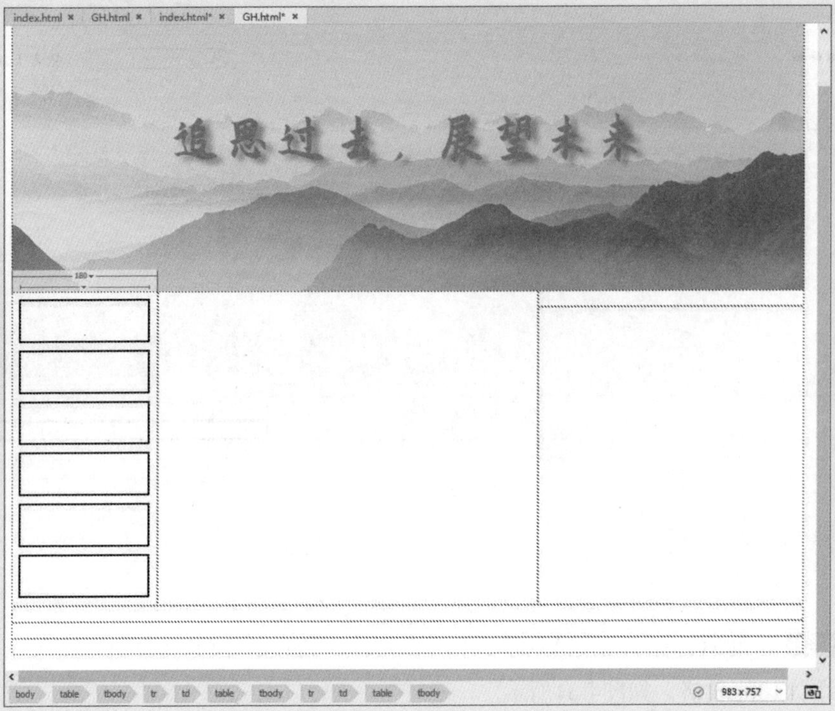

图 4-32

**步骤33** 选中第1~2行、4~6行表格，在“属性”面板中设置其水平居中对齐，垂直居中，背景颜色为#6F9DB4，如图4-33所示。

图 4-33

**步骤34** 选中第3行表格，在“属性”面板中设置其水平居中对齐，垂直居中，背景颜色为#3A5F72，如图4-34所示。

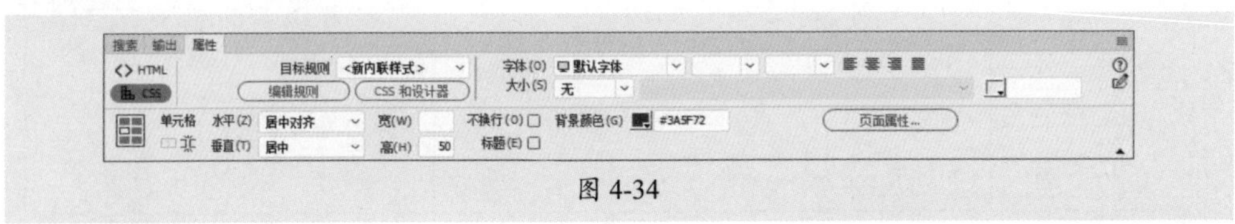


图 4-34

**步骤35** 在表格中输入文字，在“属性”面板“HTML属性检查器”中设置格式为标题3，在“CSS属性检查器”中设置字体颜色为白色，效果如图4-35所示。

**步骤36** 设置合并表格第2列垂直顶端对齐，在合并表格的第2列中输入文字，在“代码”视图中添加<p style= “text-indent:2em” ></p>，设置首行缩进2字符。该处完整代码如下：

```
<td width="460" rowspan="2" valign="top"><p style="text-indent: 2em">国画是中国画的简称，是中国的传统绘画形式，主要用毛笔蘸水、墨、彩作画于绢或纸上。常见的国画分为山水画、人物画、花鸟画三个大类。中国画在内容和艺术创作上，体现了古人对自然、社会及与之相关联的政治、哲学、宗教、道德、文艺等方面的认知。</p>
<p style="text-indent: 2em">中国画重视构思，讲求意在笔先和形象思维，注重艺术形象的主客观统一。不拘于表面的相似，而讲求&ldquo;妙在似与不似之间&rdquo;和&ldquo;不似之似&rdquo;。其形象的塑造以能传达出物象的神态情韵和画家的主观情感为要旨。</p></td>
```

效果如图4-36所示。

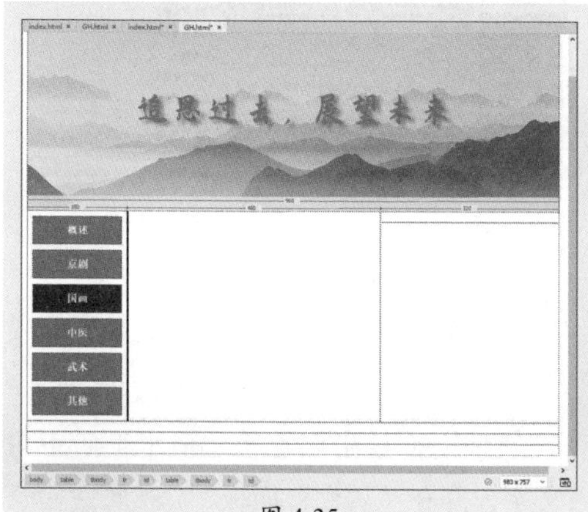

图 4-35

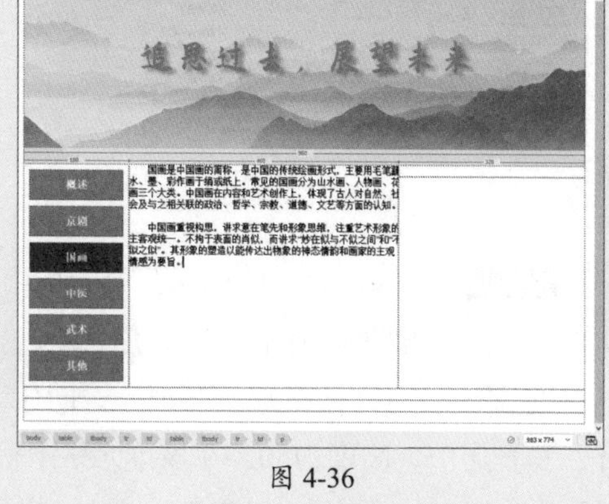

图 4-36

**步骤 37** 移动鼠标指针至第1行第3列单元格中，执行“插入”| Image命令，插入本章图像文件10.jpg，如图4-37所示。

**步骤 38** 设置第2行第2列单元格垂直顶端对齐，在第2行第3列单元格中输入文字，如图4-38所示。

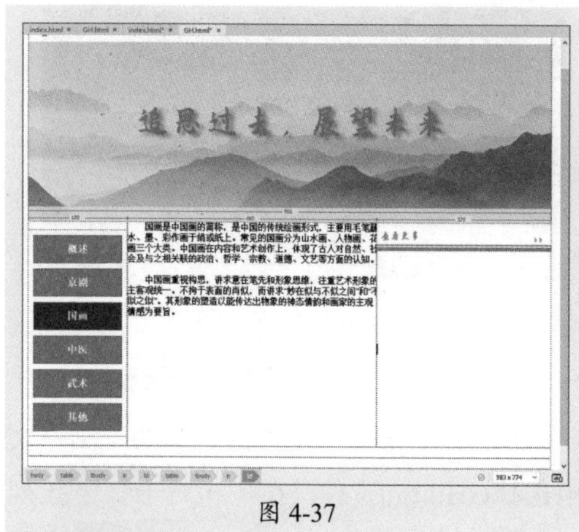

图 4-37

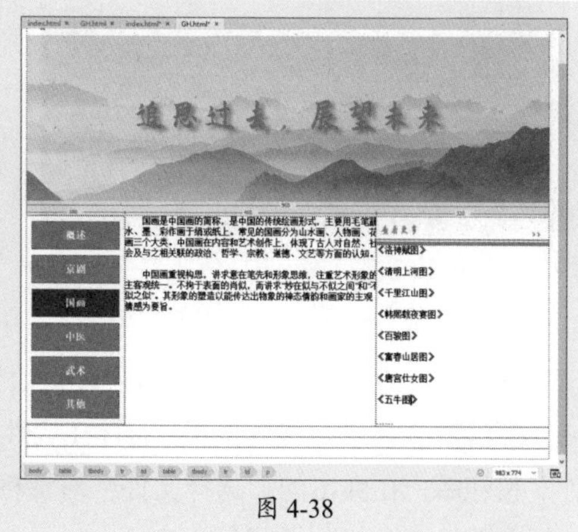

图 4-38

**步骤 39** 选中新输入的文字，在“属性”面板“HTML属性检查器”中设置格式为标题4，效果如图4-39所示。

步骤 40 移动鼠标指针至第4行单元格中，执行“插入”|Image命令，插入本章图像文件11.jpg，如图4-40所示。

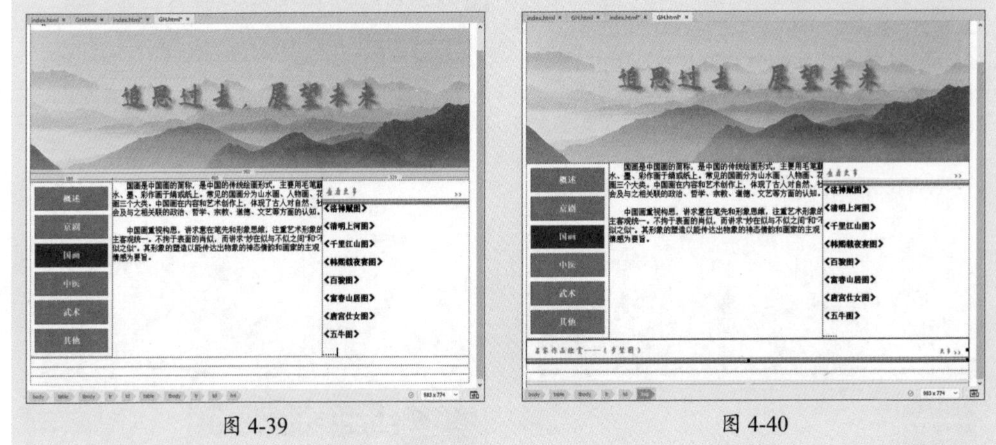

图 4-39　　图 4-40

步骤 41 移动鼠标指针至第4行单元格中，执行“插入”|Image命令，插入本章图像文件12.jpg，如图4-41所示。

步骤 42 移动鼠标指针至第6行表格中，在“属性”面板中设置单元格水平居中对齐，垂直居中，高度为50。在该单元格中输入文字，并在“属性”面板“CSS属性检查器”中设置字体颜色为#6F9DB4，效果如图4-42所示。

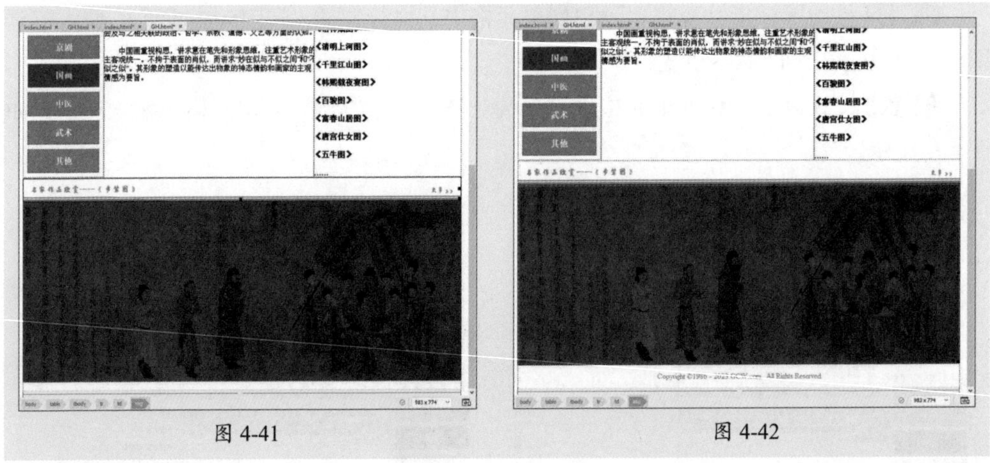

图 4-41　　图 4-42

步骤 43 保存文件。切换至index.html文档中，选中“国画”二字，如图4-43所示。

步骤 44 单击“属性”面板“HTML属性检查器”中“链接”文本框右侧的“浏览文件”按钮，在弹出的“选择文件”对话框中选择GH.html文件，在“相对于”下拉列表框中选择“文档”，如图4-44所示。

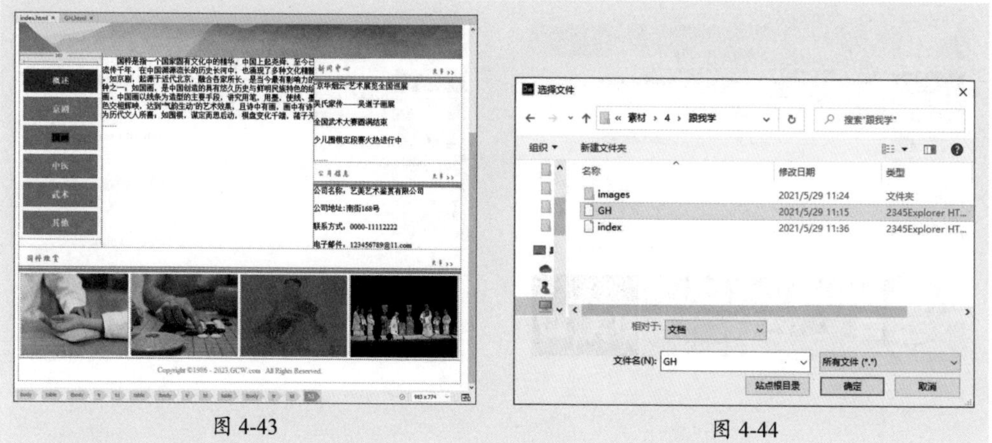


图 4-43　　图 4-44

步骤 45 完成后单击“确定”按钮，创建文本链接，如图4-45所示。

步骤 46 选中电子邮件，如图4-46所示。

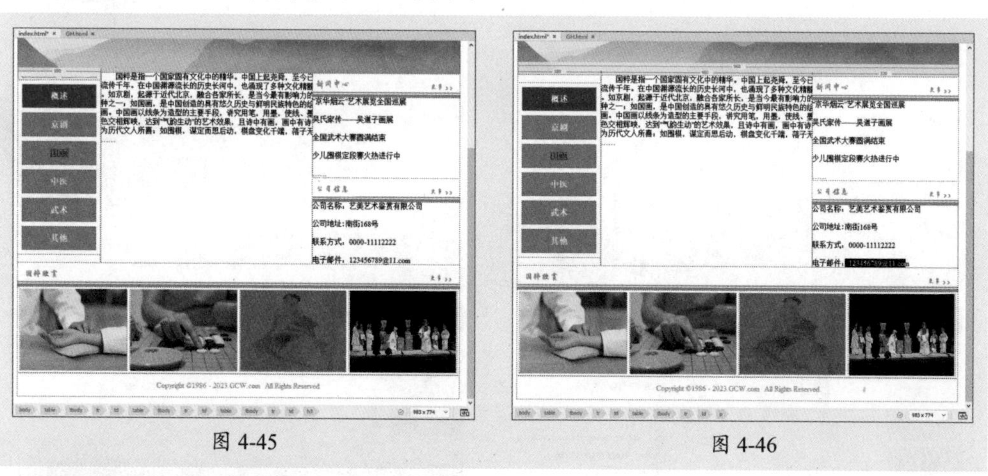

图 4-45　　图 4-46

步骤 47 在“属性”面板“HTML属性检查器”中“链接”文本框中输入“mailto: 123456789@11.com”，创建电子邮件链接，如图4-47所示。

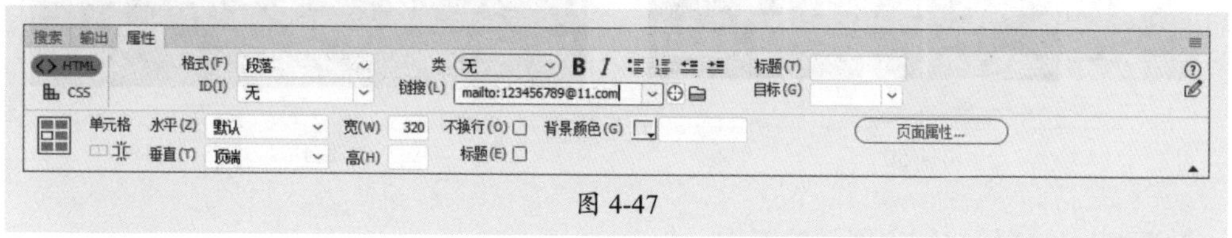


图 4-47

步骤 48 选中文档中的“伏生传经图”图像，如图4-48所示。

步骤 49 单击“属性”面板“HTML属性检查器”中“链接”文本框右侧的“浏览文件” 按钮，在弹出的“选择文件”对话框中选择GH.html，创建图像链接，如图4-49所示。

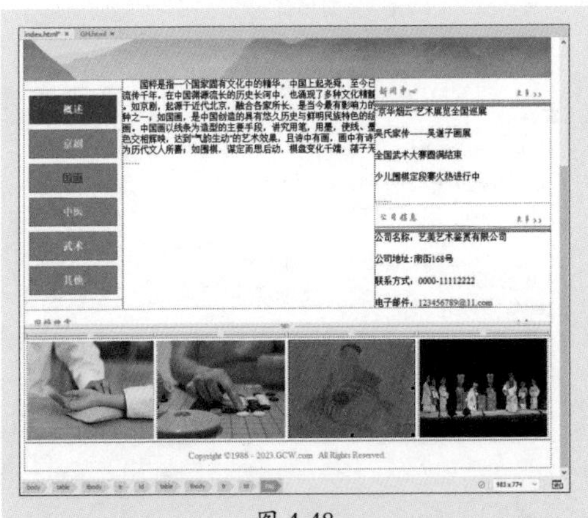

图 4-48

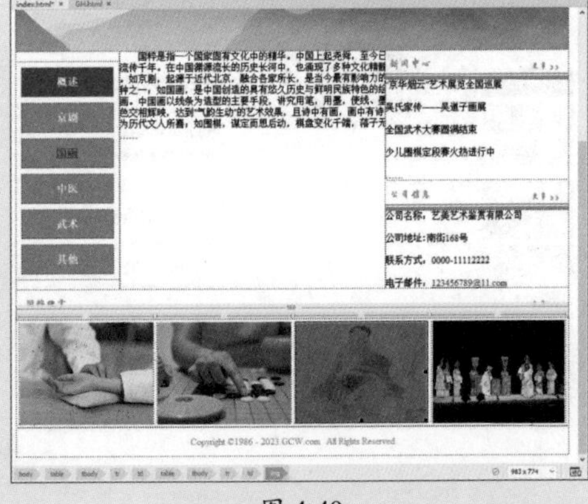

图 4-49

**步骤 50** 保存文件。按F12键在浏览器中测试效果，如图4-50、图4-51所示。

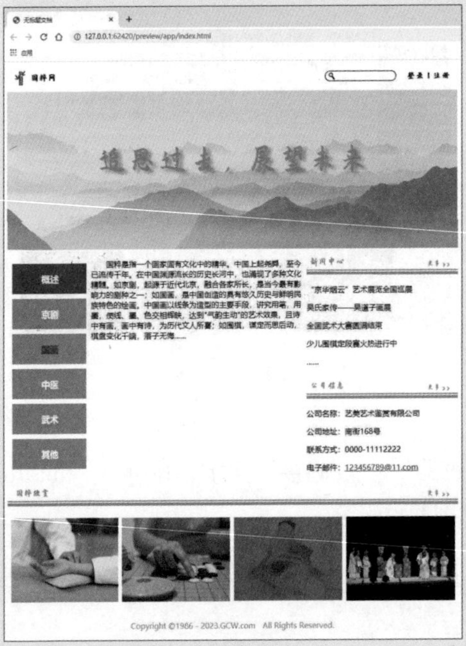

图 4-50

图 4-51

至此，完成国粹特色网页的制作。

听我讲 Listen to me

## 4.1 什么是超链接

超链接是网站设计中非常重要的元素，通过使用超链接可以在网页与网页、网页元素与网页等之间创建关联，使其连接成一个整体。

每个网页面都有一个唯一地址，即统一资源定位器（URL）。但在创建本地链接（即从一个文档到同一站点上另一个文档的链接）时，通常不指定作为链接目标的文档的完整 URL，而是指定一个始于当前文档或站点根文件夹的相对路径。网站中超链接的链接路径可以分为绝对路径和相对路径两种。下面将对此进行介绍。

### 4.1.1 绝对路径

绝对路径是指包括服务器规范在内的完全路径，通常使用http://来表示。与相对路径相比，采用绝对路径的优点在于它同链接的源端点无关。只要网站的地址不变，无论文档在站点中如何移动，都可以正常实现跳转。

但采用绝对路径的链接不利于测试。如果在站点中使用绝对地址，要想测试链接是否有效，必须在Internet服务器端对链接进行测试。

### 4.1.2 文档相对路径

文档相对路径适用于有大多数站点的本地链接。在当前文档与所链接的文档或资产位于同一文件夹中，而且可能保持这种状态的情况下，相对路径特别有用。利用文件夹层次结构，指定从当前文档到所链接文档的路径，还可链接到其他文件夹中的文档或资产。

文档相对路径可以省略掉对于当前文档和所链接的文档或资产都相同的绝对路径部分，而只提供不同的路径部分。

### 4.1.3 站点根目录相对路径

站点根目录相对路径是指描述从站点的根文件夹到文档的路径。一般只在处理使用多个服务器的大型 Web 站点或在使用承载多个站点的服务器时使用这种路径。

站点根目录相对路径以一个正斜杠开始，该正斜杠表示站点根文件夹。移动包含站点根目录相对链接的文档时，不需要更改这些链接，因为链接是相对于站点根目录的，而不是文档本身。但是，如果移动或重命名由站点根目录相对链接所指向的文档，则即使文档之间的相对路径没有改变，也必须更新这些链接。

## 4.2 超链接的创建

Dreamweaver软件中创建超链接的方法有很多种。设计者可以根据需要创建指向文档、图像、多媒体文件或可下载软件的链接，也可以建立到文档内任意位置的任何文本或图像的链接。下面将对此进行介绍。

### 4.2.1 创建文本链接

文本链接是网页中使用最多的一种链接。浏览网页时，鼠标指针经过某些文本时，指针形状会发生变化，同时文本也可能发生相应的变化，这就是带链接的文本，单击它即可打开所链接的对象。本小节将针对创建文本链接的方式进行介绍。

#### 1. 通过“属性”面板创建链接

通过“属性”面板，可以很方便快捷地创建文本链接。选择要链接的文本内容，在“属性”面板“HTML属性检查器”中的“链接”文本框中输入要链接的文件的路径，即可创建文本链接，如图4-52所示。

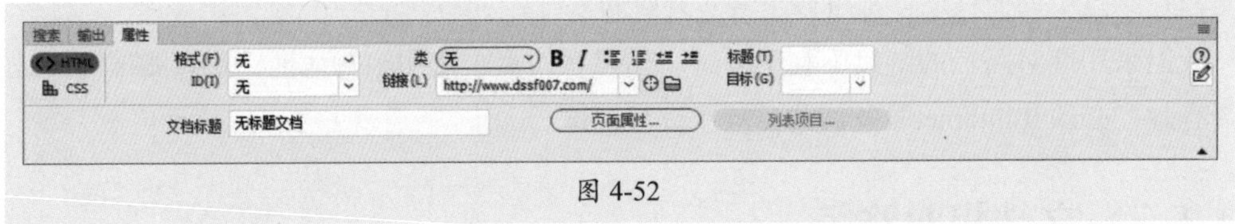


图 4-52

也可以在选择要链接的文本内容后，单击“链接”文本框右侧的“浏览文件”按钮，在弹出的“选择文件”对话框中选择要链接的文件，在“相对于”下拉列表中选择“文档”，完成后单击“确定”按钮，即可。

**技巧点拨**

在“选择文件”对话框中，选择“文档”表示使用文件相对路径创建链接；选择“站点根目录”表示使用站点根目录相对路径创建链接，如图4-53所示。

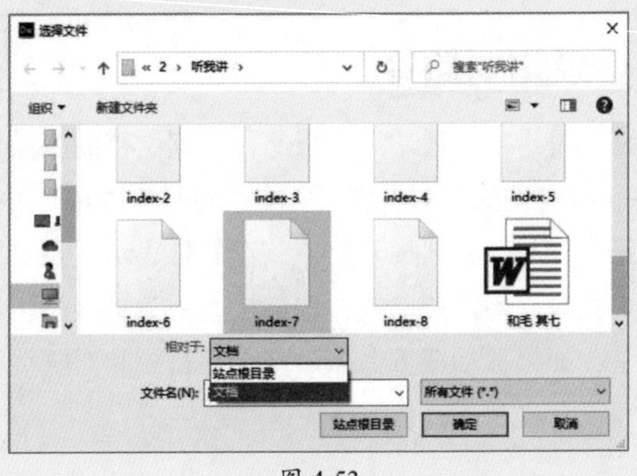


图 4-53

**知识链接**

创建链接时，若链接的对象是浏览器不能识别的文件类型，如EXE、Doc等，在浏览器中单击链接项目时将打开“另存为”对话框下载文件。

## 2. 通过“创建链接”命令创建链接

选中要创建链接的文本并右击，在弹出的快捷菜单中选择“创建链接”命令，如图4-54所示。打开“选择文件”对话框，在该对话框中选择要链接的文件后单击“确定”按钮，如图4-55所示，即可创建文本链接。

图 4-54

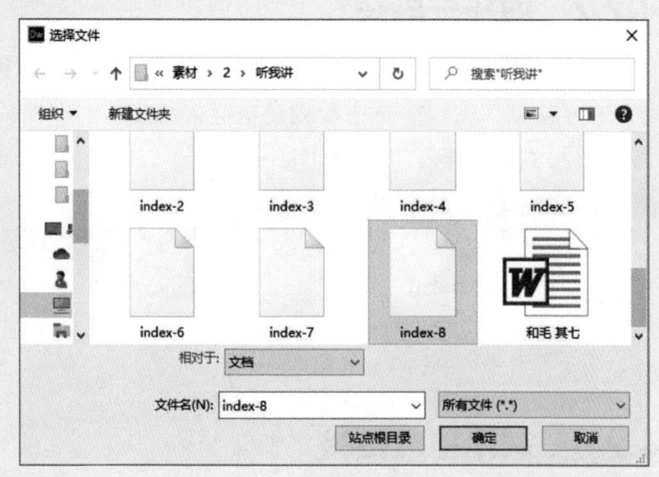


图 4-55

## 3. 通过“文件”面板创建链接

除了以上两种方法外，还可以选择要链接的文本后，在“属性”面板“HTML属性检查器”中选择“指向文件”按钮⊕，按住鼠标并拖动到“文件”面板中要链接的文件上，松开鼠标，创建链接。

文本链接创建后，在其相应的“属性”面板中，可以对“目标”参数进行设置，如图4-56所示。

图 4-56

这5种“目标”参数作用分别如下。

- **_blank**：在新窗口打开目标链接。
- **new**：在名为链接文件名称的窗口中打开目标链接。

- _parent：在上一级窗口中打开目标链接。
- _self：在同一个窗口中打开目标链接。
- _top：在浏览器整个窗口中打开目标链接。

知识链接

使用<a>标签也可以很便捷地创建文本链接。<a>标签可定义锚（anchor）。用户可以使用href属性创建指向另一个文档的链接，如：<a href="链接地址">创建链接的文本</a>；使用name或id属性创建指向文档片段的链接，如：<a name="值">创建链接的文本</a>或<a id="值">创建链接的文本</a>。

## 4.2.2 创建空链接

空链接是一种无指向的链接，主要用于向页面上的对象或文本附加行为。

在“文档”窗口中选中要创建空链接的文本、图像或对象，在“属性”面板中的“链接”文本框中输入“#”或“javaScript:;”，即可，如图4-57所示。

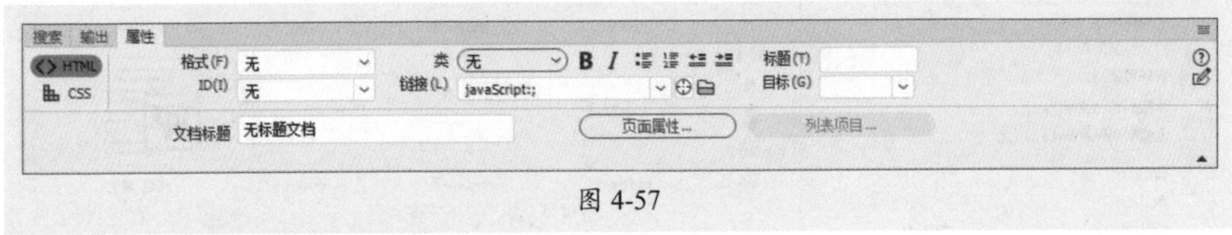


图 4-57

## 4.2.3 制作锚点链接

锚点链接可以链接到同一页面中的不同位置。用户可以在长页面中设置锚点，以便于更快速地浏览同一页面中的具体内容，从而避免上下滚动的麻烦。创建锚点链接的过程分为创建命名锚点和创建到该命名锚点的链接2步。下面将对此进行介绍。

在“文档”窗口中，选中要作为锚点的项目，在“属性”面板中为其设置唯一的ID。在“设计”视图中，选中要从其创建链接的文本或图像，在“属性”面板的“链接”文本框中输入数字符号 (#) 和锚点ID，即可。

知识链接

在数字符号 (#) 和锚点ID之前添加filename.html，可以链接到同一文件夹内其他文档中对应ID的锚点。

也可以选择要从其创建链接的文本或图像，按住“属性”面板的“链接”文本框右侧的“指向文件”按钮拖曳至要链接到的锚点上。

**技巧点拨**

锚点名称区分大小写。

## 4.2.4 创建电子邮件链接

电子邮件是一种互联网通信方式。创建电子邮件链接后，当用户单击指向电子邮件地址的超链接时，将会打开默认邮件管理器的新邮件窗口，且“收件人”框自动更新为显示电子邮件链接中指定的地址。

可以通过“电子邮件链接”命令插入电子邮件链接，也可以通过“属性”面板插入电子邮件链接，下面将对这两种方式进行介绍。

### 1. 通过“电子邮件链接”命令插入电子邮件链接

移动鼠标指针至“设计”视图中要插入电子邮件链接的位置或选中要创建电子邮件链接的项目，执行“插入”|HTML|“电子邮件链接”命令，打开“电子邮件链接”对话框，在该对话框中输入文本和电子邮件地址，如图4-58所示。完成后单击“确定”按钮即可创建电子邮件链接。保存文件后按F12键测试，在浏览器中单击电子邮件链接即可打开电子邮件界面，如图4-59所示。

图 4-58　　图 4-59

### 2. 通过“属性”面板插入电子邮件链接

通过“属性”面板可以实现大部分链接功能。选择要创建电子邮件的文本或图像，在“属性”检查器的“链接”文本框中输入“mailto:电子邮件地址”，即可创建电子邮件链接。

## 4.2.5 创建脚本链接

脚本链接可以执行JavaScript代码或调用JavaScript函数，能够在不离开当前网页页面的情况下为访问者提供有关某项的附加信息。在访问者单击特定项时，还可以执行计算、验证表单或完成其他处理任务。

在“文档”窗口中选中要创建脚本链接的文本、图像或对象，在“属性”面板中的“链接”文本框中输入“javascript:”，后跟一些JavaScript代码或一个函数调用，即可，如图4-60所示。

图 4-60

# 4.3 在图像中应用链接

图像链接和文本链接都是网页中最常使用的链接。与文本链接类似，用户也可以选择为图像创建链接，当在浏览器中单击创建链接的图像时，即可打开链接对象。下面将对此进行介绍。

## 4.3.1 图像链接

图像链接广泛应用于当前网页中，使用图像链接，既可以链接到其他网页，还可以链接到其他图像文件。

在“文档”窗口中选中要创建链接的图像，单击“属性”面板中“链接”文本框右侧的“浏览文件”按钮，在弹出的“选择文件”对话框中选择文件即可。也可以直接在“链接”文本框中输入链接地址，创建图像链接，如图4-61所示。

图 4-61

**技巧点拨**

在“属性”面板中的“替换”文本框中输入文字，当图片不能正常读取时，会在图片的位置显示替换文字。

## 4.3.2 图像热点链接

除了对整张图像创建链接外，还可以通过热点创建图像部分区域的链接。当浏览者在网页中单击某一个热点时，即可打开相应的链接对象。热点链接的原理就是利用HTML代码在图片上定义一定形状的区域，然后给这些区域加上链接，这些区域即为热点。

常见热点工具包括以下4种。

- **矩形热点工具**□：单击“属性”面板中的“矩形热点工具”按钮□，在图像上拖动鼠标左键，即可绘制出矩形热区。

- **圆形热点工具**：单击“属性”面板中的“圆形热点工具”按钮，在图像上拖动鼠标左键，即可绘制出圆形热区。
- **多边形热点工具**：单击“属性”面板中的“多边形热点工具”按钮，在图像上多边形的每个端点位置上单击鼠标左键，即可绘制出多边形热区。
- **指针热点工具**：选中绘制的热点并对其进行调整。

在“文档”窗口中选择图像，在“属性”面板中“地图”文本框中为该图像设置唯一的名称，完成后使用热点工具定义热点，此时默认选中热点，在“链接”文本框中输入路径或单击“链接”文本框右侧的“浏览文件”按钮，在打开的“查找文件”对话框中选择要链接的对象即可。

## 4.4 管理网页超链接

超链接是Web页面最重要的特征之一，创建完超链接后，根据设计需要，网页设计者可以对其进行编辑管理，从而达到管理网页的目的。本节将对此进行详细介绍。

### 4.4.1 自动更新链接

移动或重命名本地站点中的文档后，Dreamweaver可根据设置更新来自和指向该文档的链接。该功能适用于将整个站点（或其中完全独立的一个部分）存储在本地磁盘上的情况。

**技巧点拨**

自动更新链接不会更改远程文件夹中的文件，除非将本地文件放在远程服务器上或将其存回远程服务器。

为了加快更新过程，Dreamweaver可创建一个缓存文件来存储有关本地文件夹中所有链接的信息。在添加、更改或删除指向本地站点上的文件的链接时，该缓存文件以不可见的方式进行更新。

执行“编辑”|“首选项”命令或按Ctrl+U组合键，打开“首选项”对话框。选择“常规”选项卡，在“文档选项”选项组下，选择“移动文件时更新链接”下拉列表中的“总是”或“提示”即可，如图4-62所示。完成后单击“应用”按钮即可启用自动连接更新。

选择“总是”时，当移动或重命名选定的文档时，Dreamweaver将自动更新起自和指向该文档的所有链接；选择“提示”时，在移动文档时，Dreamweaver将显示一个对话框提示是否进行更新，在该对话框中列出了此更改影响到的所有文件。单击“更新”按钮将更新这些文件中的链接；选择“从不”时，在移动或重命名选定文档时，Dreamweaver不自动更新起自和指向该文档的所有链接。

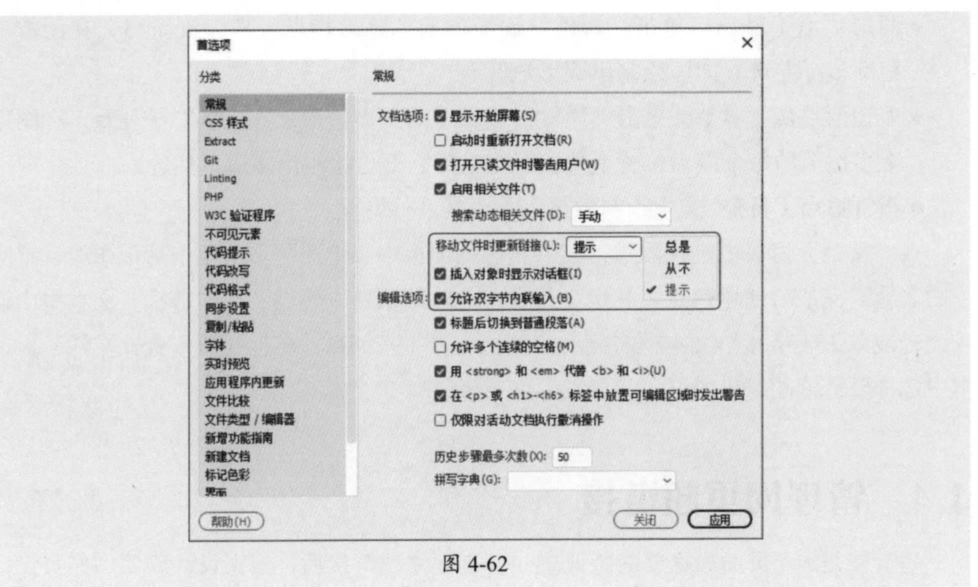

图 4-62

## 4.4.2 在站点范围内更改链接

除了自动更新链接外，用户还可以选择手动更新链接，使链接指向需要的地址。该选项适用于删除其他文件所链接到的某个文件时。

选中“文件”面板中的文件，指向“站点”|“站点选项”|“改变站点范围的链接”命令，打开“更改整个站点链接”对话框，如图4-63所示。在该对话框中设置参数后单击“确定”按钮，即可。

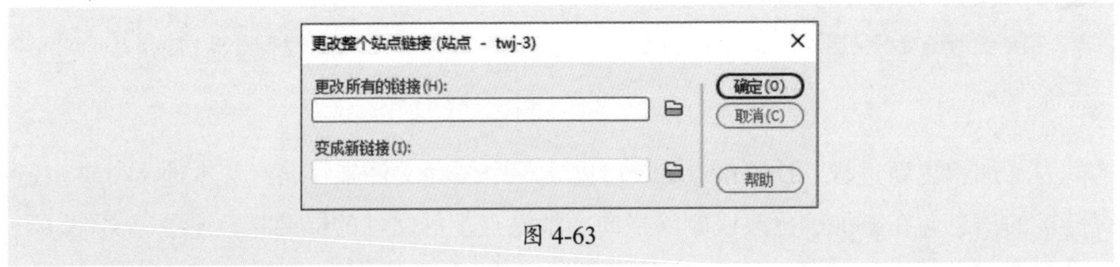

图 4-63

该对话框中各选项作用如下。

- **更改所有的链接：**用于选择要取消链接的对象。若更改的是电子邮件链接、FTP链接、空链接或脚本链接，需要输入要更改的链接的完整文本。
- **变成新链接：**用于选择要链接到的新对象。若更改的是电子邮件链接、FTP 链接、空链接或脚本链接，需要输入要更改的链接的完整文本。

**技巧点拨**

在站点范围内更改链接是在本地进行的，若想使访问者看到这些更改，需要手动删除远程文件夹中相应的孤立文件，然后放入或存回任何其中链接已更改的文件。

在整个站点范围内更改某个链接后，所选文件就成为独立文件（即本地硬盘上没有任何文件指向该文件），此时删除该文件，就不会破坏本地Dreamweaver站点中的任何链接。

## 4.4.3 检查站点中的链接错误

为了保证链接在网页中可以正常使用，在发布网页前，可以通过“链接检查器”窗口对整个站点的链接进行快速检查，从而找出断掉的链接、错误的代码和未使用的孤立文件等，以便进行纠正和处理。

打开网页文档，执行“站点”|“站点选项”|“检查站点范围的链接”命令，打开“链接检查器”面板，如图4-64所示。

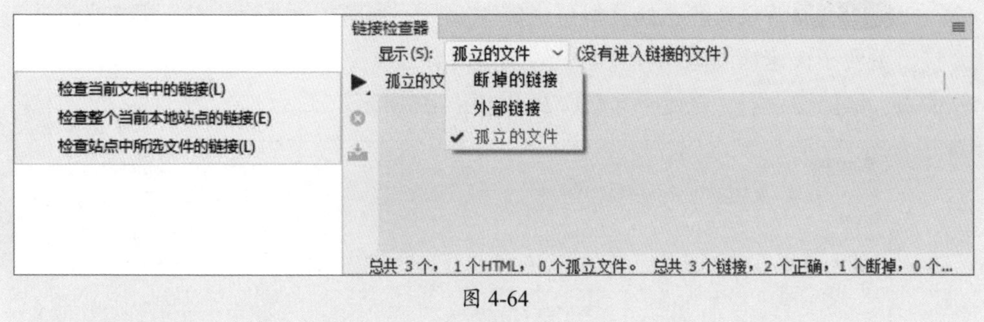


图 4-64

其中，“显示”下拉列表中各选项作用如下。

- **断掉的链接**：选择该选项将查看断开的链接报告。
- **外部链接**：选择该选项将查看文件中的外部链接。
- **孤立的文件**：选择该选项将查看没有传入链接的文件。

在“链接检查器”面板中选择检测出的文件，单击Delete键即可将之删除。

选择显示对象进行检查后，单击“保存报告”按钮即可打开“另存为”对话框保存报告结果。

# 自己练 / 制作散文网页

**案例路径** 云盘 / 实例文件 / 第4章 / 自己练 / 制作散文网页

**项目背景** 文心散文网是一家老牌文学网站，站内收录了古代至近现代绝大多数散文、散文大家资料以及一些学生习作。现受该网站委托，为其散文页面进行改版，使其更符合发展需要。

**项目要求** ①添加站内链接，使翻页更加方便；

②页面整体简洁大方；

③风格偏素雅。

**项目分析** 背景颜色选择浅橙色，代表纸页，体现文化书籍特点；添加锚点链接，更便于快速地浏览同一页面中的具体内容，避免上下滚动的麻烦；分类简单清晰，增加搜索框，更便于文章检索，如图4-65所示。

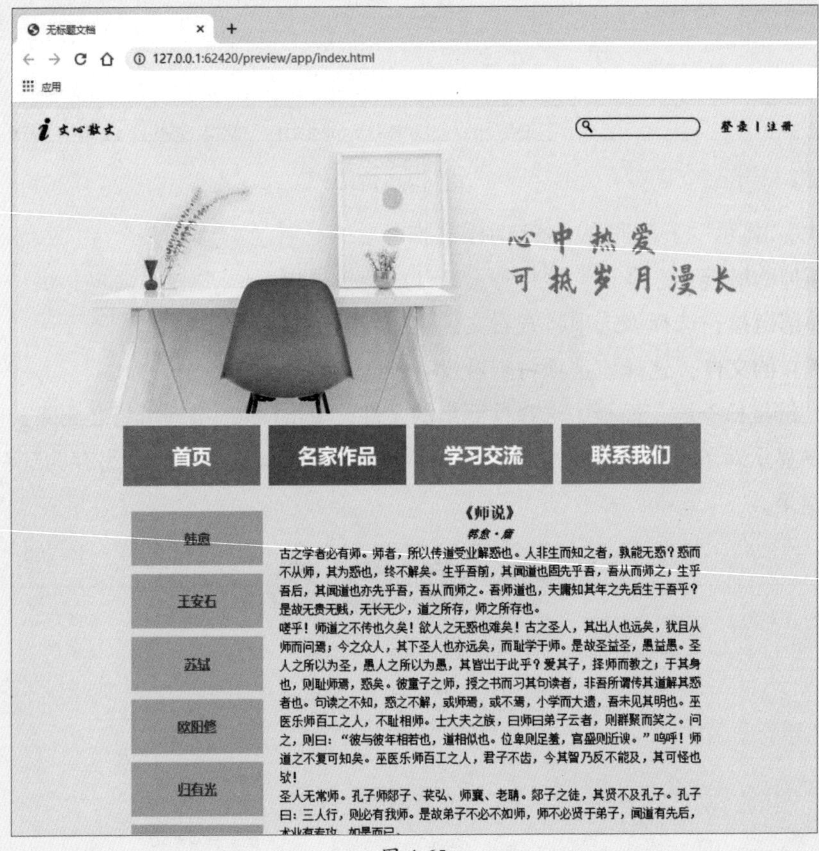

图 4-65

**课时安排** 2学时。

Dreamweaver

# 第5章

# 表格应用详解

## 本章概述

表格在Dreamweaver软件中有很多作用，用户既可以使用表格布局网页，也可以使用表格放置数据。本章将针对网页中的表格元素进行详细讲解。通过本章的学习，可以帮助读者了解表格的创建，学会编辑管理表格、设置表格属性等。

## 要点难点

- 熟悉表格的创建 ★☆☆
- 学会编辑表格 ★★★
- 学会设置表格属性 ★★★
- 掌握表格式数据的导入和导出 ★★☆

## 跟我学 制作产品展示网页

学习目标 本实例将练习制作产品展示网页。使用表格布局网页，使用文字、图像等元素丰富网页页面。通过本实例的练习，可以帮助读者掌握表格的创建方法，学会使用表格布局网页。

案例路径 云盘 / 实例文件 / 第5章 / 跟我学 / 制作产品展示网页

步骤01 执行“站点”|“新建站点”命令，新建“GWX-5”站点，并新建images文件夹和index.html文件，如图5-1所示。

步骤02 双击“文件”面板中的index.html文件，打开网页文档，执行“插入”|Table命令，打开Table对话框，设置参数，如图5-2所示。

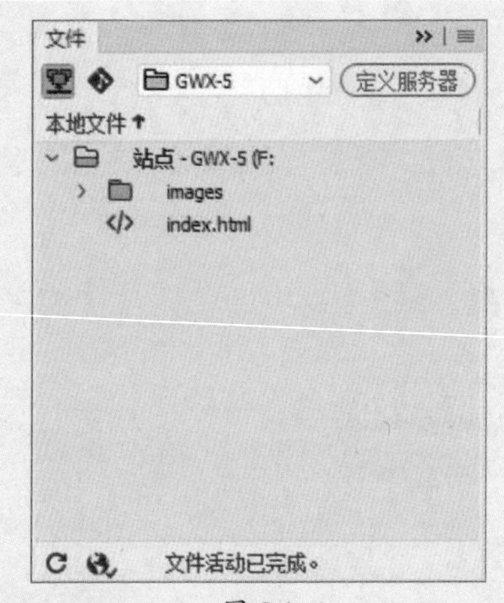


图 5-1

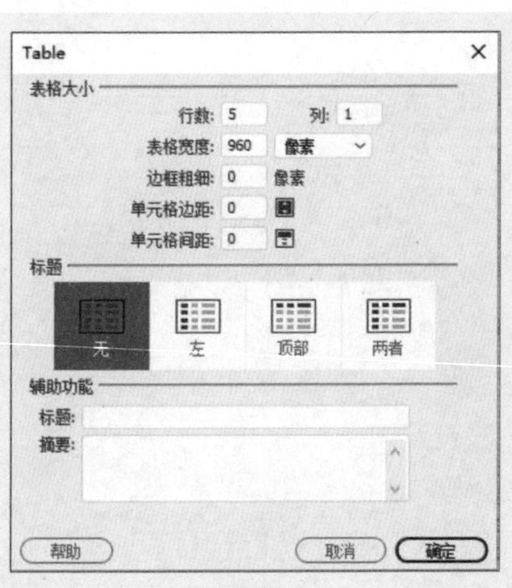


图 5-2

步骤03 完成后单击“确定”按钮，插入一个5行1列的表格，如图5-3所示。

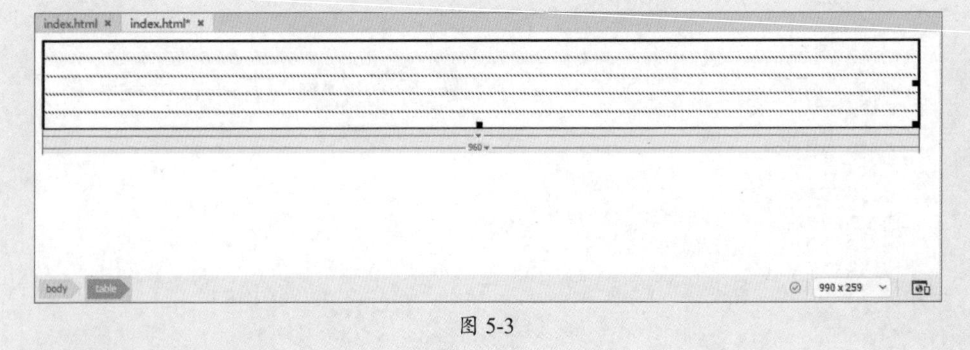


图 5-3

步骤04 移动鼠标指针至第1行单元格中，执行“插入”|Image命令，插入本章素材图像文件01.jpg，如图5-4所示。

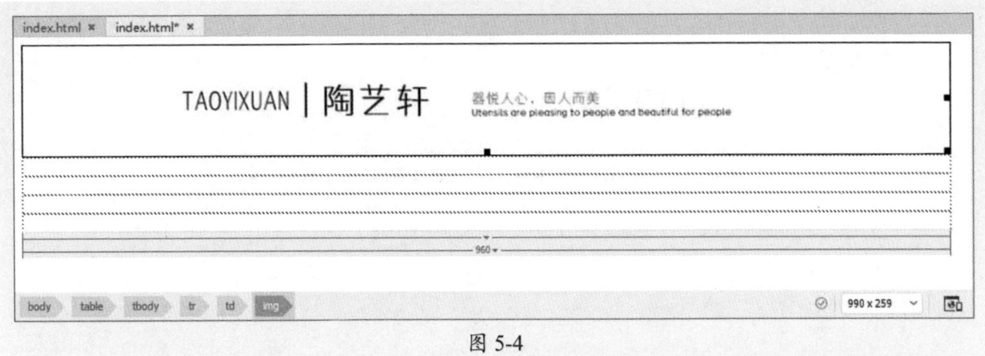


图 5-4

**步骤 05** 移动鼠标指针至第2行单元格中，在“属性”面板中设置水平居中对齐，执行“插入”|Table命令，插入一个1行6列，宽为540像素的表格，如图5-5所示。

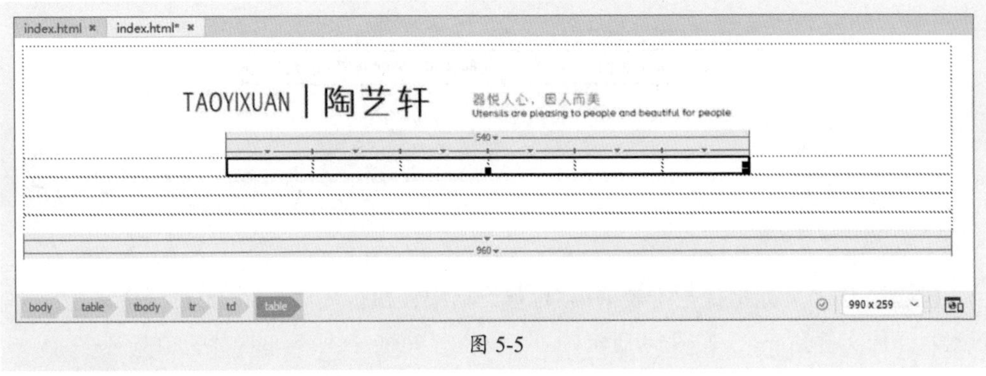


图 5-5

**步骤 06** 选中新插入的表格第1行，在“属性”面板中设置水平居中对齐，垂直居中，宽为90像素，高为36像素，如图5-6所示。

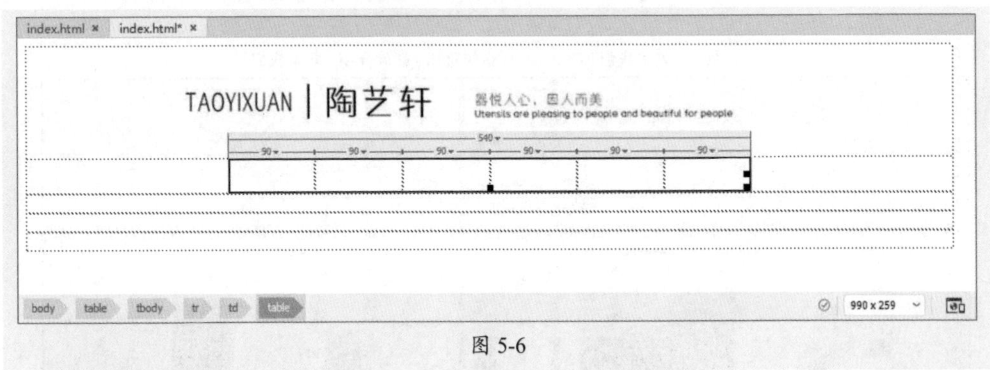


图 5-6

**步骤 07** 在调整后的表格中输入文字，如图5-7所示。

**步骤 08** 选中所有文字，在“属性”面板的“HTML属性检查器”中设置格式为标题3，在“CSS属性检查器”中设置第3列单元格中文字颜色为#F2A301，效果如图5-8所示。

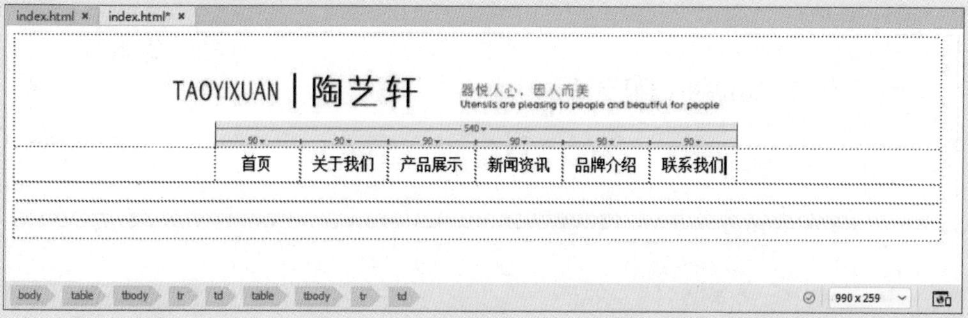

图 5-7

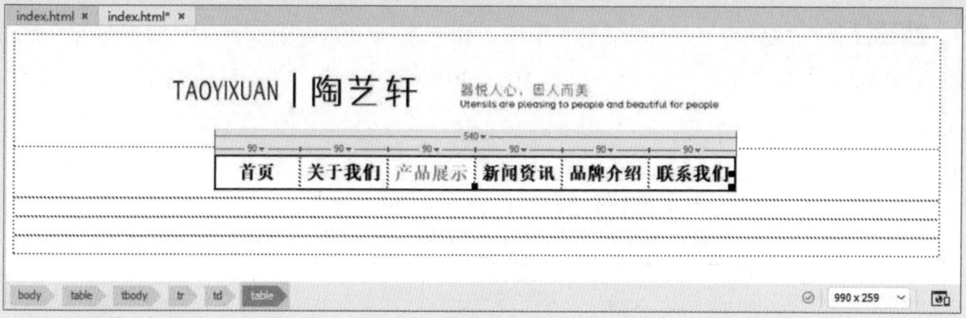

图 5-8

**步骤 09** 移动鼠标指针至主表格第3行单元格中，执行“插入”|Image命令，插入本章素材图像文件02.jpg，如图5-9所示。

图 5-9

**步骤 10** 移动鼠标指针至主表格第4行单元格中，执行“插入”|Table命令，插入一个2行2列，宽为960像素的表格，如图5-10所示。

图 5-10

**步骤 11** 选中新插入表格第1列单元格，在“属性”面板中设置宽度为200像素，效果如图5-11所示。

图 5-11

**步骤 12** 选中新插入表格第1行第1列单元格，在“属性”面板中设置水平居中对齐，垂直居中对齐，并设置高度为40像素，效果如图5-12所示。

图 5-12

步骤13 在新插入表格第1行第1列单元格中输入文字，在“属性”面板“HTML属性检查器”面板中设置格式为标题3，效果如图5-13所示。

图 5-13

步骤14 移动鼠标指针至新插入表格第2行第1列单元格中，在“属性”面板中设置水平居中对齐，垂直顶端对齐，执行“插入”|Image命令，插入本章素材图像文件03.jpg，如图5-14所示。

图 5-14

**步骤 15** 在新插入表格第2行第1列单元格中空白处单击，按Enter键换行，使用相同的方法插入本章素材图像“04.jpg”，如图5-15所示。

**步骤 16** 使用相同的方法，继续插入本章素材图像“05.jpg”。选中第1列表格，在“属性”面板中设置背景颜色，效果如图5-16所示。

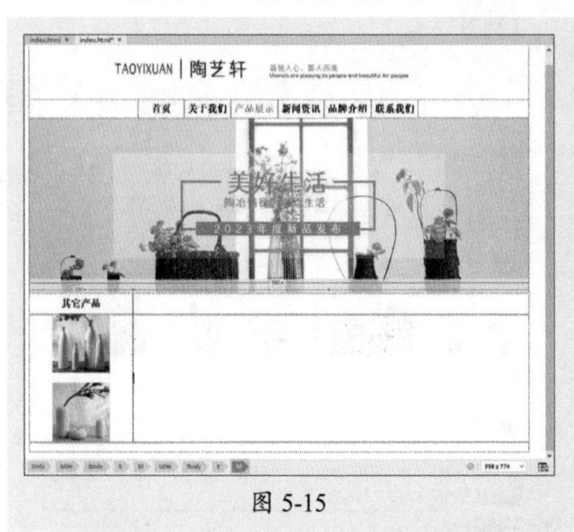

图 5-15

图 5-16

**步骤 17** 移动鼠标指针至新插入表格第1行第2列单元格中，输入文字，并设置其格式为标题3，效果如图5-17所示。

**步骤 18** 移动鼠标指针至新插入表格第2行第2列单元格中，执行“插入”|Table命令，插入一个7行2列，宽度为760像素的表格，如图5-18所示。

图 5-17

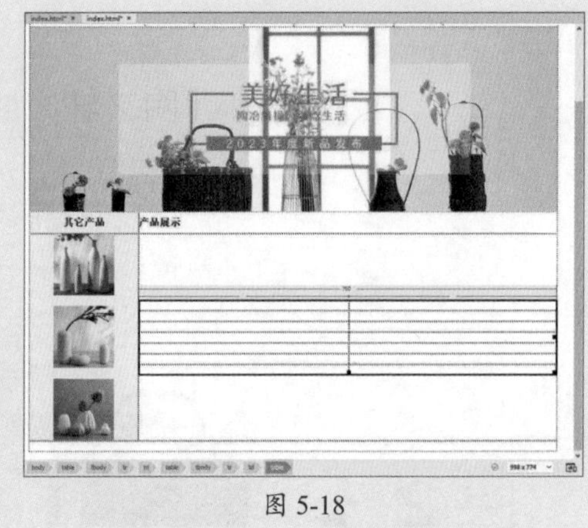

图 5-18

**步骤 19** 选中新插入表格第1行，按Ctrl+Alt+M组合键合并单元格，如图5-19所示。

**步骤 20** 使用相同的方法合并其他单元格，如图5-20所示。

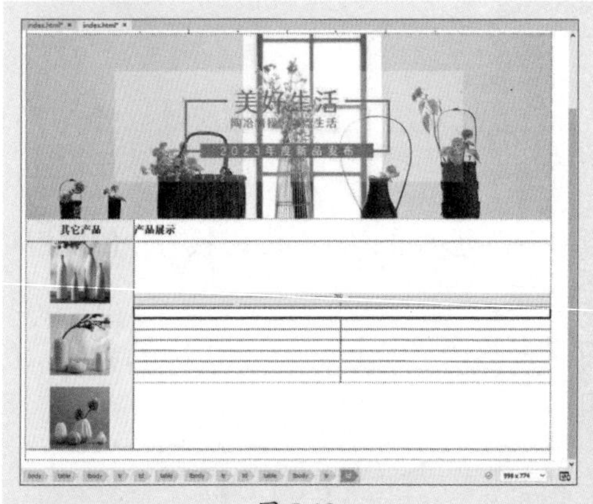

图 5-19

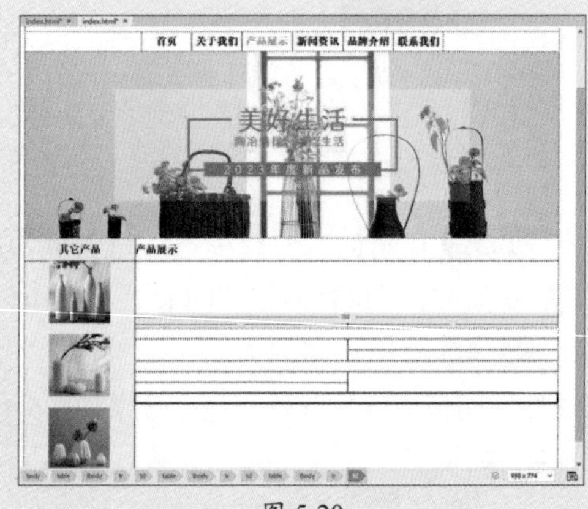

图 5-20

**步骤 21** 移动鼠标指针至新插入表格的第1行单元格中，执行“插入”| Image命令，插入本章素材图像“06.jpg”，如图5-21所示。

**步骤 22** 移动鼠标指针至新插入表格的第2行第1列单元格中，设置该单元格水平居中对齐，宽度为429，执行“插入”| Image命令，插入本章素材图像文件07.jpg，如图5-22所示。

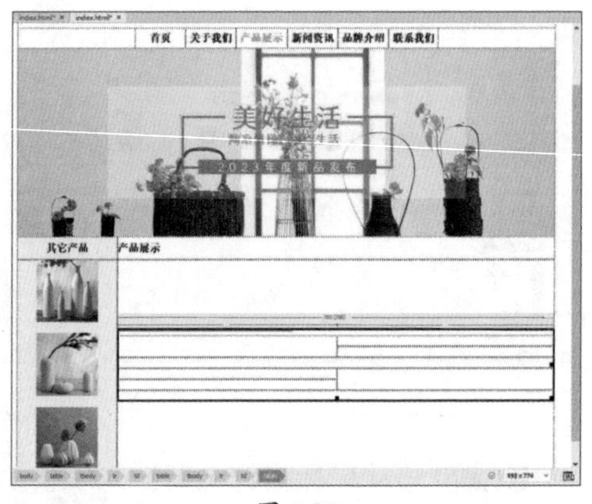

图 5-21

**步骤 23** 移动鼠标指针至新插入表格的第2行第2列单元格中，设置该单元格宽度为351，高度为255，并输入文字，设置文字格式为标题4，效果如图5-23所示。

图 5-22

图 5-23

步骤 24 移动鼠标指针至新插入表格的第3行第2列单元格中，设置该单元格水平右对齐，垂直底端对齐，并输入文字，设置文字格式为标题4，效果如图5-24所示。

步骤 25 移动鼠标指针至新插入表格的第4行单元格中，设置单元格水平居中对齐。执行“插入”|Image命令，插入本章素材图像文件08.jpg，如图5-25所示。

图 5-24

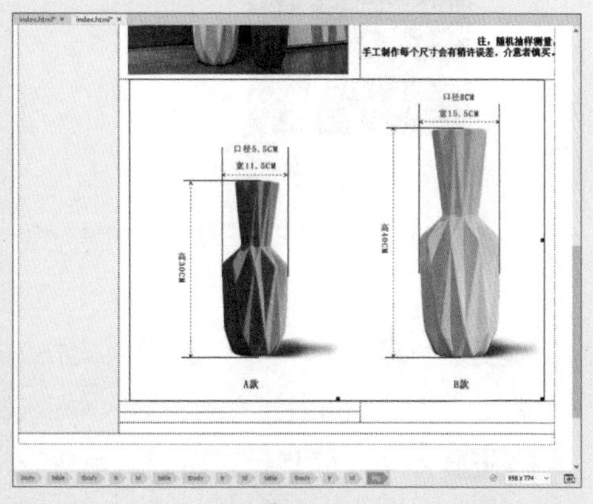
图 5-25

步骤 26 移动鼠标指针至新插入表格的第5行第1列单元格中，设置单元格水平居中对齐，垂直顶端对齐。执行“插入”|Image命令，插入本章素材图像文件09.jpg，并调整至合适大小，如图5-26所示。

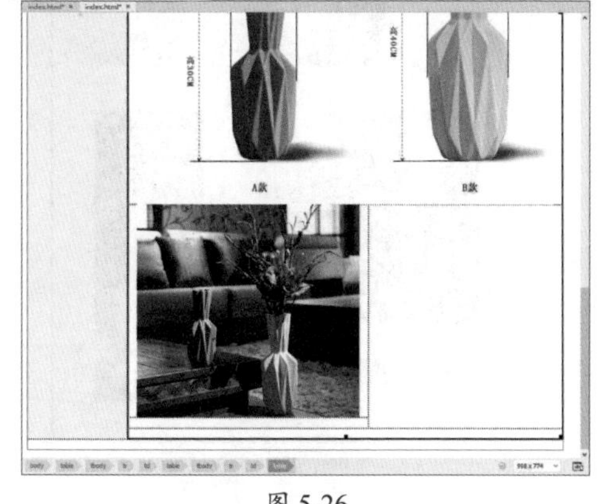
图 5-26

**步骤 27** 移动鼠标指针至新插入表格的第6行第1列单元格中，设置单元格垂直顶端对齐，输入文字，并在“代码视图”中添加<p style="text-indent: 2em"> </p>代码，如下所示。

```
<td><p style="text-indent: 2em"> </p>
<p style="text-indent: 2em">历经72道工序纯手工打造，每一个线条与棱角，都凝聚着工匠师傅的智慧与汗水，除了欣赏价值外，还兼具实用功能。内部添加防水釉，养花养草不在话下……</p></td>
```

效果如图5-27所示。

**步骤 28** 移动鼠标指针至新插入表格的第5行第2列单元格中，设置该单元格水平居中对齐。执行“插入”|Image命令，插入本章素材图像文件10.jpg，并调整至合适大小，如图5-28所示。

图 5-27

图 5-28

**步骤 29** 移动鼠标指针至新插入表格的第7行单元格中，设置该单元格水平居中对齐。执行“插入”|Image命令，插入本章素材图像文件11.jpg，如图5-29所示。

**步骤 30** 移动鼠标指针至主表格第5行单元格中，设置该单元格水平居中对齐，高为50。在该单元格中输入文字，效果如图5-30所示。

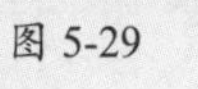

图 5-29

图 5-30

**步骤 31** 保存文件。按F12键在浏览器中测试效果，如图5-31所示。

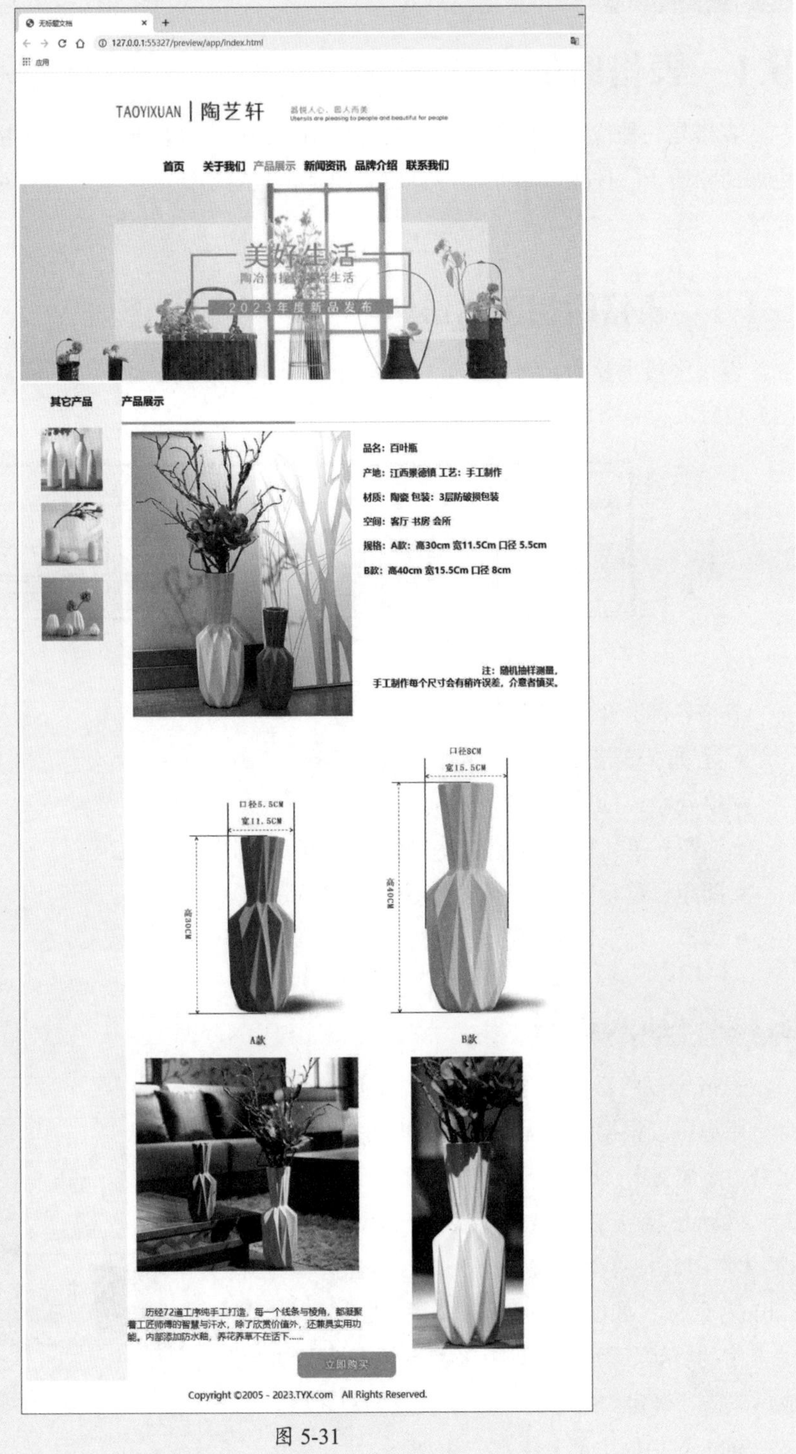


图 5-31

至此，完成产品展示网页的制作。

听我讲 Listen to me

# 5.1 表格的创建

表格是一种传统的网页布局方式，使用表格可以在网页中显示表格式数据，使网页更加清晰明了。使用表格布局网页更为简单，且容易上手。本节将针对表格的创建进行介绍。

## 5.1.1 表格的相关术语

表格中最主要的元素是单元格，多个单元格构成表格的行与列，从而形成表格。如图5-32所示为一个4行5列的表格。

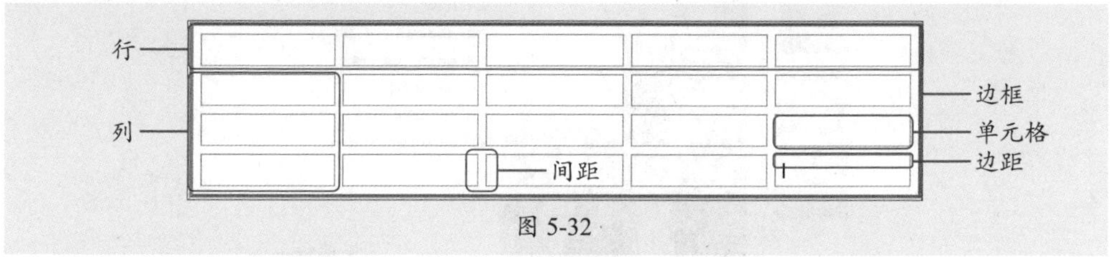


图 5-32

表格各部分介绍如下。

- **行/列：** 表格中的横向叫行，纵向叫列。
- **单元格：** 行列交叉部分就叫做单元格。
- **边距：** 单元格中的内容和边框之间的距离叫边距。
- **间距：** 单元格和单元格之间的距离叫间距。
- **边框：** 整张表格的边缘叫做边框。

## 5.1.2 插入表格

表格可以将数据整合在一起，使页面整齐美观。用户可以根据需要插入表格，再通过在表格单元格中添加文本、图像等元素，丰富页面效果。

移动鼠标指针至要插入表格的位置，执行"插入"|Table命令或按Ctrl+Alt+T组合键，打开Table对话框，如图5-33所示。在该对话框中可以对表格的行数、列数、间距等参数进行设置，完成后单击"确定"按钮即可根据设置创建表格。

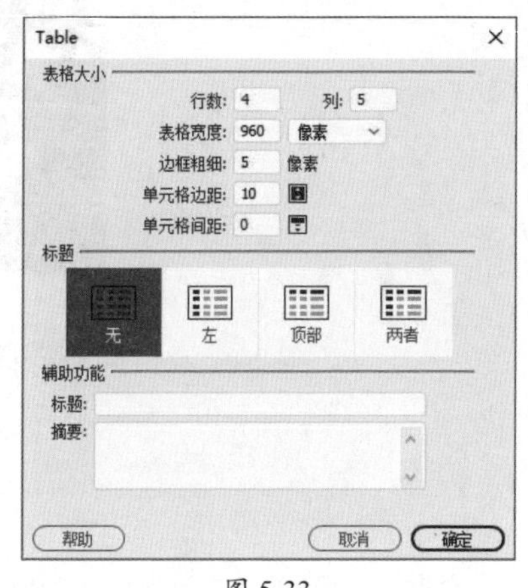


图 5-33

Table对话框中部分参数作用如下。

- **行数、列：** 用于设置表格行数和列数。

- **表格宽度：**用于设置表格的宽度。在右侧的下拉列表中可以设置单位为百分比或像素。
- **边框粗细：**用于设置表格边框的宽度。若设置为0，浏览时看不到表格的边框。
- **单元格边距：**单元格内容和单元格边界之间的像素数。
- **单元格间距：**单元格之间的像素数。
- **标题：**用于定义表头样式。

**技巧点拨**

执行“插入”|HTML |Table命令或单击“插入”面板中的Table按钮，也可以打开Table对话框进行设置。

## 5.1.3 表格的基本代码

创建表格后，在“代码”视图中可以看到许多与表格相关的标签，如<table>标签、<tr>标签、<td>标签等，如图5-34所示。 

```
index-1.html*
<meta charset="utf-8">
<title>无标题文档</title>
</head>

<body>
<table width="960" border="5" cellspacing="10" cellpadding="10" bordercolorlight="##62B726"
bordercolordark="##DB8320">
  <tbody>
    <tr>
      <td> </td>
      <td> </td>
      <td> </td>
      <td> </td>
      <td> </td>
    </tr>
    <tr>
      <td> </td>
      <td> </td>
      <td> </td>
      <td> </td>
      <td> </td>
    </tr>
    <tr>
      <td> </td>
      <td> </td>
      <td> </td>
      <td> </td>
      <td> </td>
    </tr>
    <tr>
      <td> </td>
      <td> </td>
      <td> </td>
      <td> </td>
      <td> </td>
    </tr>
  </tbody>
</table>
</body>
</html>
```

图 5-34

这些标签的作用分别如下。

- **<table>：**用于定义一个表格。每一个表格只有一对<table>和</table>。一个网页中可以有多个表格。

- **<tr>**：用于定义表格的行。一对<tr>和</tr>代表一行。一个表格中可以有多个行，所以<tr>和</tr>可以在<table>和</table>之间出现多次。
- **<td>**：用于定义表格中的单元格。一对<td>和</td>代表一个单元格。每行中可以出现多个单元格，即<tr>和</tr>之间可以存在多个<td>和</td>。在<td>和</td>之间，将显示表格每一个单元格中的具体内容。
- **<th>**：用于定义表格的表头。一对<th>和</th>代表一个表头。表头是一种特殊的单元格，在其中添加的文本，默认为居中并加粗（实际中并不常用）。
- **<caption>**：用于定义表格标题。

用户也可以直接通过这些表格标签在“代码”视图中编写代码制作表格。表格标签在使用时需要配对出现，既要有开始标签，也要有结束标签，以得到正确的结果。如下所示为一个2行2列的表格代码结构：

```
<table border="1">
    <tr>
<td>表格</td>
<td>第一行</td>
    </tr>
    <tr>
<td>标签</td>
<td>第二行</td>
</tr>
</table>
```

运行该代码效果如图5-35所示。

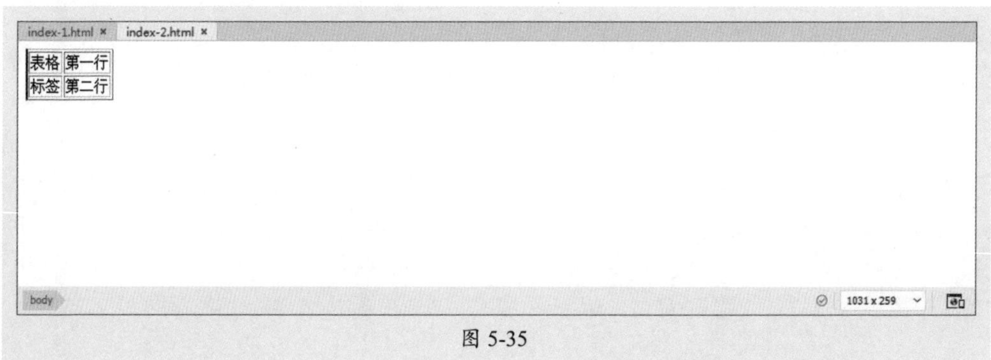


图 5-35

## 5.1.4 选择表格

根据不同的需要，设计者可以选择表中的不同元素，以对其进行操作。设计者可以一次选择整个表、行或列，也可以选择单独的单元格。本小节将对此进行介绍。

### 1. 选择单元格

若想选择单个单元格，有以下两种方法：

- 单击单元格，在标签选择器中选择<td>标签即可；
- 按住Ctrl键单击要选中的单元格即可，如图5-36所示。

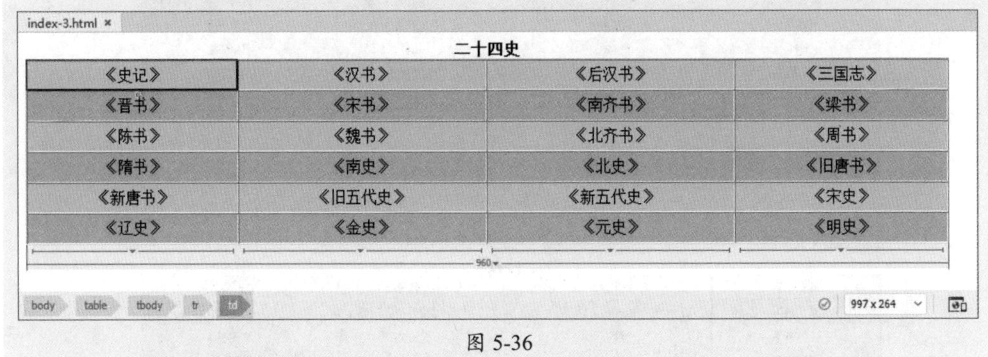

二十四史

| 《史记》 | 《汉书》 | 《后汉书》 | 《三国志》 |
|---|---|---|---|
| 《晋书》 | 《宋书》 | 《南齐书》 | 《梁书》 |
| 《陈书》 | 《魏书》 | 《北齐书》 | 《周书》 |
| 《隋书》 | 《南史》 | 《北史》 | 《旧唐书》 |
| 《新唐书》 | 《旧五代史》 | 《新五代史》 | 《宋史》 |
| 《辽史》 | 《金史》 | 《元史》 | 《明史》 |

图 5-36

若想选择不相连的多个单元格，按住Ctrl键单击即可，如图5-37所示。

二十四史

| 《史记》 | 《汉书》 | 《后汉书》 | 《三国志》 |
|---|---|---|---|
| 《晋书》 | 《宋书》 | 《南齐书》 | 《梁书》 |
| 《陈书》 | 《魏书》 | 《北齐书》 | 《周书》 |
| 《隋书》 | 《南史》 | 《北史》 | 《旧唐书》 |
| 《新唐书》 | 《旧五代史》 | 《新五代史》 | 《宋史》 |
| 《辽史》 | 《金史》 | 《元史》 | 《明史》 |

图 5-37

若想选中相邻的多个单元格，选中一个单元格后拖动到另一个单元格即可，如图5-38所示。

二十四史

| 《史记》 | 《汉书》 | 《后汉书》 | 《三国志》 |
|---|---|---|---|
| 《晋书》 | 《宋书》 | 《南齐书》 | 《梁书》 |
| 《陈书》 | 《魏书》 | 《北齐书》 | 《周书》 |
| 《隋书》 | 《南史》 | 《北史》 | 《旧唐书》 |
| 《新唐书》 | 《旧五代史》 | 《新五代史》 | 《宋史》 |
| 《辽史》 | 《金史》 | 《元史》 | 《明史》 |

图 5-38

## 2. 选择行或列

移动鼠标指针指向行的左边缘或列的上边缘，当鼠标指针变为向右或向下的箭头时单击，即可选中单行或单列，如图5-39、图5-40所示。

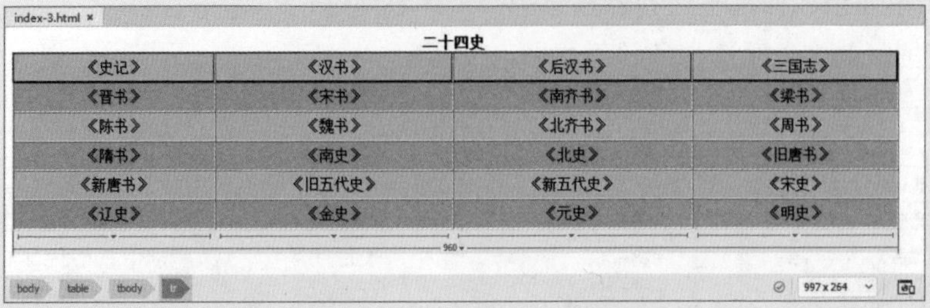

图 5-39

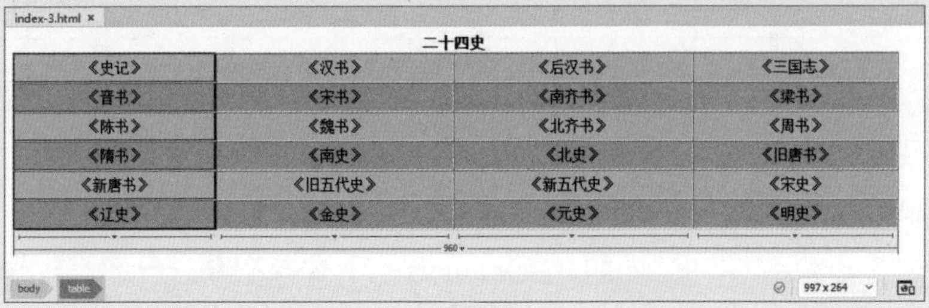

图 5-40

按住Ctrl键移动鼠标指针指向行的左边缘或列的上边缘，当鼠标指针变为向右或向下的箭头时单击，多次操作即可选中多行或多列，如图5-41所示。

图 5-41

## 3. 选择整个表格

选中整个表格有以下4种方式：

- 移动鼠标指针至表格上下边缘处，当鼠标指针变为形状时单击即可。
- 单击某个单元格，在标签选择器中选择<table>标签即可。
- 单击某个单元格，右击鼠标，在弹出的快捷菜单中选择“表格”|“选择表格”命令即可选中表格。
- 单击某个单元格，执行“编辑”|“表格”|“选择表格”命令即可选中表格。

**知识链接**

通过对表格进行嵌套可以更好地布局网页。移动鼠标指针至表格中的某一单元格中，再次插入表格即可嵌套表格。理论上来说，嵌套表格可以添加无限层，但为了提高浏览体验，在实际应用中，表格嵌套不宜超过3层。

# 5.2 表格属性的设置

创建完成表格后，用户可以通过“属性”面板或者代码对表格的属性，如表格的颜色或单元格的背景图像、颜色等进行修饰，使其更加美观。下面将对此进行介绍。

## 5.2.1 设置表格的属性

选中整个表格后，可以在“属性”面板中对表格的行数、列数、宽、间距等属性进行设置。如图5-42所示为表格的“属性”面板。

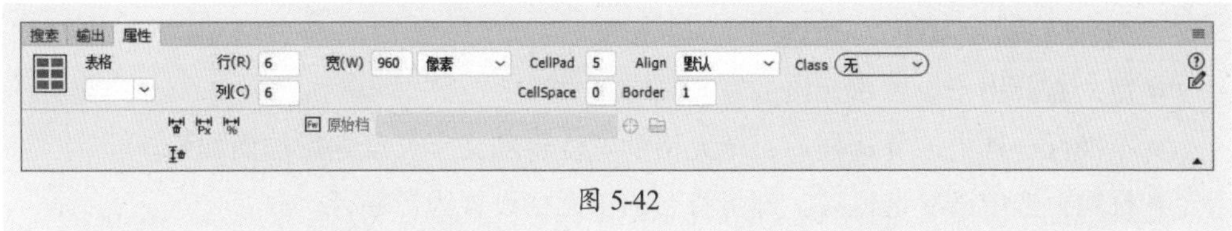


图 5-42

该面板中各选项作用如下。

- **表格名称：** 用于设置表格的ID。
- **行和列：** 用于设置表格中行和列的数量。
- **Align：** 用于设置表格的对齐方式。包括“默认”、“左对齐”、“居中对齐”和“右对齐”4个选项。
- **CellPad：** 用于设置单元格内容和单元格边界之间的距离。
- **CellSpace：** 用于设置单元格和单元格之间的距离。
- **Border：** 用于设置表格边框的宽度。
- **Class：** 用于设置表格CSS类。
- **清除列宽：** 用于清除列宽。
- **将表格宽度转换成像素：** 将表格宽度由百分比转换为像素。
- **将表格宽度转换成百分比：** 将表格宽度由像素转换为百分比。
- **清除行高：** 用于清除行高。

## 5.2.2 设置单元格属性

选中表格中的某一单元格，即可在“属性”面板中对其属性进行设置，如图5-43所示。

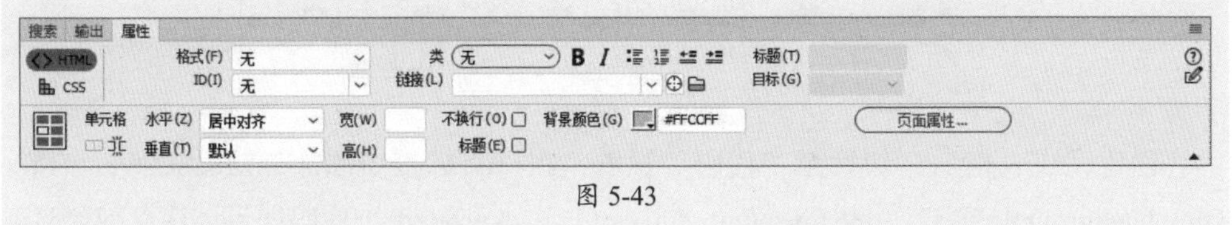


图 5-43

该面板中各选项作用如下。

- **合并所选单元格，使用跨度**：选中两个及以上连续矩形单元格时，单击该按钮将合并选中的单元格。
- **拆分单元格为行或列**：选中某个单个单元格时，单击该按钮将打开“拆分单元格”对话框，在该对话框中设置后即可拆分单元格。
- **水平**：设置单元格中对象的水平对齐方式，包括“默认”、“左对齐”、“居中对齐”和“右对齐”4个选项。
- **垂直**：设置单元格中对象的垂直对齐方式，包括“默认”、“顶端”、“居中”、“底部”和“基线”5个选项。
- **宽、高**：用于设置单元格的宽与高。
- **不换行**：选中该复选框后，单元格的宽度将随文字长度的增加而加长。
- **标题**：选中该复选框后，即可将当前单元格设置为标题行。
- **背景颜色**：用于设置单元格的背景颜色。

## 5.2.3 鼠标经过颜色

鼠标经过颜色是指当鼠标指针经过某单元格时，单元格颜色发生改变的现象。用户可以使用onMouseOut、onMouseOver属性实现这一功能，效果如图5-44、图5-45所示。

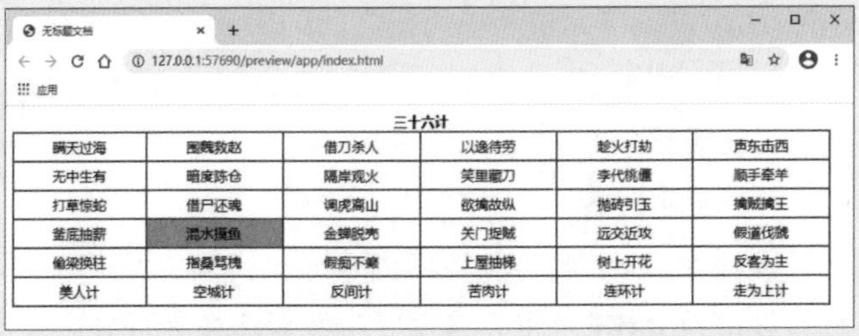
无标题文档
127.0.0.1:57690/preview/app/index.html
应用
三十六计
瞒天过海 围魏救赵 借刀杀人 以逸待劳 趁火打劫 声东击西
无中生有 暗度陈仓 隔岸观火 笑里藏刀 李代桃僵 顺手牵羊
打草惊蛇 借尸还魂 调虎离山 欲擒故纵 抛砖引玉 擒贼擒王
釜底抽薪 混水摸鱼 金蝉脱壳 关门捉贼 远交近攻 假道伐虢
偷梁换柱 指桑骂槐 假痴不癫 上屋抽梯 树上开花 反客为主
美人计 空城计 反间计 苦肉计 连环计 走为上计

图 5-44

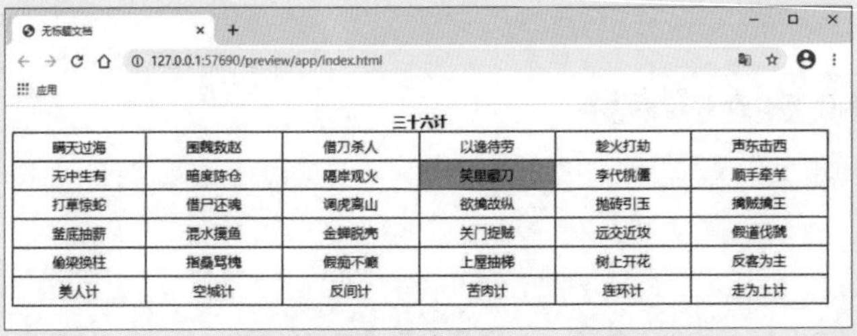
无标题文档
127.0.0.1:57690/preview/app/index.html
应用
三十六计
瞒天过海 围魏救赵 借刀杀人 以逸待劳 趁火打劫 声东击西
无中生有 暗度陈仓 隔岸观火 笑里藏刀 李代桃僵 顺手牵羊
打草惊蛇 借尸还魂 调虎离山 欲擒故纵 抛砖引玉 擒贼擒王
釜底抽薪 混水摸鱼 金蝉脱壳 关门捉贼 远交近攻 假道伐虢
偷梁换柱 指桑骂槐 假痴不癫 上屋抽梯 树上开花 反客为主
美人计 空城计 反间计 苦肉计 连环计 走为上计

图 5-45

创建完成表格后，切换至“代码”视图，在<td>标签中添加onMouseOver="this.style.background='颜色'" onMouseOut="this.style.background=''"代码即可创建鼠标经过颜色的效果，如图5-46所示。

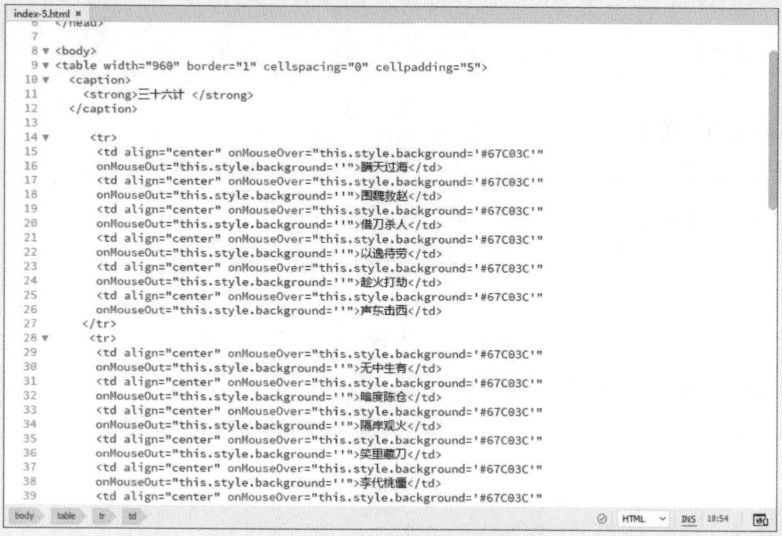

```
index-5.html
</head>

<body>
<table width="960" border="1" cellspacing="0" cellpadding="5">
  <caption>
    <strong>三十六计 </strong>
  </caption>

     <tr>
      <td align="center" onMouseOver="this.style.background='#67C03C'"
      onMouseOut="this.style.background=''">瞒天过海</td>
      <td align="center" onMouseOver="this.style.background='#67C03C'"
      onMouseOut="this.style.background=''">围魏救赵</td>
      <td align="center" onMouseOver="this.style.background='#67C03C'"
      onMouseOut="this.style.background=''">借刀杀人</td>
      <td align="center" onMouseOver="this.style.background='#67C03C'"
      onMouseOut="this.style.background=''">以逸待劳</td>
      <td align="center" onMouseOver="this.style.background='#67C03C'"
      onMouseOut="this.style.background=''">趁火打劫</td>
      <td align="center" onMouseOver="this.style.background='#67C03C'"
      onMouseOut="this.style.background=''">声东击西</td>
    </tr>
     <tr>
      <td align="center" onMouseOver="this.style.background='#67C03C'"
      onMouseOut="this.style.background=''">无中生有</td>
      <td align="center" onMouseOver="this.style.background='#67C03C'"
      onMouseOut="this.style.background=''">暗度陈仓</td>
      <td align="center" onMouseOver="this.style.background='#67C03C'"
      onMouseOut="this.style.background=''">隔岸观火</td>
      <td align="center" onMouseOver="this.style.background='#67C03C'"
      onMouseOut="this.style.background=''">笑里藏刀</td>
      <td align="center" onMouseOver="this.style.background='#67C03C'"
      onMouseOut="this.style.background=''">李代桃僵</td>
      <td align="center" onMouseOver="this.style.background='#67C03C'"
body  table  tr  td                                    HTML  INS  18:54
```

图 5-46

用户也可以在<tr>标签中添加该代码，即可使鼠标经过某一行时某一行的颜色发生变化。

## 5.2.4 表格的属性代码

除了使用onMouseOut、onMouseOver属性实现鼠标经过颜色功能外，用户还可以通过其他代码对表格的属性进行设置。如使用width属性设置表格宽度，使用bordercolor属性设置表格边框颜色等。下面将针对表格中一些常见的属性代码进行介绍。

（1）width属性。

width属性用于设置表格或某一个表格单元格的宽度，单位可以选择像素或百分比。使用时代码如下：

```
<table width="300">
```

该代码含义为将表格的宽度设为300像素。若数值后跟%，则表示单位为百分比，如下所示：

```
<table width="300%">
```

（2）height属性。

height属性用于设置表格或某一个表格单元格的高度，单位可以选择像素或百分比。使用时代码如下：

```
<table height="100">
```

该代码含义为将表格的高度设为100像素。若想设置表格中某一单元格高度为所在表格的40%，在<td>标签中设置该属性即可，如下所示：

```
<td height="40%">
```

（3）border属性。

border属性用于设置表格的边框及边框的粗细。值为0时不显示边框；值为1或以上时显示边框。且值越大，边框越粗。使用时代码如下：

```
<table border="1">
```

该代码含义为将表格的边框粗细设置为1像素。

（4）bordercolor属性。

bordercolor属性用于设置表格或某一个表格单元格边框的颜色。值为#号加上6位十六进制代码或者直接输入颜色名称。使用时代码如下：

```
<table bordercolor="#FF0000">或<table bordercolor="red">
```

该代码含义为将表格的边框颜色设为红色。

（5）bordercolorlight属性。

bordercolorlight属性用于设置表格亮边边框的颜色。使用时代码如下：

```
<table bordercolorlight="#FF0000">
```

该代码含义为将表格的亮边边框颜色设为红色。

（6）bordercolordark属性。

bordercolordark属性用于指定表格暗边边框的颜色。使用时代码如下：

```
<table bordercolordark="#FF0000">
```

该代码含义为将表格的暗边边框颜色设为红色。

（7）bgcolor属性。

bgcolor属性用于指定表格或某一个表格单元格的背景颜色。使用时代码如下：

```
<td bgcolor="#FF0000">
```

该代码含义为将某一单元格的背景颜色设为红色。

（8）background属性。

background属性用于指定表格或某一个表格单元格的背景图像。使用时代码如下：

```
<table background="images/01.jpg">
```

该代码含义为将images文件夹下名称为01.jpg的图像设为某个与images文件夹同级的网页中表格的背景图像。

（9）cellspacing属性。

cellspacing属性用于设置单元格间距，即单元格和单元格之间的距离。使用时代码如下：

```
<table cellspacing="8">
```

该代码含义为将某个表格的单元格间距设为8。

（10）cellpadding属性。

cellpadding属性用于设置单元格边距（或填充），即单元格边框和单元格内容之间的距离。使用时代码如下：

```
<table cellpadding="5">
```

该代码含义为将某个表格的单元格边距设为5。

（11）align属性。

align属性用于指定表格或某一表格单元格中内容的垂直水平对齐方式。包括left（左对齐）、center（居中对齐）和right（右对齐）3种。使用时代码如下：

```
<td align="left">
```

该代码含义为将某个单元格中的内容设定为“居左对齐”。

（12）valign属性。

valign属性用于指定单元格中内容的垂直对齐方式。属性值有top（顶端对齐）、middle（居中对齐）、bottom（底部对齐）和baseline（基线对齐）。使用时代码如下：

```
<td valign="middle">
```

该代码含义为将某个单元格中的内容设定为“居中对齐”。

（13）nowrap属性。

td中的nowrap属性用于设置单元格内容不换行。但若设置了td的width属性，单元格会根据width值产生换行。

（14）colspan属性。

td中的colspan属性用于设置单元格的合并列数。默认值为1，即一个单元格占一列的位置。使用时代码如下：

```
<td colspan="合并列数">
```

（15）rowspan属性。

td中的rowspan属性用于设置单元格的合并行数。默认值为1，即一个单元格占一行的位置。使用时代码如下：

```
<td rowspan="合并行数">
```

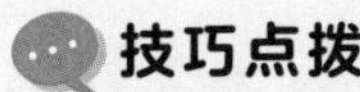

**技巧点拨**

表格格式设置的优先顺序为单元格、行和表格。即单元格的格式设置优先于行格式设置，行格式设置优先于表格格式设置。

# 5.3 表格的编辑

设计表格的过程中，复制粘贴表格可以节省表格制作的时间，删除行和列可以去除多余的表格内容……用户可以根据需要编辑表格，以得到满意的网页效果。本节将对此进行介绍。

## 5.3.1 复制/粘贴表格

复制粘贴表格不仅可以粘贴表格的内容，还可以保留单元格的设置。若要粘贴多个表格单元格，剪贴板的内容必须和表格的结构或表格中将粘贴这些单元格的部分兼容。

选中要复制的表格，如图5-47所示。执行“编辑”|“拷贝”命令或按Ctrl+C组合键，复制对象。移动鼠标指针至表格要粘贴的位置，执行“编辑”|“粘贴”命令或按Ctrl+V组合键粘贴，效果如图5-48所示。

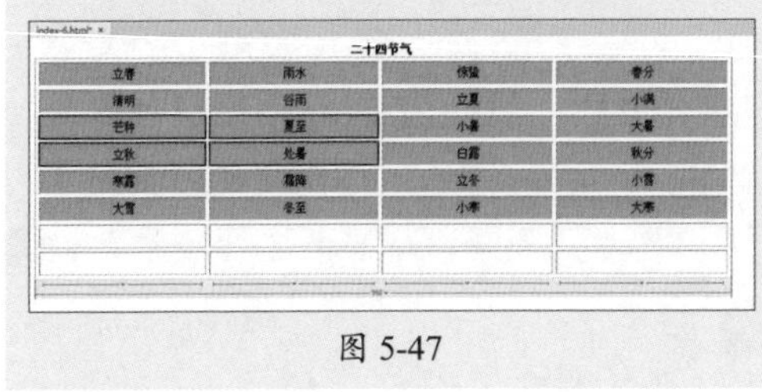

图 5-47

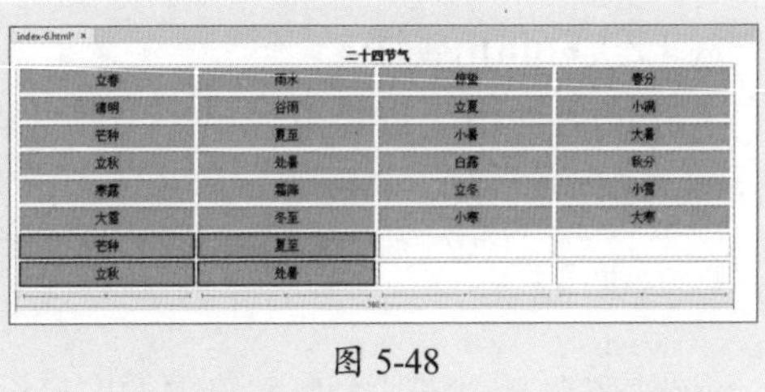

图 5-48

也可以选中要剪切的表格，如图5-49所示，执行“编辑”|“剪切”命令或按Ctrl+X组合键，剪切对象。移动鼠标指针至表格要粘贴的位置，执行“编辑”|“粘贴”命令或按Ctrl+V组合键粘贴，效果如图5-50所示。

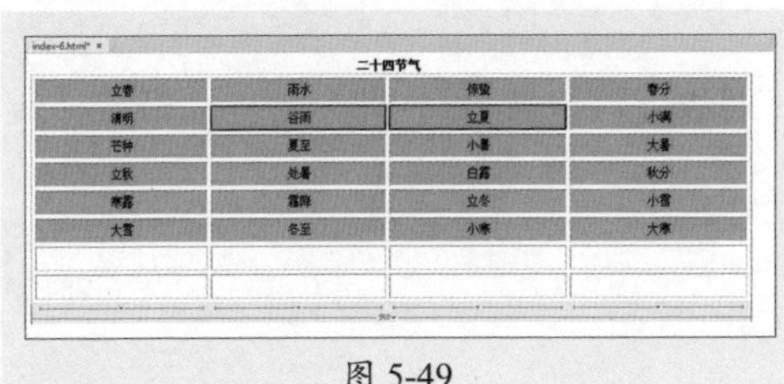

图 5-49

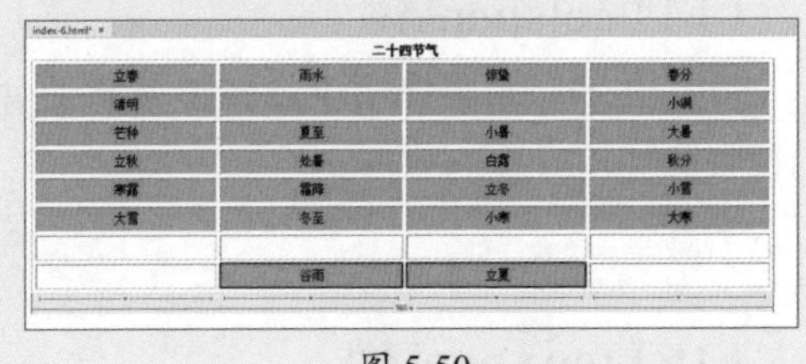

图 5-50

**技巧点拨**

若选中的表格不是矩形，则不能剪贴或复制。

## 5.3.2 添加行和列

若制作的表格行或列的数量不够，可以选择添加相应的行或列。选中某一单元格，执行“编辑”|“表格”|“插入行”命令或按Ctrl+M组合键，即可在选中单元格的上方插入1行表格，如图5-51所示；执行“编辑”|“表格”|“插入列”命令或按Ctrl+Shift+A组合键，即可在选中单元格的左侧插入1列表格，如图5-52所示。

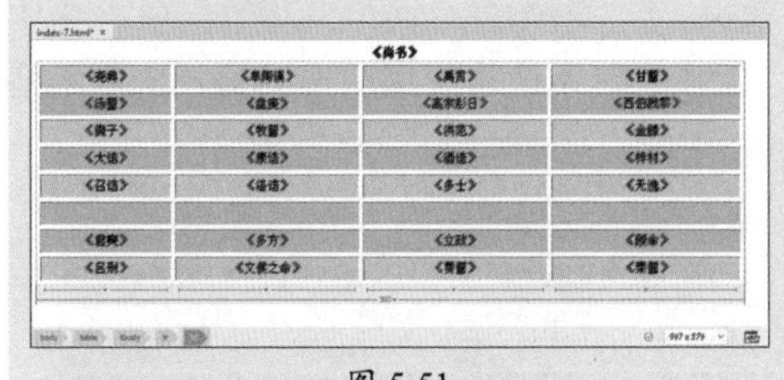

图 5-51

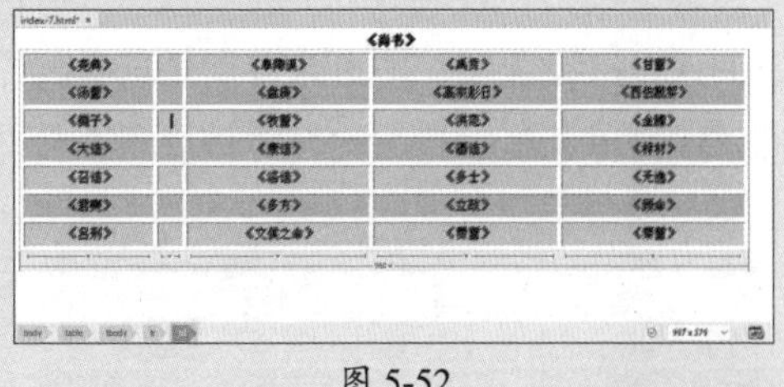

图 5-52

**技巧点拨**

若想快速地插入行或列，可以在选择某一单元格后，右击鼠标，在弹出的快捷菜单中选择“表格”命令，在其子菜单中选择相应的命令即可。

若想精准地控制插入行或列的位置，可以在选中某一单元格后，执行“编辑”|“表格”|“插入行或列”命令，在打开的“插入行或列”对话框中选择具体的位置，如图5-53所示，完成后单击“确定”按钮即可按照设置插入行或列。

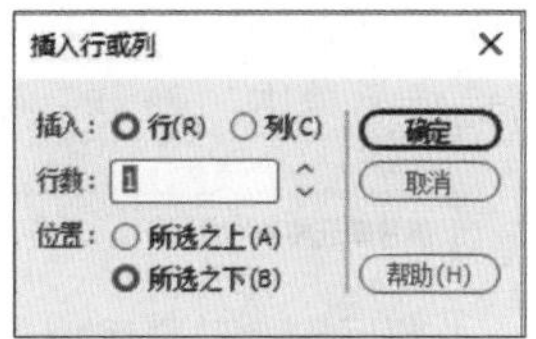


图 5-53

## 5.3.3 删除行和列

输入完成表格数据后，可以使用“删除行”命令或“删除列”命令删除多余的表格部分。

单击某个单元格，执行“编辑”|“表格”|“删除行”命令或按Ctrl+Shift+M组合键，即可删除该单元格所在的行，如图5-54所示。执行“编辑”|“表格”|“删除列”命令或按Ctrl+Shift+-组合键，即可删除该单元格所在的列，如图5-55所示。

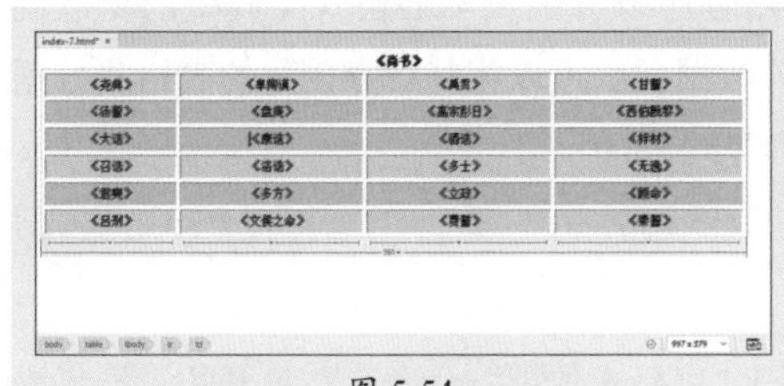

图 5-54

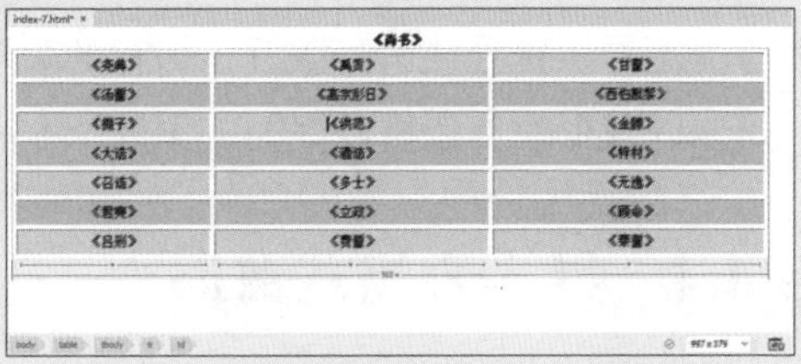

图 5-55

也可以选中整行或整列后，按Delete键或BackSpace键删除。需要注意的是，若所选部分不是完整的行或列，按Delete键或BackSpace键后将删除表格中的内容。

### 5.3.4 拆分和合并单元格

拆分和合并单元格可以制作出更加丰富的表格效果。除了在“属性”面板中合并或拆分单元格外，还可以通过“编辑”菜单中的命令合并或拆分单元格。

选中表格中连续矩形的单元格，执行“编辑”|“表格”|“合并单元格”命令或按Ctrl+Alt+M组合键，即可合并所选的单元格。合并的单元格将应用所选的第一个单元格的属性，单个单元格的内容将被放置在合并单元格中，如图5-56、图5-57所示。

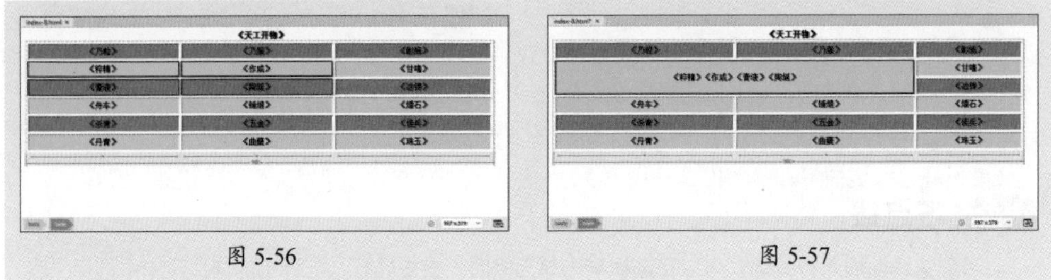

图 5-56　　图 5-57

选中要拆分的单元格，执行“编辑”|“表格”|“拆分单元格”命令或按Ctrl+Shift+Alt+T组合键，即可打开“拆分单元格”对话框进行设置，如图5-58所示。设置完成后单击“确定”按钮即可拆分选中的单元格，如图5-59所示。

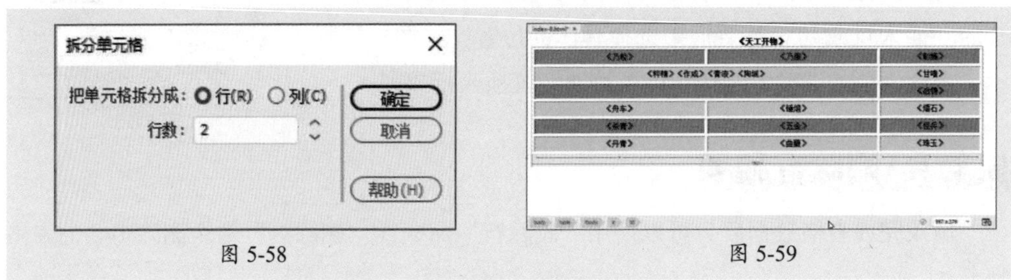


图 5-58　　图 5-59

## 5.4 表格式数据的导入/导出

在Dreamweaver软件中可以导入其他应用程序以分隔文本的格式（其中的项以制表符、逗号、冒号或分号隔开）保存的表格式数据，也可以将其自身创建的表格式数据导出，以减少处理表格数据的工作量。本节将对此进行介绍。

### 5.4.1 导入表格式数据

打开网页文档后，执行“文件”|“导入”|“表格式数据”命令，在打开的“导入表格式数据”对话框中设置参数后单击“确定”按钮，即可。如图5-60所示为打开的“导入表格式数据”对话框。

导入表格式数据

数据文件： 浏览...

定界符： Tab

表格宽度： 匹配内容

设置为： 百分比

单元格边距： 格式化首行： [无格式]

单元格间距： 边框： 1

确定

取消

帮助

图 5-60

该对话框中部分选项作用如下。

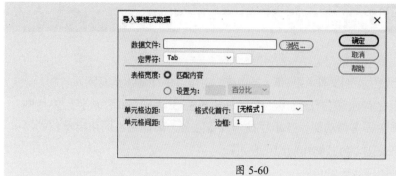

- **数据文件：** 用于设置要导入的文件。单击文本框右侧的“浏览”按钮，打开“打开”对话框选择文件即可。
- **定界符：** 用于设置要导入的文件中所使用的分隔符。需要与保存的数据文件一致。
- **表格宽度：** 用于设置表格宽度。选择“匹配内容”单选按钮将根据表格内容设置表格宽度；选择“设置为”单选按钮将以百分比或像素为单位指定表格宽度。
- **格式化首行：** 用于确定应用于表格首行的格式设置。包括无格式、粗体、斜体或加粗斜体4种选项。

## 5.4.2 导出表格式数据

若想导出表格式数据，只需将鼠标指针置于要导出的表格单元格中，执行“文件”|“导出”|“表格”命令，打开“导出表格”对话框进行设置，如图5-61所示。完成后单击“导出”按钮，打开“表格导出为”对话框选择合适的存储位置及存储名称即可。

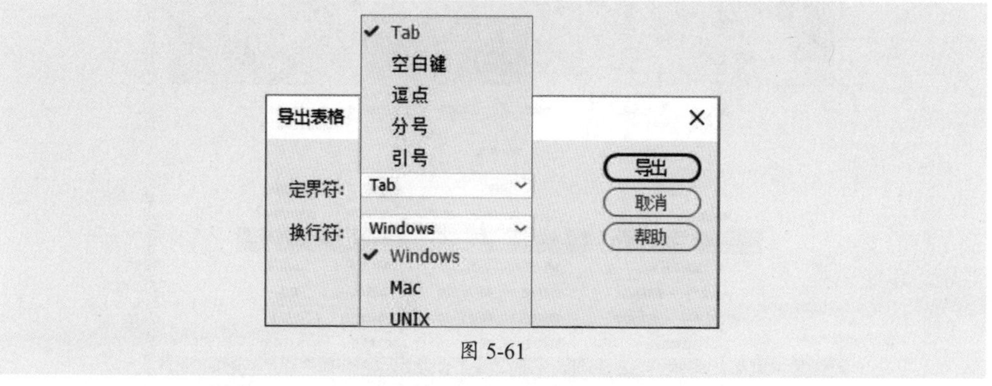


图 5-61

“导出表格”对话框中各选项作用如下。

- **定界符：** 用于指定导出的文件中隔开各项的分隔符。
- **换行符：** 用于指定在哪种操作系统中打开导出的文件。

# 自己练/制作音乐厅演出信息网页

**案例路径** 云盘 / 实例文件 / 第5章 / 自己练 / 制作音乐厅演出信息网页

**项目背景** 乐之音乐厅位于云江江畔，总建筑面积达12680平方米，兼具剧院、音乐厅、舞台等多种功能；音乐厅技术设备完备，能满足不同演出单位的需要。现受该单位委托，为其制作演出信息页面。

**项目要求** ①体现音乐特色；

②结构简单，条理清晰；

③颜色简洁大方。

**项目分析** 音乐厅是举行音乐相关活动的场所，可以帮助观众感受音乐魅力，带来视听盛宴。网页主色调选择热烈的橙色，给人带来激情洋溢的感觉；通过表格展现演出信息，清晰易看；为了便于识别，还添加鼠标指针经过时颜色变化的效果（见图5-62）。

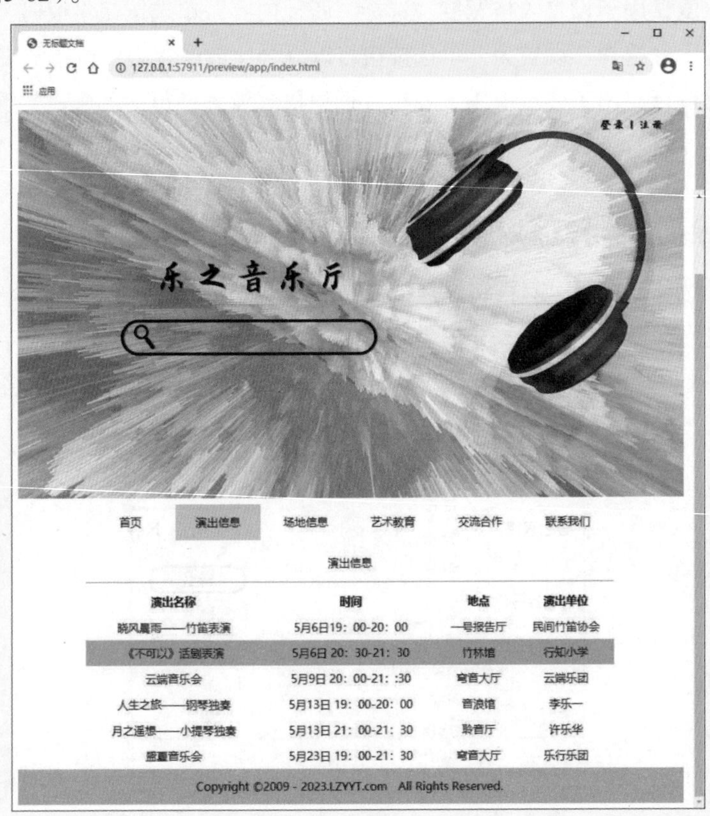


图 5-62

**课时安排** 2学时。

Dreamweaver

第6章

# Div+CSS技术详解

## 本章概述

与表格相比，Div+CSS布局在目前的网站设计中应用更广。使用Div+CSS布局网页可以将CSS样式表单独存储，精简网页代码，提高网页加载效率。本章将针对CSS样式表的相关知识以及Div+CSS布局进行介绍。

## 要点难点

- 认识CSS样式表 ★☆☆
- 学会创建CSS样式表 ★★☆
- 学会定义与编辑CSS样式表 ★★★
- 了解常见的布局方式 ★☆☆
- 掌握Div+CSS布局的应用 ★★★

## 跟我学 制作建筑公司网页

**学习目标** 本实例将练习制作建筑公司网页。使用文本、图像等元素丰富网页页面，使用Div+CSS布局网页。通过本实例，可以帮助用户了解CSS样式表的应用，学会使用Div+CSS布局网页。

**案例路径** 云盘 / 实例文件 / 第6章 / 跟我学 / 制作建筑公司网页

**步骤01** 执行“站点”|“新建站点”命令，新建“GWX-6”站点，并新建images文件夹、CSS文件夹和index.html文件，将素材图像移动至images文件夹中，如图6-1所示。

**步骤02** 双击“文件”面板中的index.html文件，打开网页文档。执行“窗口”|“CSS设计器”命令，在打开的“CSS设计器”面板中单击“源”选项组中的“添加CSS源”按钮，在弹出的快捷菜单中选择“创建新的CSS文件”命令，新建css.css和layout.css文件，如图6-2所示。

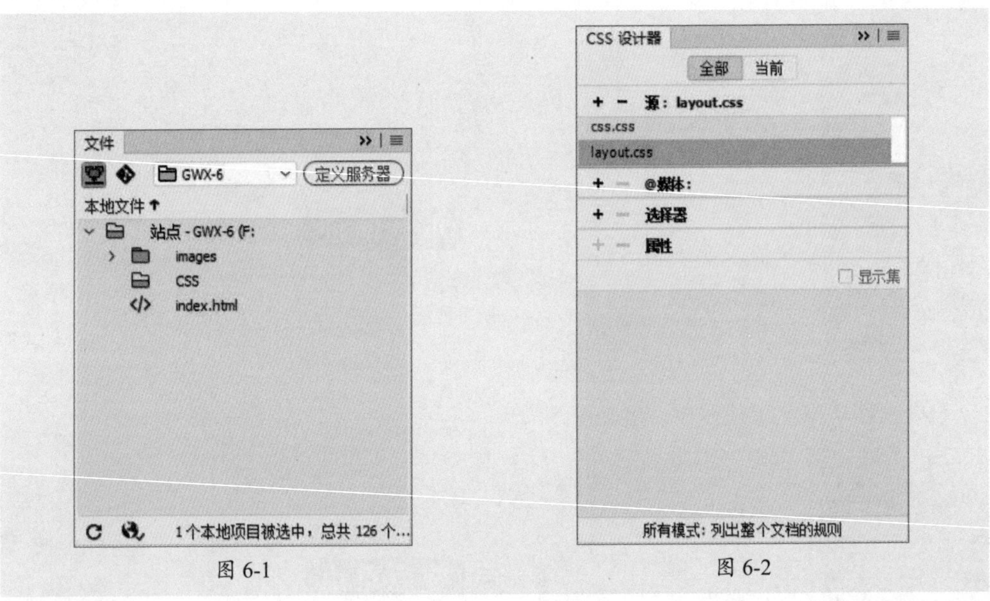


图 6-1　　图 6-2

**步骤03** 在“CSS设计器”面板中选中css.css文件，单击“选择器”选项组中的“添加选择器”按钮+，在文本框中输入名称“*”，使用相同的方法，添加选择器body，如图6-3所示。

**步骤04** 切换至css.css文件，在该文件中输入如下代码：

```
@charset "utf-8";
/* CSS Document */


*{
```

```
    margin:0px;
    boder:0px;
    padding:0px;
    }
body {
    font-family: "宋体";
    font-size: 12px;
    color: #333;
    background-image: url(../images/ 01.jpg);
    background-repeat: repeat-x;
    background-color: #dee6f3;
}
```

定义样式，效果如图6-4所示。

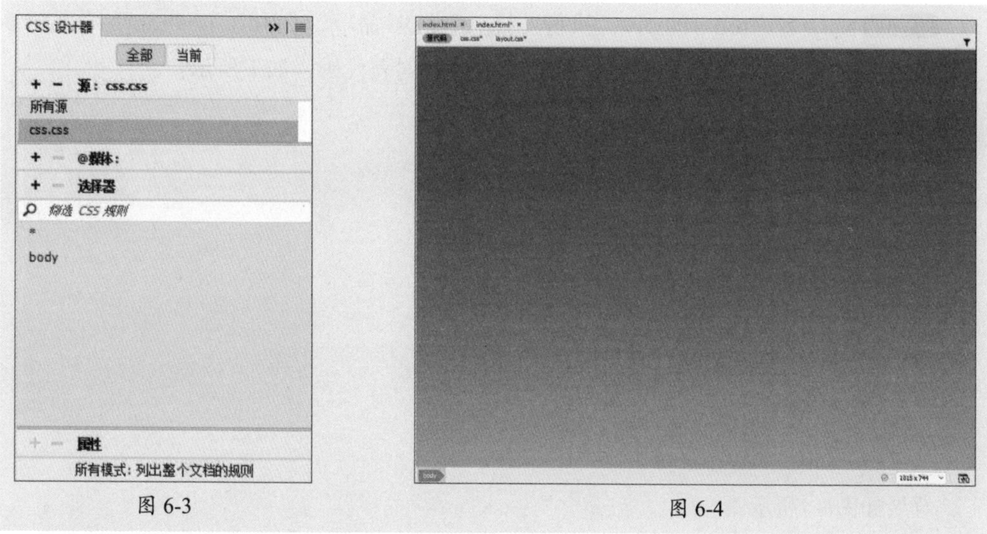


图 6-3　　图 6-4

**步骤05** 切换至源代码中，执行“插入”|Div命令，打开 “插入Div”对话框，在该对话框中设置ID名称，如图6-5所示。

**步骤06** 完成后单击“确定”按钮，插入Div标签。切换至layout.css文件，在该文件中输入如下代码：

```
#box {
    width: 970px;
    background-color: #ffffff;
    margin: auto;
}
```

定义CSS规则。

**步骤07** 移动鼠标指针至Div中，删除文字，使用相同的方法，插入一个ID为top的Div，移动鼠标指针至名为top的Div中，删除文字，继续插入一个名为top-1的Div，删除文字后在该Div中执行“插入”|Image命令，插入本章素材图像文件05.jpg，如图6-6所示。

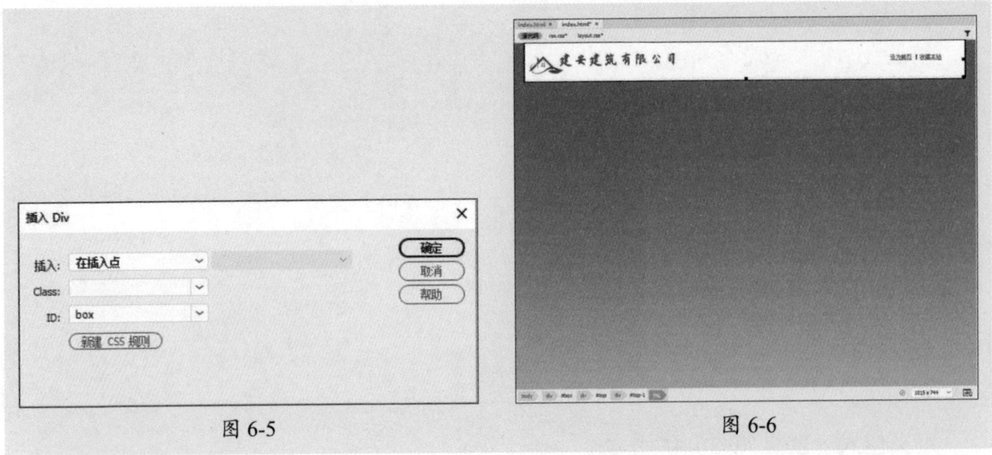

图 6-5　　图 6-6

步骤 08 选中名为top-1的Div，执行“插入”|Div命令，在<div id="top">结束标签之前插入一个名为nav的Div标签，在源代码中设置列表代码，如下所示：

```
<div id="nav">
    <ul>
        <li>网站首页</li>
        <li>公司概况</li>
        <li>资讯中心</li>
        <li>行业动态</li>
        <li>科技展示</li>
        <li>员工天地</li>
        <li>联系我们</li>
        <li>交流合作</li>
    </ul></div>
```

效果如图6-7所示。

步骤 09 切换至layout.css文件，在该文件中第7~26行输入如下代码：

```
#nav {
    font-family: "宋体";
    font-size: 14px;
    color: #FFF;
    text-align: center;
    height: 30px;
    background-image: url(../images/02.jpg);
    background-repeat: repeat-x;
    margin-right: 5px;
    margin-left: 5px;
}
#nav ul li {
    text-align: center;
    float: left;
    list-style-type: none;
    height: 25px;
```

```
    width: 105px;
    margin-top: 3px;
    margin-left: 7px;
}
```

定义样式，效果如图6-8所示。

图 6-7　　　　图 6-8

**步骤 10** 使用相同的方法，在<div id="top">结束标签之前插入一个名为top-2的Div标签，删除文字后在该标签中插入图像“06.jpg”，效果如图6-9所示。

**步骤 11** 使用相同的方法，在<div id="top">结束标签之前插入一个名为main的Div标签，切换至layout.css文件，在该文件中的第27~33行输入如下代码：

```
#main {
    height: 500px;
    width: 950px;
    margin-top: 10px;
    margin-right: 10px;
    margin-left: 10px;
}
```

定义样式，效果如图6-10所示。

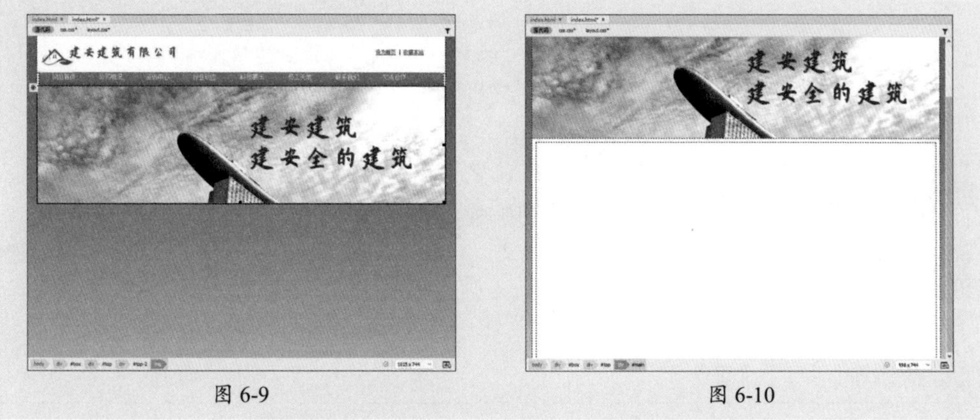


图 6-9　　　　图 6-10

**步骤 12** 删除文字，在<div id="main"></div>之间分别插入ID为left和right的Div标签，在layout.css文件中的第34~43行输入如下代码：

```
#left {
    float: left;
    height: 500px;
    width: 600px;
}
#right {
    float: right;
    height: 500px;
    width: 330px;
}
```

定义样式，效果如图6-11所示。

**步骤 13** 切换至源代码中，在<div id="left">结束标签之前插入ID为left-1和left-2的Div标签，并添加代码。<div id=" left">完整代码如下：

```
<div id="left-1">
    <h2><span>公司概况</span></h2>
    <dl>
        <dt><img src="images/07.jpg" border="1" /></dt>
        <dd>
            <p>建安建筑有限公司创建于1983年，是国内一家老牌建筑公司。公司理念为建造安全舒心的房子并为此努力。</p>
            <p>本公司在行业内居领先地位，至2022年合同额突破2万亿元，同比增长10.5%，位居世界500强第109位，市场竞争力和品牌影响力持续增长，旗下发展了地产开发、工程建设、勘察设计等多个领域……</p>
        </dd>
    </dl>
</div>
<div id="left-2">
    <h2><span>建筑案例</span></h2>
    <ul>
        <li><img src="images/08.jpg" width="160" height="87" /></li>
        <li><img src="images/09.jpg" width="160" height="87" /></li>
        <li><img src="images/10.jpg" width="160" height="87" /></li>
        <li><img src="images/11.jpg" width="160" height="87" /></li>
        <li><img src="images/12.jpg" width="160" height="87" /></li>
        <li><img src="images/13.jpg" width="160" height="87" /></li>
    </ul>
</div>
```

切换至“layout.css”文件，在第44~90行输入如下代码：

```
#left-1,#right-1 {
    height: 200px;
    margin-bottom: 20px;
    border: 1px solid #CCC;
}
```

```
#left-2,#right-2 {
    height: 270px;
    border: 1px solid #CCC;
}
#left-1 h2,#left-2 h2,#right-1 h2,#right-2 h2 {
    height: 28px;
    border-bottom: 1px solid #dbdbdb;
    background-image: url(../images/03.jpg);
    background-repeat: repeat-x;
}
#left-1 h2 span ,#left-2 h2 span ,#right-1 h2 span,#right-2 h2 span{
    font-size: 14px;
    color: #000;
    padding-left:20px;
    font-family: "宋体";
    float: left;
    padding-top: 4px;
}
#left-1 dl{
    margin-top:15px;
    }
#left-1 dl dt{
    width:180px;
    height:140px;
    float:left;
    margin-right:20px;
    margin-left: 5px;
}
#left-1 dl dd{
    text-indent:24px;
    line-height:25px;
    margin-right: 10px;
}
#left-2 ul li {
    width:160px;
    float:left;
    display:inline;
    text-align:center;
    margin-top: 15px;
    margin-bottom: 10px;
    margin-left: 25px;
}
```

**步骤 14** 使用相同的方法，在<div id=" right ">结束标签之前插入ID为right-1和right-2的Div标签，并添加代码。<div id=" right ">完整代码如下：

```
<div id="right-1">
        <h2><span>行业资讯</span></h2>
        <ul>
            <li> 2022年地产行业发展会议圆满举办</li>
```

```
            <li>2022年一级建造师名单</li>
            <li>建筑格局改变，企业转型发展</li>
            <li>国务院发布建筑行业重要文件</li>
            <li>《关于促进建筑行业持续发展意见》发布</li>
            <li>2023年二级建造师考试安排</li>
        </ul>
    </div>
    <div id="right-2">
        <h2><span>公司动态</span></h2>
        <ul>
            <li></li>
            <li>庭安别院概念图演示</li>
            <li>清平许乐别墅区——建筑理念</li>
            <li>梦回唐朝建筑设计大赛启动</li>
            <li> 市政广场建设即将竣工</li>
            <li> 东方园林——礼寻示范区展示 </li>
            <li> 消防安全培训开展</li>
            <li> 我司与零林建筑学院合作签约</li>
            <li>西林服务中心揭牌仪式</li>
        </ul>
    </div>
```

切换至layout.css文件，在第91~99行输入如下代码：

```
#right-1 ul,#right-2 ul {
    line-height: 24px;
    margin-top: 10px;
    margin-left: 15px;
}

#right-1 ul li,#right-2 ul li {
    list-style-type: none;
}
```

效果如图6-12所示。

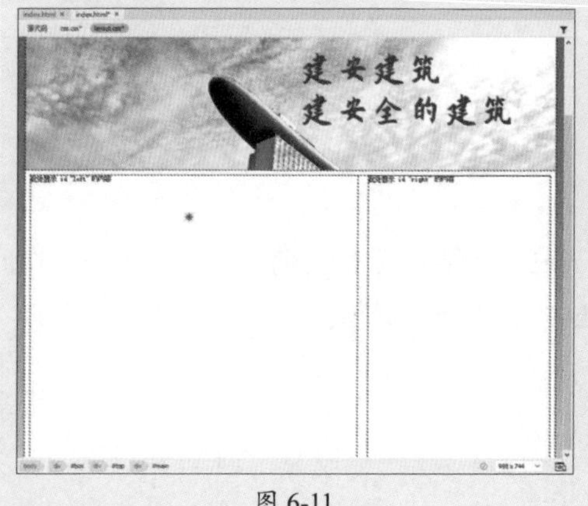


图 6-11

图 6-12

**步骤 15** 在<div id="box">结束标签之前插入ID为footer的Div标签，在源代码中添加代码，如下所示：

```
<div id="footer">
    <dl>
        <dt>关于我们  |  资讯中心  |  联系我们  |  友情链接  |  反馈问题</dt>
        <dd><span style="color: #000000">Copyright ©2003 - 2023.JAJZ.com  All
Rights Reserved.</span></dd>
        </dl>
    </div>
```

效果如图6-13所示。

图 6-13

**步骤 16** 切换至layout文件中，在第100~109行输入如下代码：

```
#footer {
    text-align: center;
    margin-top: 10px;
    background-image: url(../images/04.jpg);
    background-repeat: repeat-x;
    height: 50px;
}
#footer dl dt {
    line-height: 30px;
}
```

定义样式，效果如图6-14所示。

图 6-14

**步骤 17** 保存文件后按F12键测试效果，如图6-15所示。

图 6-15

至此，完成建筑公司网页的制作。

听我讲 Listen to me

# 6.1 认识CSS样式表

CSS即层叠样式表，全称为Cascading Style Sheets，是用于表现HTML等文件样式的计算机语言。使用CSS可以精准描述页面元素的显示方式和位置，有效地控制Web页面的外观，帮助设计者完成页面布局。通过CSS还可以分离网页的内容与表示形式，得到更简练的HTML代码。

CSS样式表有以下5个特点。

- **样式定义丰富：**CSS可以设置丰富的文档样式外观。对网页中的文本、背景、边框、页面效果等元素都可以进行操作。
- **便于使用和修改：**使用CSS时，可以完成修改一个小的样式从而更新所有与其相关的页面元素的操作，简化操作步骤，使CSS样式的修改与使用更为便捷。
- **重复使用：**在Dreamweaver软件中，可以创建单独的CSS文件，在多个页面中进行使用，从而制作页面风格统一的网页。
- **层叠：**通过CSS，可以对一个元素多次设置样式，后面定义的样式将重写前面的样式设置，在浏览器中可以看到最后设置的样式效果。通过这一特性，可以在多个统一风格页面中设置不一样的风格效果。
- **精简HTML代码：**通过使用CSS，可以将样式声明单独放到CSS样式表中，减少文件大小，减少加载页面和下载的时间。

CSS格式设置规则由选择器和声明两部分组成。选择器是标识已设置格式元素的术语，如p、h1、类名称或ID等，而声明常以包含多个声明的声明块的形式存在，用于定义样式属性。声明由属性和值两部分组成。因此，CSS基本语法如下：

```
选择器{属性:值;}
```

当一个属性中有多个值时，每个值之间以空格隔开即可，如下所示：

```
选择器{属性:值1 值2 值3 值4;}
```

# 6.2 创建CSS样式

通过CSS样式表可以制作出丰富的页面效果，同时可以简化HTML标签属性，得到更优异的浏览体验。本节将针对CSS的创建进行介绍。

## 6.2.1 CSS设计器

在“CSS设计器”面板中可以完成大部分针对CSS样式的操作，用户可以通过该面板创建、编辑或删除CSS样式。执行“窗口”｜“CSS设计器”命令或按Shift+F11组合键，即可打开“CSS设计器”面板，如图6-16所示。

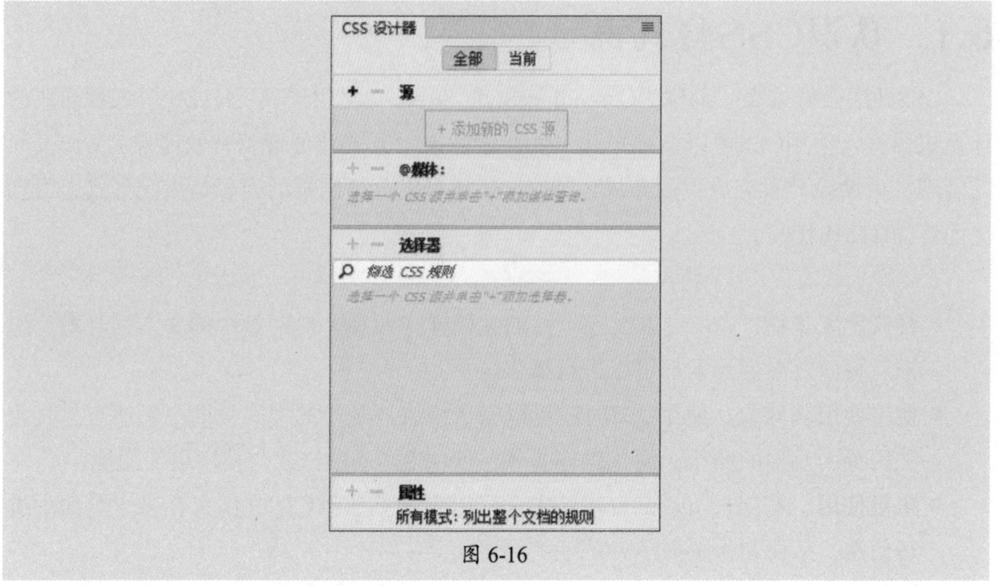


图 6-16

该设计器中部分选项作用如下。

- **源：** 该选项组中包括所有与项目相关的CSS文件。用户可以在该选项组创建样式、附加样式、删除内部样式表等。
- **@媒体：** 用于控制媒体查询。
- **选择器：** 用于显示所选源中的所有选择器。
- **属性：** 用于显示所选选择器相关的属性，提供仅显示已设置属性的选项。

## 6.2.2 创建CSS样式表

CSS样式表分为内部CSS样式表和外部CSS样式表两种。内部CSS样式表是指包括在HTML文档头部分的style标签中的CSS规则；而外部CSS样式表是指存储在一个单独的外部CSS(.css)文件中的若干组CSS规则。用户可以根据需要选择创建合适的样式表。下面将针对CSS样式表的创建进行介绍。

### 1. 创建内部 CSS 样式表

创建内部样式表的方式非常简单。在“CSS设计器”面板中单击“源”选项组中的“添加CSS源” 按钮，在弹出的快捷菜单中选择“在页面中定义”命令，在“源”选项组中即会出现<style>标签，完成CSS文件的定义，如图6-17所示。

创建完成内部CSS样式表后，单击“选择器”选项组中的“添加选择器” 按钮，在出现的文本框中输入名称，创建选择器。如图6-18所示为创建的类选择器。

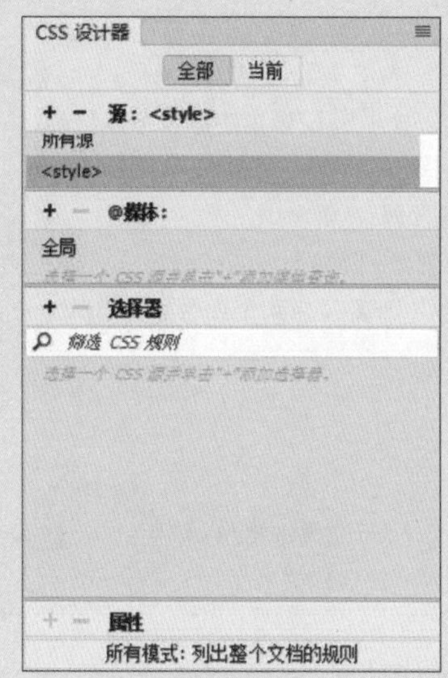


图 6-17

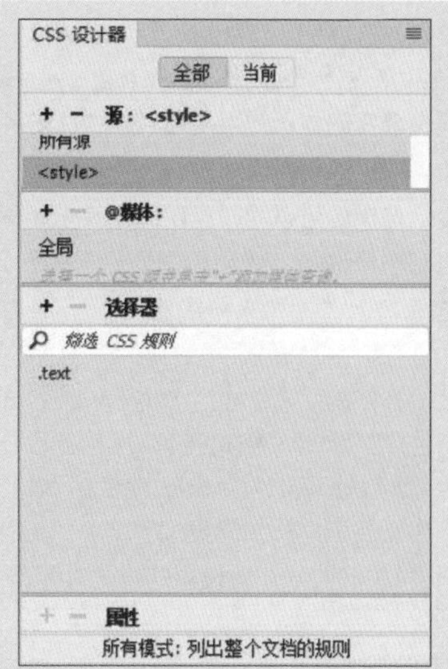


图 6-18

选中创建的类选择器，在“属性”选项组中对其属性进行定义即可。

**知识链接**

CSS中的选择器分为标签选择器、类选择器、ID选择器、复合选择器等。

（1）标签选择器。

一个HTML页面由很多不同的标签组成，而CSS标签选择器就是声明哪些标签采用哪种CSS样式。如：

```
h2{colorred; font-size:8px;}
```

该代码含义为网页中所有的<h2>标签中的内容都以大小是8像素的红色字体显示。

（2）类选择器。

类选择器用来定义某一类元素的外观样式，可应用于任何HTML标签。类选择器的名称由用户自定义，一般需要以“.”作为开头。在网页中应用类选择器定义的外观时，需要在应用样式的HTML标签中添加“class”属性，并将类选择器名称作为其属性值进行设置。如：

```
. text{color:orange; font-size:10px;}
```

该代码定义了一个名称是“text”的类选择器，如果需要将其应用到网页中<div>标签中的文字外观，则添加如下代码：

```
<div class="text">类1</div>
<div class="text">类2</div>
```

网页最终的显示效果是两个<div>中的文字“类1”和“类2”都会以大小是10像素的橙色字体显示。

（3）ID选择器。

ID 选择器类似于类选择器，用于定义网页中某一个特殊元素的外观样式。ID选择器的名称由用户自定义，一般需要以“#”作为开头。在网页中应用ID选择器定义的外观时，需要在应用样式的HTML标签中添加“id”属性，并将ID选择器名称作为其属性值进行设置。如：

```
#style_text{color:green; font-size:12px;}
```

这里定义了一个名称是“style_text”的ID选择器，如果需要将其应用到网页中<div>标签中的文字外观，则添加如下代码：

```
<div id= "style_text" >ID选择器</div>
```

网页最终的显示效果是<div>中的文字“ID选择器”会以大小是12像素的绿色字体显示。

（4）复合选择器。

复合选择器可以同时声明风格完全相同或部分相同的选择器。

当有多个选择器使用相同的设置时，为了简化代码，可以一次性为它们设置样式，并在多个选择器之间加上“，”来分隔它们，当格式中有多个属性时，则需要在两个属性之间用“；”来分隔。如：

```
选择器1，选择器2，选择器3 {属性1：值1；属性2：值2；属性3：值3}
```

其他CSS的定义格式还有如：

```
选择符1 选择符2 {属性1：值1；属性2：值2；属性3：值3}
```

该格式在选择符之间少加了“，”，但其作用大不相同，表示如果选择符2包括的内容同时包括在选择符1中的时候，所设置的样式才起作用，这种也被称为“选择器嵌套”。

## 2. 创建外部样式表

与内部样式表相比，外部样式表可以应用于多个网页，便于多个网页的更新维护。在Dreamweaver软件中，用户可以选择创建新的外部样式表，下面将对此进行介绍。

新建网页文档，单击“CSS设计器”面板中的“源”选项组中的“添加CSS源”按钮+，在弹出的快捷菜单中选择“创建新的CSS文件”命令，如图6-19所示。打开“创建新的CSS文件”对话框，如图6-20所示。

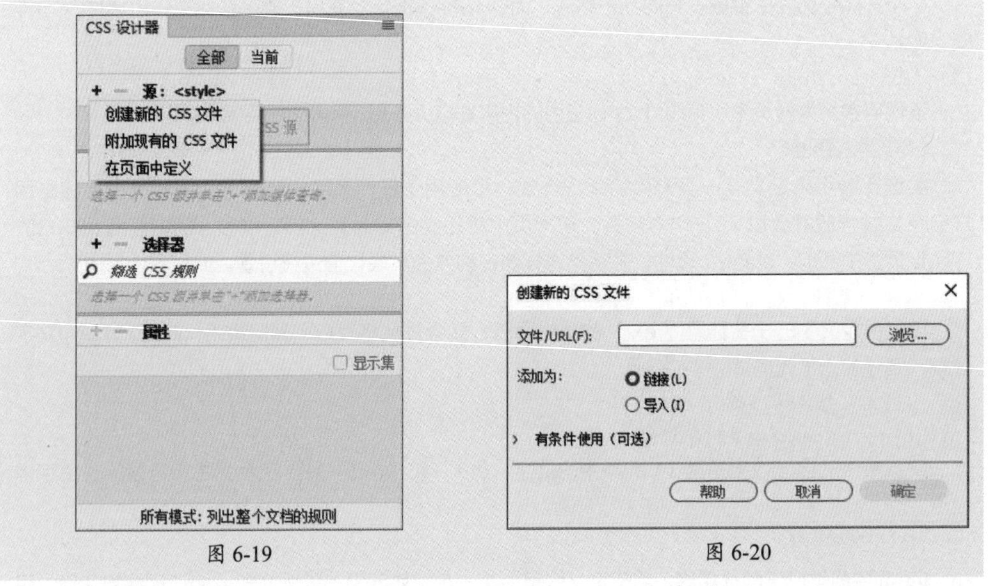


图 6-19　　图 6-20

单击“创建新的CSS文件”对话框中的“浏览”按钮，在打开的“将样式表文件另存为”对话框中设置外部样式表的名称及存储位置，如图6-21所示。完成后单击“保存”按钮返回“创建新的CSS文件”对话框，此时“文件/URL”文本框中出现外部样式表文件，如图6-22所示。完成后单击“确定”按钮即可创建外部样式表。

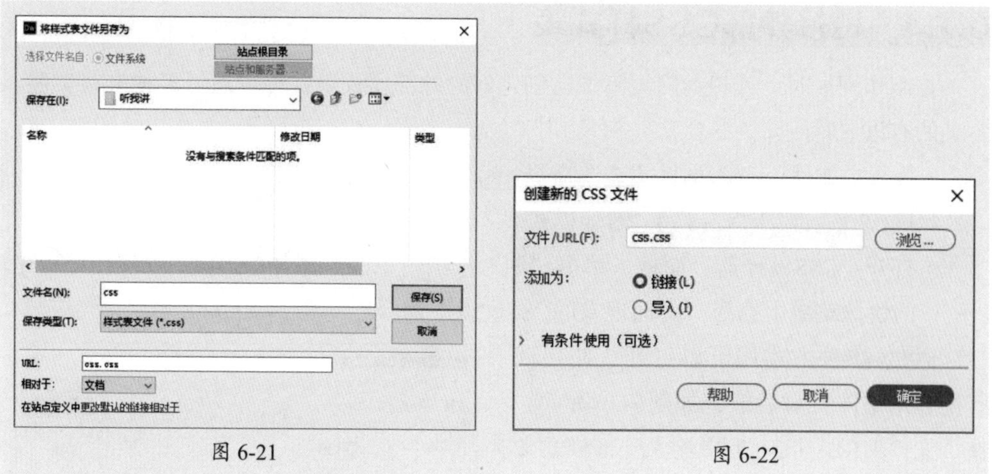


图 6-21　　　　图 6-22

## 6.2.3　应用内部样式表

创建完内部样式表后，需要将其应用到网页中的不同元素上。下面将对此进行介绍。

### 1. 通过“属性”面板应用

在“文档”窗口中选中网页元素，若要为该元素应用类选择器，在“属性”面板的“类”下拉列表中选择定义的样式即可，如图6-23所示；若要为该元素应用ID选择器，在“属性”面板的ID下拉列表中选择定义的样式即可，如图6-24所示。

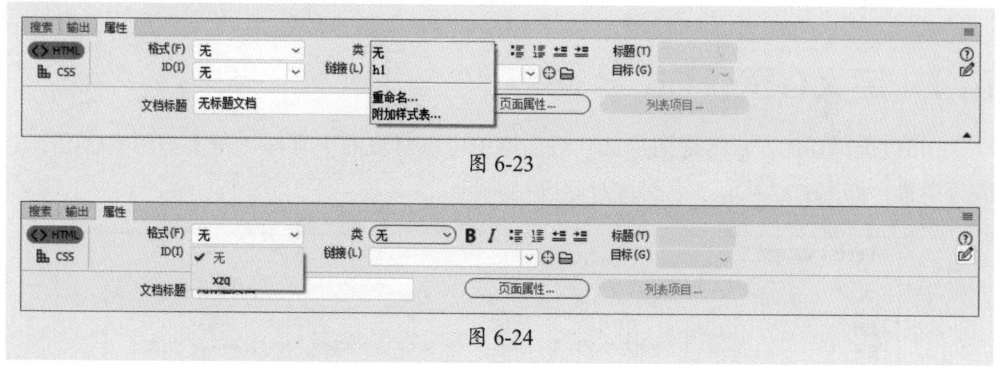


图 6-23

图 6-24

### 2. 通过“标签选择器”应用

除了通过“属性”面板应用选择器，还可以通过“文档”窗口底部的“标签选择器”应用选择器。

选择网页中的元素，在“标签选择器”相应的标签上右击，在弹出的快捷菜单中选择合适的命令即可，如图6-25所示。若选择“无”命令，将取消选择器的应用。

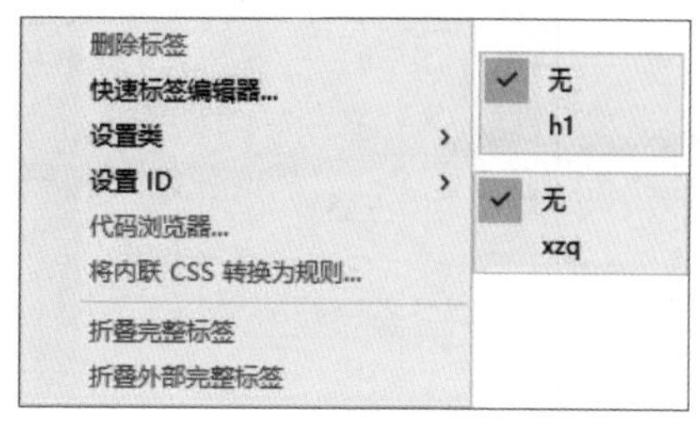


图 6-25

### 6.2.4 链接外部CSS样式表

在制作网页时，若想为网页附加已创建好的外部样式表，可以通过多种方式实现。常见的有以下3种：

- 执行“文件”|“附加样式表”命令；
- 执行“工具”|“CSS”|“附加样式表”命令；
- 打开“CSS设计器”面板，单击“源”选项组中的“添加CSS源” 按钮，在弹出的快捷菜单中选择“附加现有的CSS文件”命令。

通过这3种方式均可以打开“使用现有的CSS文件”对话框，如图6-26所示。在“文件/URL”文本框中输入外部样式文件名或单击文本框右侧的“浏览”按钮，在打开的“选择样式表文件”对话框中选择要附加的文件即可。

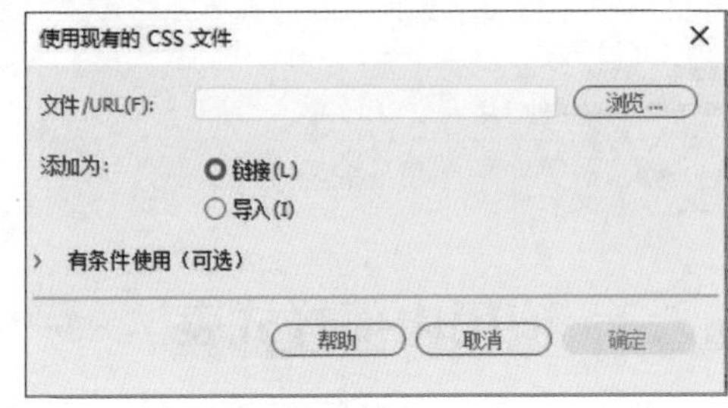


图 6-26

该对话框中部分选项作用如下。

- **文件/URL：** 用于选择要附加的外部样式表文件。
- **链接：** 选择该单选按钮，外部样式表将以链接的形式出现在网页文档中，在页面代码中生成<link>标签。
- **导入：** 选择该单选按钮，将导入外部样式表，在页面代码中生成<@Import>标签。

## 6.3 定义CSS样式

在相应选择器的“CSS规则定义”对话框中可以对页面中具体对象上应用的CSS样式进行设置，如图6-27所示。下面将对此进行介绍。

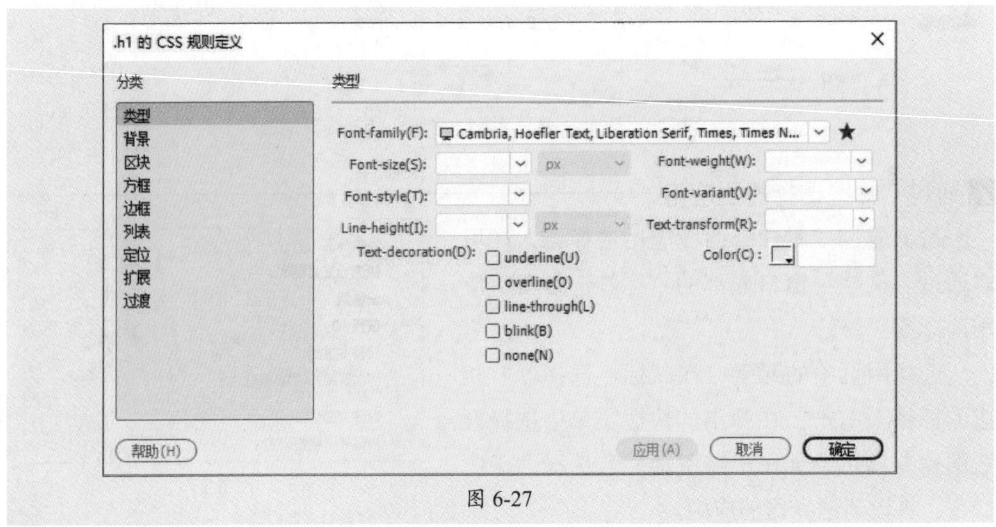


图 6-27

## 6.3.1 定义CSS样式的类型

在“属性”面板中的“CSS”属性检查器中单击“目标规则”右侧的下拉按钮，在弹出的快捷菜单中选择要定义的选择器，如图6-28所示。

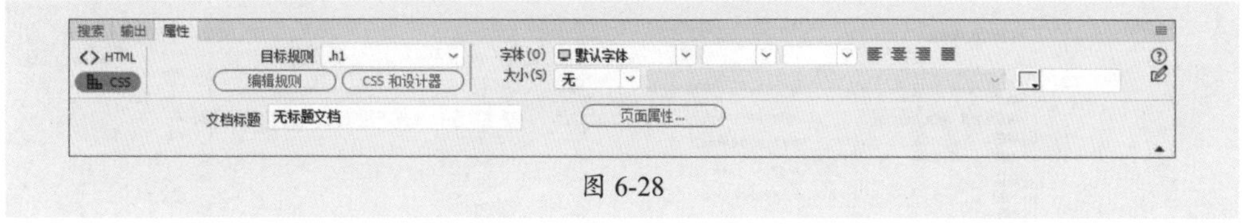


图 6-28

单击“编辑规则”按钮，即可打开选中选择器的“.h1的CSS规则定义”对话框，选择“类型”选项卡，如图6-29所示。

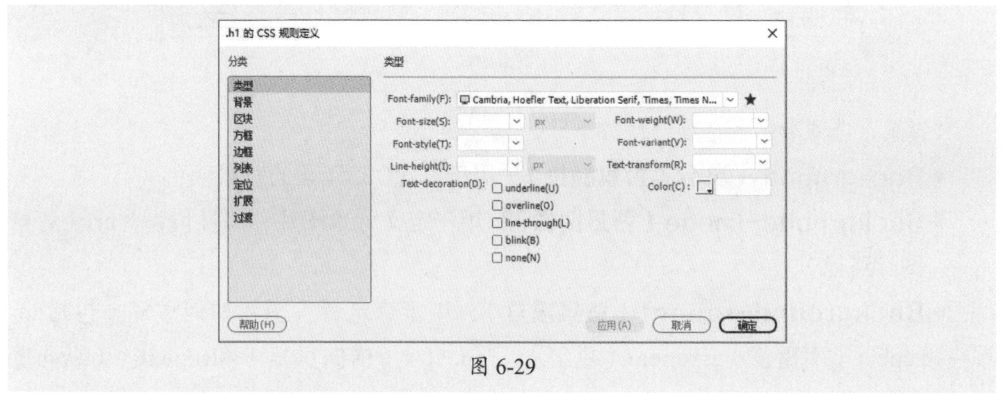


图 6-29

“类型”选项卡中各选项作用如下。

- **Font-family（字体）**：用于指定文本的字体。默认选择用户系统上安装的字体列表中的第一种字体显示文本。
- **Font-size（字体大小）**：用于指定文本中的字体大小，可以直接指定字体的像素（px）大小，也可以采用相对设置值。选择单位为像素，可以有效防止浏览器破坏页面中的文本。
- **Font-weight（字体粗细）**：指定字体的粗细。
- **Font-style（字体样式）**：用于设置字体的风格。包括正常（normal）、斜体（italic）、偏斜体（oblique）和继承（inherit）4种。
- **Font-variant（字体变体）**：定义小型的大写字母字体。
- **Line-height（行高）**：用于设置文本所在行的高度。
- **Text-transform（大小写）**：可以控制将选定内容中的每个单词的首字母大写或者将文本设置为全部大写或小写。
- **Text-decoration（修饰）**：向文本中添加下画线、上画线或删除线，或使文本闪烁。
- **Color（字体颜色）**：用于设置文字的颜色。

## 6.3.2 定义CSS样式的背景

在“.hl的CSS规则定义”对话框中选择“背景”选项卡，可以对网页元素的背景进行设置，如图6-30所示。

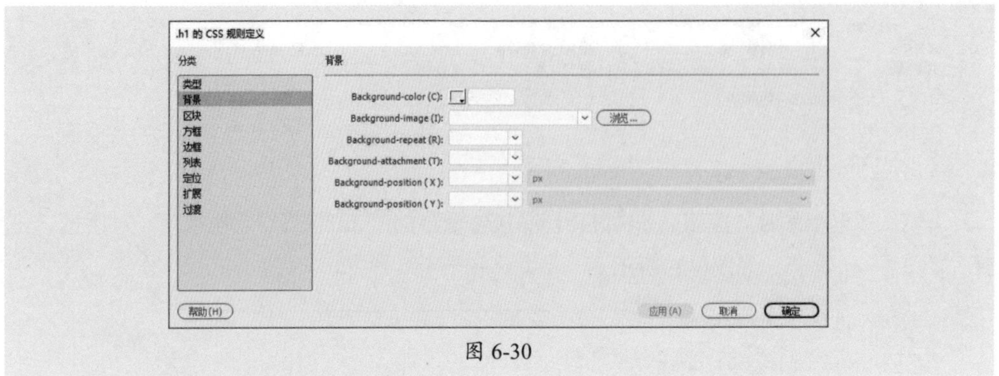


图 6-30

“背景”选项卡中各选项作用如下。

- **Background-color（背景颜色）：**用于设置CSS元素的背景颜色。
- **Background-image（背景图像）：**用于定义背景图片，属性值设为url（背景图片路径）。
- **Background-repeat（背景重复）：**用于确定背景图片如何重复。包括no-repeat（不重复）、repeat（重复）、repeat-x（横向重复）和repeat-y（纵向重复）4种。
- **Background-attachment（背景滚动）：**设定背景图片是跟随网页内容滚动还是固定不动。属性值可设为scroll（滚动）或fixed（固定）。
- **Background-position（背景位置）：**设置背景图片的初始位置。

## 6.3.3 定义CSS样式的区块

在“.hl的CSS规则定义”对话框中选择“区块”选项卡，即可显示区块的相关选项，如图6-31所示。

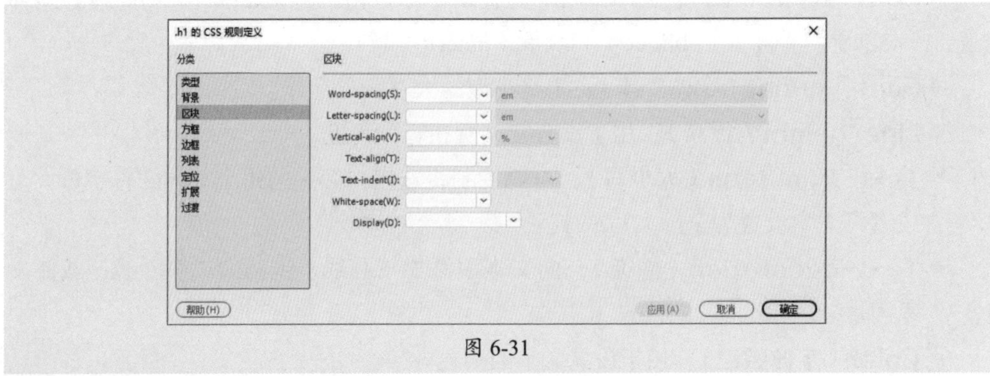


图 6-31

“区块”选项卡中各选项作用如下。

- **Word-spacing（单词间距）：** 用于设置单词的间距。包括“正常”和“值”两个选项。
- **Letter-spacing（字母间距）：** 用于设置字母间距。如需要减少字母间距，可指定一个负值。
- **Vertical-align（垂直对齐）：** 用于设置文字或图像相对于其父容器的垂直对齐方式。包括以下9个选项。
  - **baseline（基线）：** 将元素的基准线同主体元素的基准线对齐。
  - **sub（下标）：** 将元素以下标的形式显示。
  - **super（上标）：** 将元素以上标的形式显示。
  - **top（顶部）：** 将元素的顶部同最高的主体元素对齐。
  - **text-top（文本顶对齐）：** 将元素的顶部同主体元素文字的顶部对齐。
  - **middle（中线对齐）：** 将元素的中点同主体元素的中点对齐。
  - **bottom（底部）：** 将元素的底部同最低的主体元素对齐。
  - **text-bottom（文本底部）：** 将元素的底部同主体元素文本的底部对齐。
  - **值：** 用户可以自己输入一个值，并选择一种计量单位。
- **Text-align（文本对齐）：** 用于设置区块的水平对齐方式。
- **Text-indent（文字缩进）：** 指定第一行文本缩进的程度。
- **White-space（空格）：** 确定如何处理元素中的空白。包括normal（正常）、pre（保留）和nowrap（不换行）3个选项。
- **Display（显示）：** 指定是否显示以及如何显示元素。

## 6.3.4 定义CSS样式的方框

在“.h1的CSS规则定义”对话框中选择“方框”选项卡，即可显示方框的相关选项，如图6-32所示。

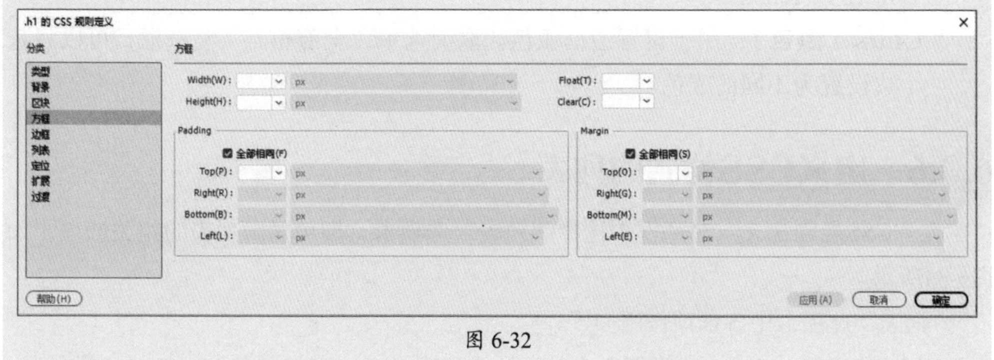


图 6-32

“方框”选项卡中各选项作用如下。

- **Width（宽度）**：用于设置网页元素对象的宽度。
- **Height（高度）**：用于设置网页元素对象的高度。
- **Float（浮动）**：用于设置网页元素的浮动，也可以确定其他元素（如文本、层、表格）围绕主体元素的哪一个边浮动。
- **Clear（清除）**：用于清除设置的浮动效果。
- **Padding（填充）**：用于指定显示内容与边框间的距离。
- **Margin（边距）**：用于指定网页元素边框与另外一个网页元素边框之间的间距。

## 6.3.5 定义CSS样式的边框

在“CSS规则定义”对话框中选择“边框”选项卡，可以对网页元素的边框进行设置，如图6-33所示。

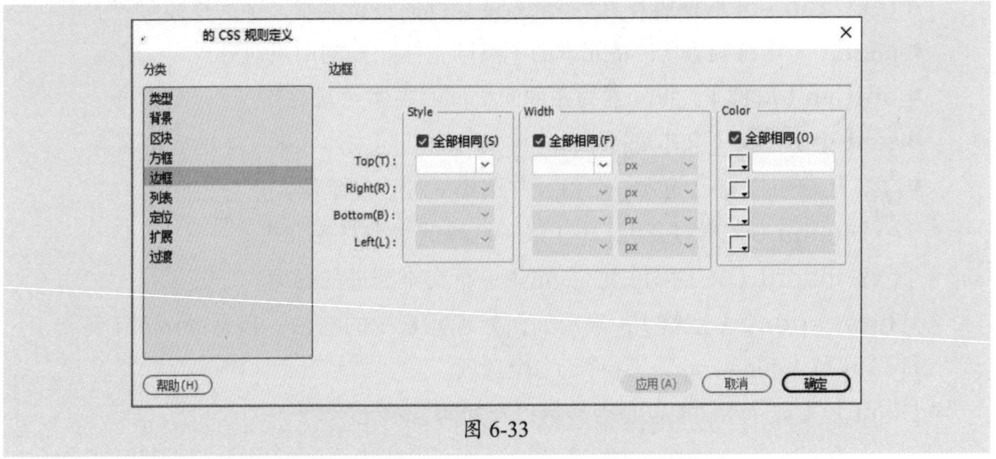


图 6-33

“边框”选项卡中各选项作用如下。

- **Style（样式）**：用于设置边框的样式，其显示方式取决于浏览器。
- **Width（宽度）**：用于设置边框粗细。取消选中“全部相同”复选框，可以设置各个边不同的宽度。
- **Color（颜色）**：用于设置边框颜色。取消选中“全部相同”复选框，可以将各个边设置为不同的颜色。

## 6.3.6 定义CSS样式的列表

在“CSS规则定义”对话框中选择“列表”选项卡，即可显示列表的相关选项，如图6-34所示。

“列表”选项卡中各选项作用如下。

- **List-style-type（类型）**：用于设置列表样式。其属性值包括Disc（默认值-实心圆）、Circle（空心圆）、Square（实心方块）、Decimal（阿拉伯数字）、

lower-roman（小写罗马数字）、upper-roman（大写罗马数字）、low-alpha（小写英文字母）、upper-alpha（大写英文字母）、none（无）9种。

- **List-style-image（项目符号图像）：** 用于设置列表标记图像，属性值为url(标记图像路径)。单击“浏览”按钮，可在打开的“选择图像源文件”对话框中选择所需要的图像；或在文本框中输入图像的路径。
- **List-style-Position（位置）：** 用于设置列表位置。

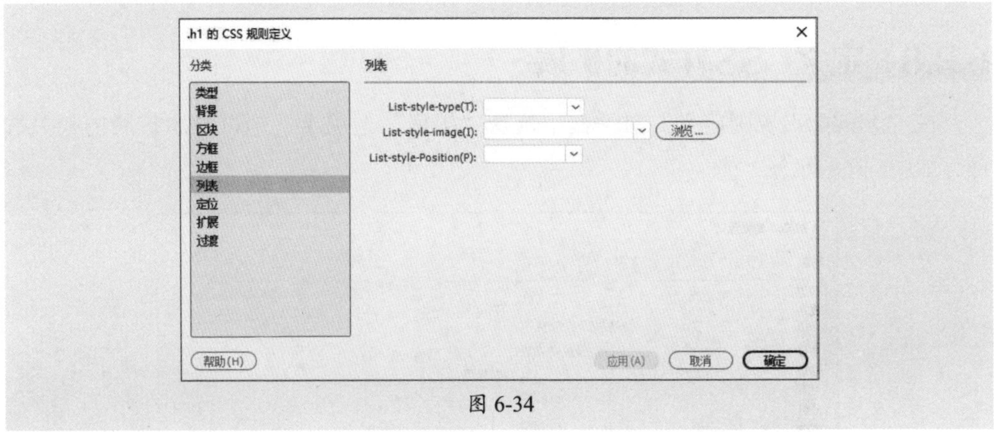


图 6-34

## 6.3.7 定义CSS样式的定位

在“.hl的CSS规则定义”对话框中选择“定位”选项卡，即可显示定位的相关选项，如图6-35所示。

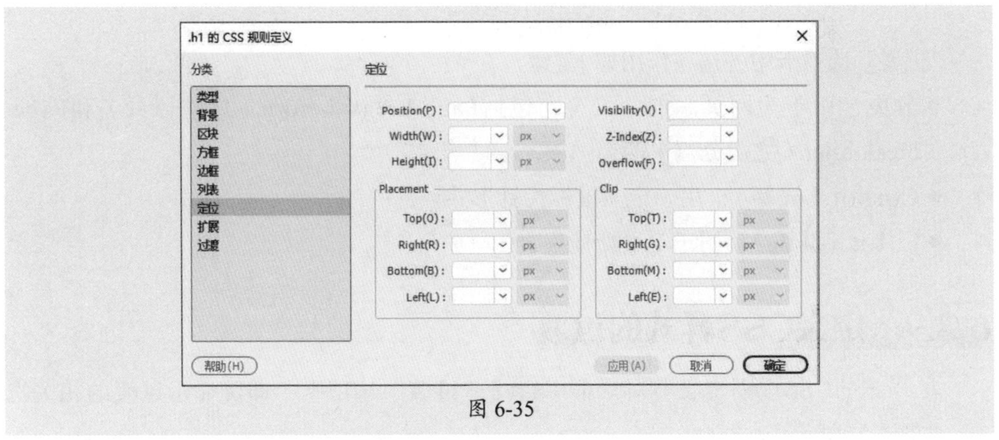


图 6-35

“定位”选项卡中部分选项作用如下。

- **Position（定位）：** 用于设定定位方式，包括Static（默认）、Absolute（绝对定位）、Fixed（相对固定窗口的定位）和Relative（相对定位）4个选项。
- **Visibility（显示）：** 用于指定元素是否可见。包括inherit（继承）、visible（可见）和hidden（隐藏）3个选项。

- **Z-index（Z轴）：**用于指定元素的层叠顺序，属性值一般是数字，数字大的显示在上面。
- **Overflow（溢出）：**用于指定超出部分的显示设置。包括visible（可见）、hidden（隐藏）、scroll（滚动）和auto（自动）4个选项。
- **Placement（置入）：**用于指定AP Div的位置和大小。
- **Clip（裁切）：**用于定义AP Div的可见部分。

## 6.3.8 定义CSS样式的扩展

在“.h1的CSS规则定义”对话框中选择“扩展”选项卡，即可显示扩展的相关选项，如图6-36所示。

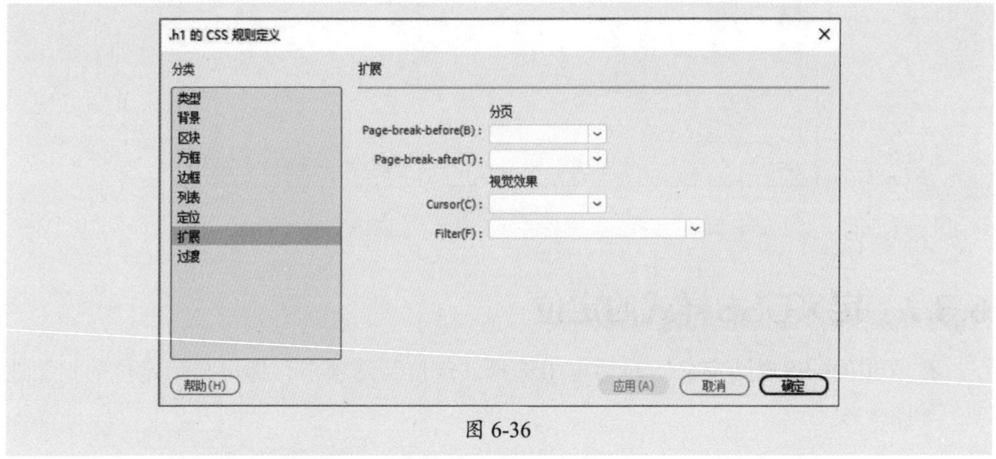


图 6-36

“扩展”选项卡中各选项作用如下。

- **分页：**用于为网页添加分页符，包括Page-break-before（之前分页）和Page-break-after（之后分页）两个选项。
- **Cursor（光标）：**用于定义鼠标指针形式。
- **Filter（滤镜）：**用于定义滤镜集合。

## 6.3.9 定义CSS样式的过渡

在“.h1的CSS规则定义”对话框中选择“过渡”选项卡，即可显示过渡的相关选项，如图6-37所示。

“过渡”选项卡中各选项作用如下。

- **所有可动画属性：**选中该复选框后可以为过渡的所有CSS属性指定相同的过渡效果。
- **属性：**用于向过渡效果添加CSS属性。
- **持续时间：**用于设置过渡效果的持续时间，单位为秒 (s) 或毫秒 (ms)。

- **延迟：** 用于设置过渡效果开始之前的时间，单位为秒或毫秒。
- **计时功能：** 从可用选项中选择过渡效果样式。

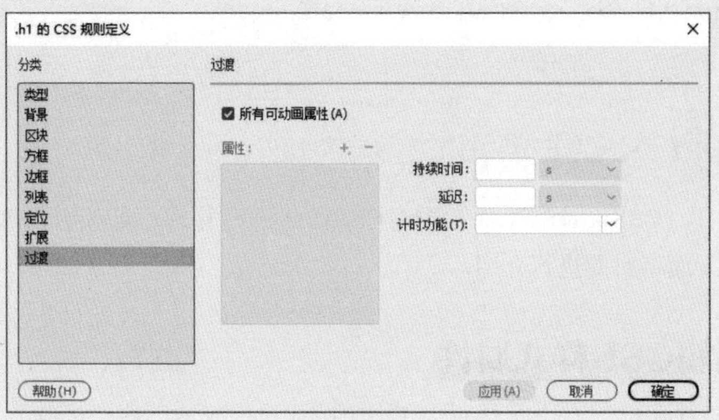


图 6-37

**知识链接**

执行“窗口”|“CSS过渡效果”命令，打开“CSS过渡效果”面板，如图6-38所示，单击该面板中的“新建过渡效果”按钮+，打开“新建过渡效果”对话框，如图6-39所示。在该对话框中设置参数后单击“创建过渡效果”按钮，即可创建CSS过渡效果。

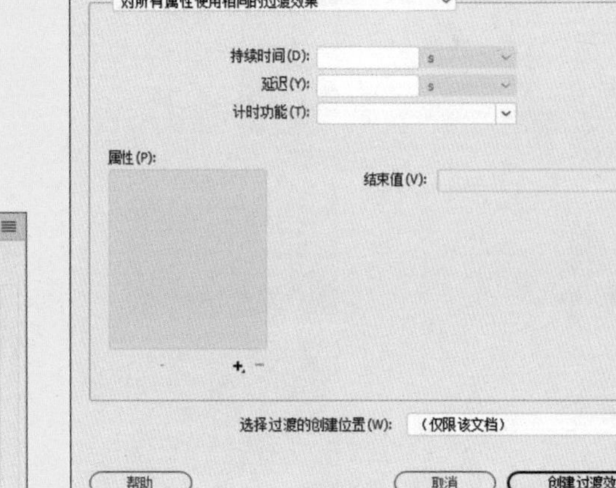


图 6-38　　图 6-39

“新建过渡效果”对话框中部分选项作用如下。

- 目标规则：用于选择或输入要创建过渡效果的目标规则。
- 过渡效果开启：用于设置过渡效果的触发条件。
- 持续时间：用于设置过渡效果的持续时间，单位为秒 (s) 或毫秒 (ms)。
- 延迟：用于设置过渡效果开始之前的时间，单位为秒或毫秒。
- 计时功能：从可用选项中选择过渡效果样式。

- 属性：用于添加属性。
- 结束值：用于设置添加的属性值。
- 选择过渡的创建位置：用于设置过渡效果的保存位置。

# 6.4 管理CSS样式表

用户可以在“CSS设计器”面板中对CSS样式进行管理，如编辑CSS样式属性、删除、复制等。下面将对此进行介绍。

## 6.4.1 编辑CSS样式属性

定义好CSS样式后，在“选择器”选项组中选择选择器，在 “属性”选项组中即可对其属性进行设置，如图6-40所示。

“属性”选项组中部分按钮作用如下。

- **布局**：用于设置网页中块元素的尺寸、边距、位置等属性，如图6-41所示。
- **文本**：用于设置网页中文字的相关属性，如图6-42所示。
- **边框**：用于设置元素边框的相关属性，如图6-43所示。
- **背景**：用于设置背景的相关属性，如图6-44所示。

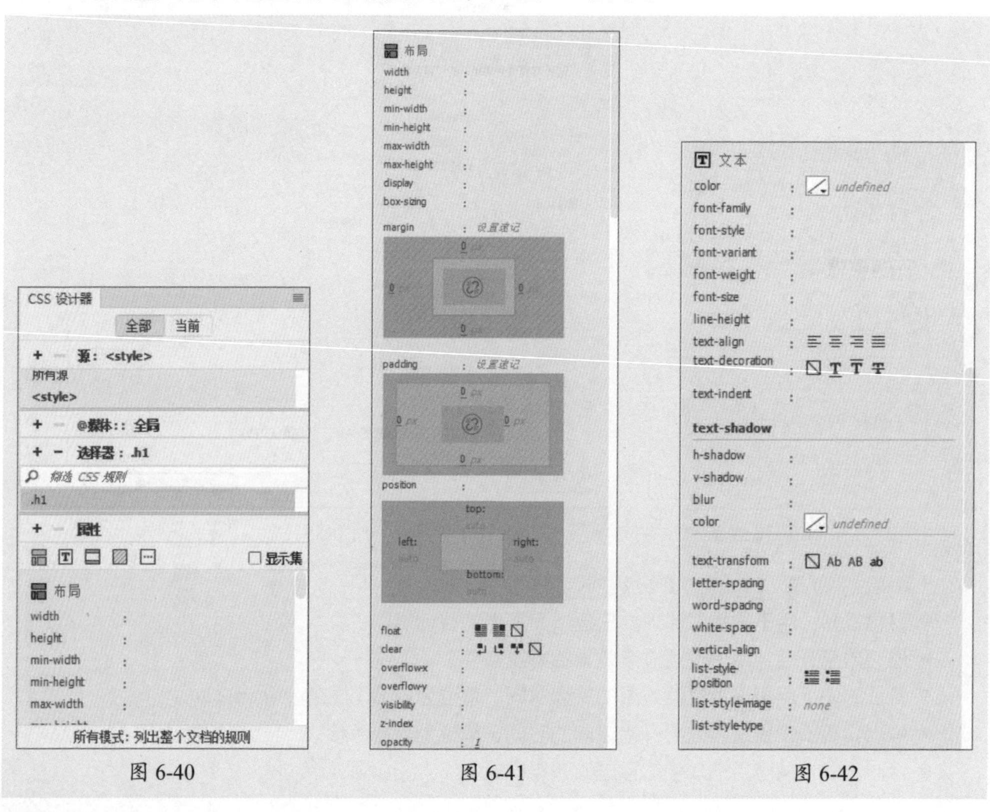


图 6-40　　图 6-41　　图 6-42

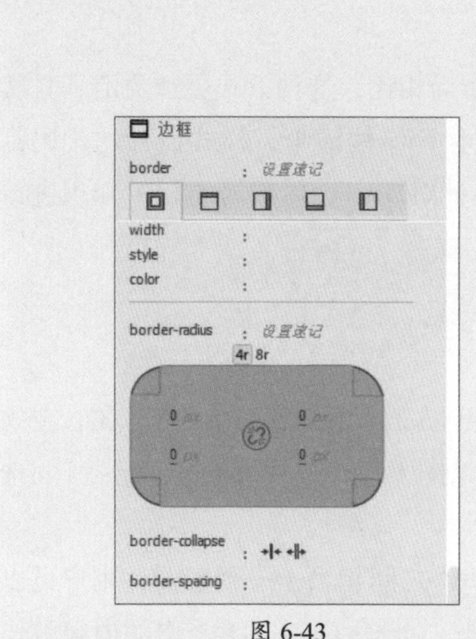


图 6-43

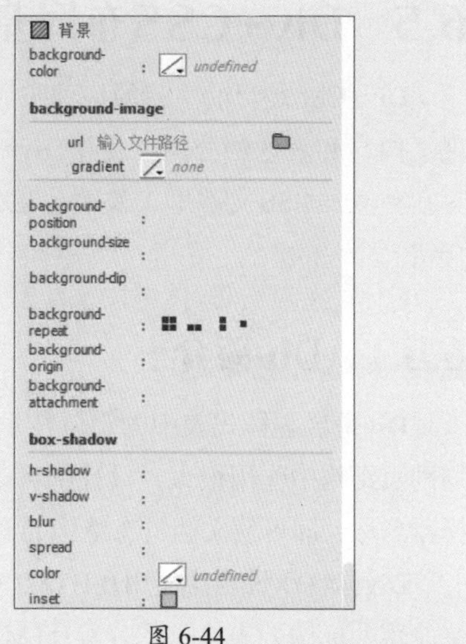


图 6-44

## 6.4.2 删除CSS样式

若想删除网页中的CSS样式，可以在“CSS设计器”面板中“源”选项组中选中要删除的CSS源，按Delete键或BackSpace键删除即可。也可以选中要删除的源后，单击“源”选项组中的“删除CSS源”按钮 − 将其删除。

**技巧点拨**

删除外部样式表时，并不会删除其源文件，只是取消其与当前网页的链接关系。

## 6.4.3 复制CSS样式

复制CSS样式可以节省相似属性设置的时间，提高工作效率。

选中“CSS设计器”面板中“选择器”选择组中的选择器并右击，在弹出的快捷菜单中选择相应的命令，即可复制CSS样式，如图6-45所示。

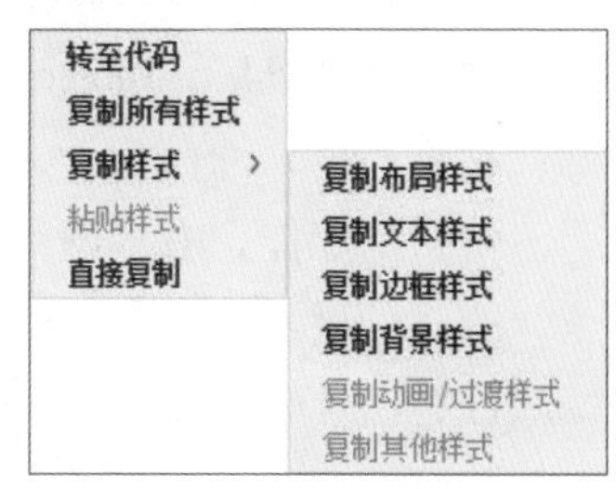


图 6-45

快捷菜单中部分命令作用如下。

- **复制所有样式：**选择该命令后，将复制所选选择器的所有样式，选中另一选择器后右击，在弹出的快捷菜单中选择“粘贴样式”命令，即可将复制的样式粘贴在所选选择器中。
- **复制样式：**选择该命令可以单独复制所选选择器的某一样式。
- **直接复制：**单击该按钮将直接复制并粘贴所选选择器。

## 6.5 Div+CSS布局基础

Div+CSS是目前主流的一种布局方式。与表格布局相比，这种方式更加灵活，且实现了内容和表现的分离。使用Div+CSS布局的网页代码结构清晰，样式设计的代码都写在独立的CSS文件里，修改也更加简便。本节将针对Div+CSS布局的相关知识进行介绍。

### 6.5.1 Div简介

Div是层叠样式表中的定位技术，来源于英文Division，中文意思为划分。Div在规划网页结构中作用很大，设计师可以使用Div标签来创建构造块，并给Div分配一个id选择器名称，即可使文档具有结构的意义并获得样式。

Div标签作为容器应用在HTML中，即<Div></Div>之间相当于一个容器，用户可以将段落、标题、表格、图片等HTML元素放置在其中。再把<Div></Div>中的内容看作一个整体，使用CSS样式表控制其样式。

### 6.5.2 Div+CSS布局的优势

采用Div+CSS布局网页可以更好地控制多幅页面，实现页面代码的精简，提高网页效率。该种布局方式的优点主要有以下3点。

- **节省页面代码：** 传统的Table技术在布局网页时经常会在网页中插入大量的<Table>、<tr>、<td>等标签，这些标签会造成网页结构更加臃肿，为后期的代码维护造成很大干扰。而采用Div+CSS布局页面，则不会增加太多代码，也便于后期网页的维护。
- **加快网页浏览速度：** 当网页结构非常复杂时，就需要使用嵌套表格完成网页布局，这就加重了网页下载的负担，使网页加载非常缓慢。而采用Div+CSS布局网页，将大的网页元素切分成小的，从而加快了访问速度。
- **便于网站推广：** Internet网络中每天都有海量网页存在，这些网页需要有强大的搜索引擎，而作为搜索引擎的重要组成——网络爬虫则肩负着检索和更新网页链接的职能，有些网络爬虫遇到多层嵌套表格网页时则会选择放弃，这就使得这类的网站不能为搜索引擎检索到，也就影响了该类网站的推广应用。而采用Div+CSS布局网页则会避免该类问题。

虽然Div＋CSS在网页布局方面具有很大优势，但在使用时，仍需注意以下两点：

- 对CSS的高度依赖会使得网页设计变得复杂。相对于表格布局来说，Div＋CSS要比表格定位复杂很多，即使是网站设计高手也很容易出现问题，更不要说初学者，因此Div＋CSS应酌情而用。
- CSS文件异常时将会影响到整个网站的正常浏览。CSS 网站制作的设计元素通常放在外部文件中，这些文件可能比较庞大且复杂，如果CSS 文件调用出现异常，那么整个网站都将出现问题，因此要避免那些设计复杂的CSS 页面或重复性定义样式的出现。

**技巧点拨**

任何网页都不会单一地使用某一种布局方式。设计者可以在设计网页时，根据需要，合理地分配使用不同的布局方式，以达到最优效果。

## 6.5.3 创建Div

通过Div标签，用户可以创建CSS布局块并在文档中对它们进行定位。在Dreamweaver软件中，可以通过“插入”菜单或“插入”面板插入Div标签。

在网页文档中执行“插入”|Div命令，打开“插入Div”对话框，在该对话框中进行相应设置，如图6-46所示。设置完成后单击“确定”按钮，即可在网页文档中插入Div，如图6-47所示。

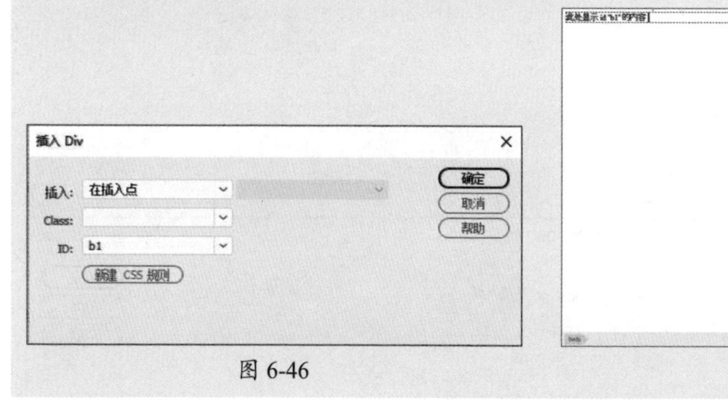


图 6-46

图 6-47

在“插入Div”对话框中单击“新建CSS规则”按钮，将打开“新建CSS规则”对话框，如图6-48所示。设置参数后单击“确定”按钮，即可打开相应的“CSS规则定义”对话框，如图6-49所示。在该对话框中可以对CSS规则进行定义。完成后单击“确定”按钮即可返回“插入Div”对话框。

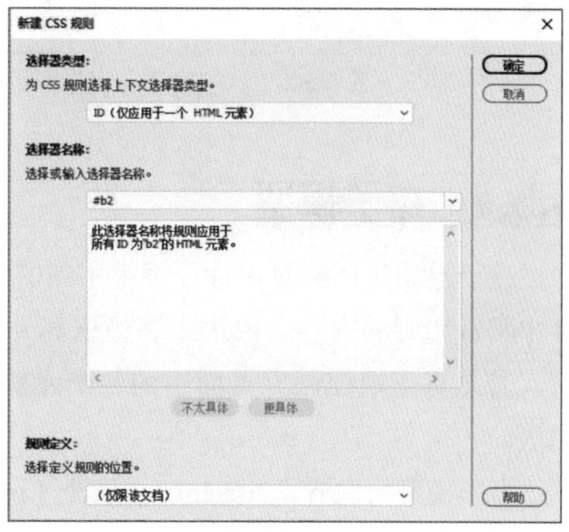


图 6-48

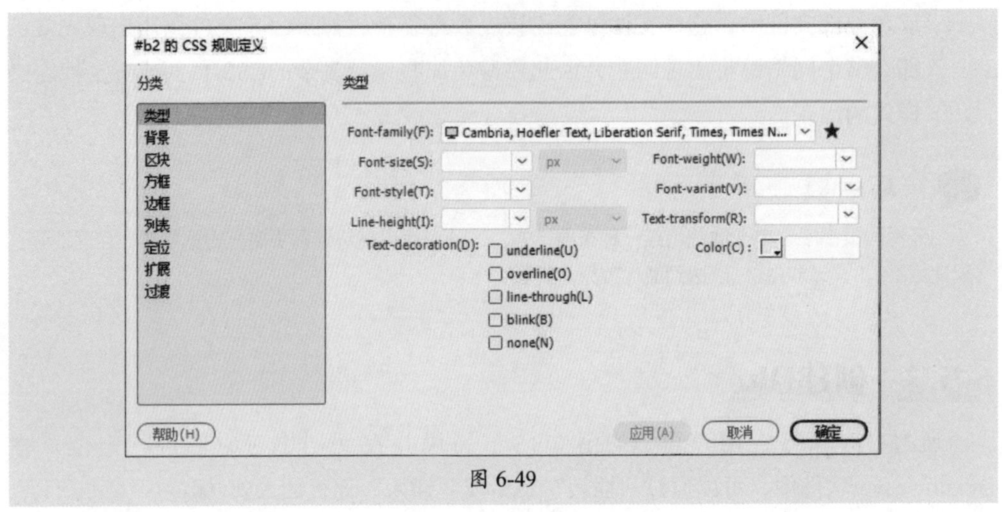

图 6-49

用户还可以在“插入”面板中单击HTML选项中的Div按钮，如图6-50所示，打开“插入Div”对话框进行设置，如图6-51所示。设置完成后单击“确定”按钮，即可在网页文档中插入Div。

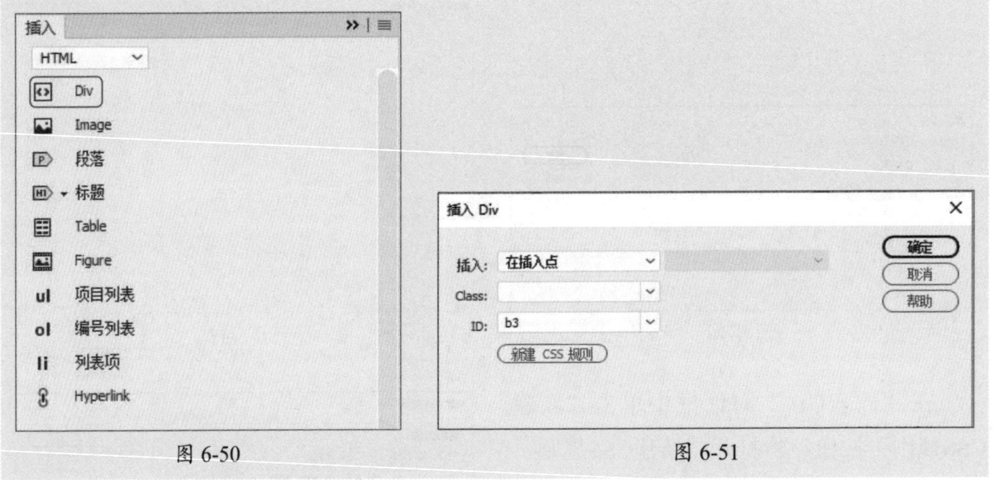

图 6-50　　图 6-51

## 6.5.4 盒子模型

盒子模型是在网页设计中经常用到的CSS技术所使用的一种思维模型。它将网页设计中常常用到的内容、内边距、边框和外边距等属性类比于生活中的盒子，以便于理解。若想真正地控制好页面中的各个元素，就需要掌握盒子模型以及其中每个元素的用法。

盒子模型由内容（content）、填充（padding）、边框（border）和空白边（margin）4个部分组成，如图6-52所示。

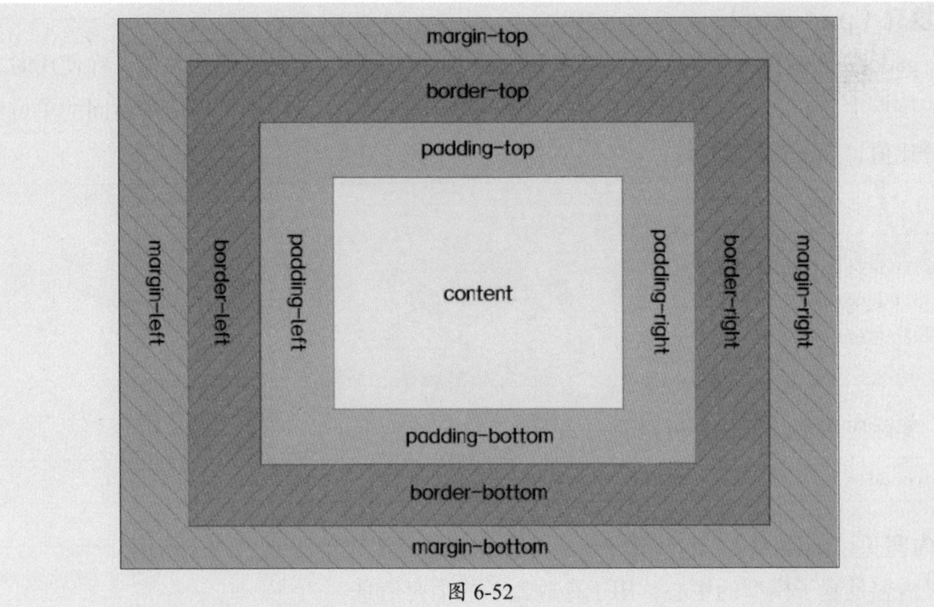

图 6-52

盒子模型中各部分作用如下。

## 1. 边界（margin）

margin区域位于盒子模型最外层，用于调节边框以外的空白间隔，使盒子之间不会紧凑地连接在一起。值得注意的是，若margin的值为0，则margin边界与border边界重合。

边界属性包括margin-left、margin-right、margin-top、margin-bottom和margin5种，但在应用中，一般只使用margin 一种来简写。下面将对此进行介绍。

（1）margin:5px 8px 12px 18px;

该代码中margin的值是按照上、右、下、左顺序进行设置的，即从上边距开始按照顺时针方向旋转。表示上外边距是5px，右外边距是8px，下外边距是12px，左外边距是18px。

（2）margin:5px 8px12px;

该代码表示上外边距是5px，右外边距和左外边距是8px，下外边距是18px。

（3）margin:5px 8px;

该代码表示上外边距和下外边距是5px，右外边距和左外边距是8px。

（4）margin:5px;

该代码表示上下左右边距都是5px。

## 2. 边框（border）

border是环绕内容区和填充的边界。边框属性包括border-style、border-width、border-color和border 4种。其中border-style是边框最重要的属性。

### 3. 填充（padding）

padding区域可用于调节内容显示和边框之间的距离，不允许使用负值。在使用时，一般按照上、右、下、左的顺序分别设置各边的内边距，各边均可以使用不同的单位或百分比值，如下代码所示：

```
h3 {
padding-top: 10em;
padding-right:6px;
padding-bottom: 5%;
padding-left: 3ex;
}
```

实际应用中，该代码可以简写如下：

```
h3 {padding: 10em 6px 5% 3ex;}
```

### 4. 内容（content）

内容是盒子模型的中心，用于存放盒子的主要信息。

## 6.6 常见的网页布局方式

常见的网页布局方式包括居中布局、浮动布局以及高度自适应布局3种。本节将对这3种布局方式进行介绍。

## 6.6.1 居中布局

居中布局是网页设计中最常见到的排版方式之一。用户可以通过以下步骤实现网页的居中布局。

### 1. 定义页面层容器

新建空白文档，在“代码”视图下的<head>与</head> 标签之间添加如下代码：

```
<style>
#container
{
position: relative;
left:50%;
width:700px;
margin-left:-350px;
padding:0px;
}
</style>
```

该段代码中，通过结合相对定位和负边距来使网页居中布局。其中，“position: relative;”表示内容相对于父元素body标签进行定位；“left:50%;”表示将左边框移动至网页50%的位置及页面正中间；“margin-left:-350px;”表示从中间位置向左偏移350px，即当前设置网页宽度的一半。

### 2. 定义网页顶部

定义完页面层容器后，在</style>之前输入以下代码定义网页顶部：

```
#banner
{
margin:0px; padding:0px;
text-align: center;
height:100px;
background:orange
}
```

### 3. 定义网页左侧边栏

定义完网页顶部后，在</style>之前输入以下代码定义网页左侧边栏：

```
#leftbar
{
text-align:center;
font-size:18px;
width:150px;
height:300px;
float:left;
padding-top:40px;
padding-bottom:30px;
margin:0px;
background:#7BC7BA
}
```

### 4. 定义网页内容

定义完网页左侧边栏后，在</style>之前输入以下代码定义网页内容：

```
#content
{
text-align:center;
font-size:18px;
float:left;
width:550px;
height:335px;
padding:5px 0px 30px 0px;
margin:0px;
background:#ff0
}
```

### 5. 定义网页底部

定义完网页内容后，在</style>之前输入以下代码定义网页底部：

```
#footer
{
text-align:center;
font-size:18px;
float:left;
width:100%;
height:50px;
padding:5px 0px 30px 0px;
margin:0px;
background:#5FC7EC
}
```

## 6. 插入 Div 标签

在<body>与</body> 标签之间输入以下代码定位模块位置：

```
<div id ="contaioner">
<div id="banner">网页顶部</div>
<div id="leftbar">网页左侧边栏</div>
<div id="content">网页内容</div>
<div id="footer">网页底部</div>
</div>
```

## 7. 预览效果

保存页面，按F12键在浏览器窗口中预览页面效果，如图6-53所示。

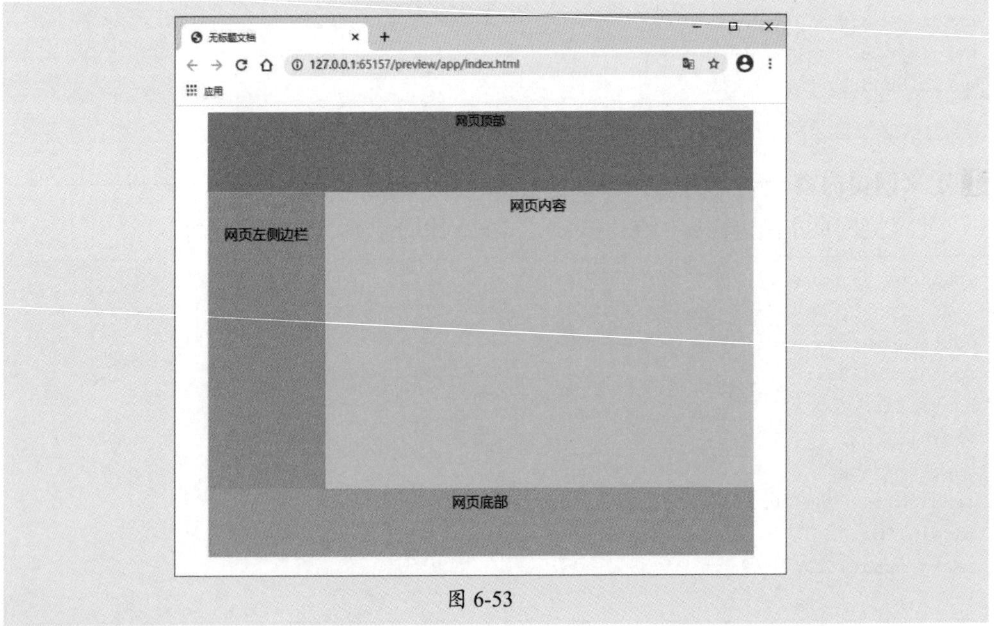


图 6-53

### 技巧点拨

在引用所设置的各个模块时，需要保证代码中所指定<div>的ID在整个页面中是唯一的。

## 6.6.2 浮动布局

在网页设计中，用户可以通过float属性定位网页元素，通过与其他属性结合使用，制作出特殊的显示效果。可以通过以下步骤实现网页的浮动布局。

### 1. 定义父模块 father

新建空白文档，在“代码”视图下的<head>与</head> 标签之间添加如下代码：

```
<style>
.father
{
background-color:#FFA4A5;
position: relative;
left:50%;
width:700px;
margin-left:-350px;
padding:0px;
}
</style>
```

### 2. 定义子模块 son1

定义完父模块后，在</style>之前输入以下代码定义子模块son1：

```
.son1
{
padding:10px;
margin:8px;
border:1px dashed#111111;
background-color:#fff;
color:#000;
}
```

### 3. 定义子模块 son2

定义完子模块son1后，在</style>之前输入以下代码定义子模块son2：

```
.son2
{
padding:10px;
margin:0px;
border:2px dashed#111111;
background-color:#FFB593;
color:#000;
}
```

### 4. 插入 div

在<body>与</body> 标签之间输入以下代码定位模块位置：

```
<div class="father">
```

```
<div class="son1">浮动</div>
<div class="son2">固定</div>
</div>
```

## 5 测试效果

保存页面，按F12键在浏览器窗口中预览页面效果，如图6-54所示。

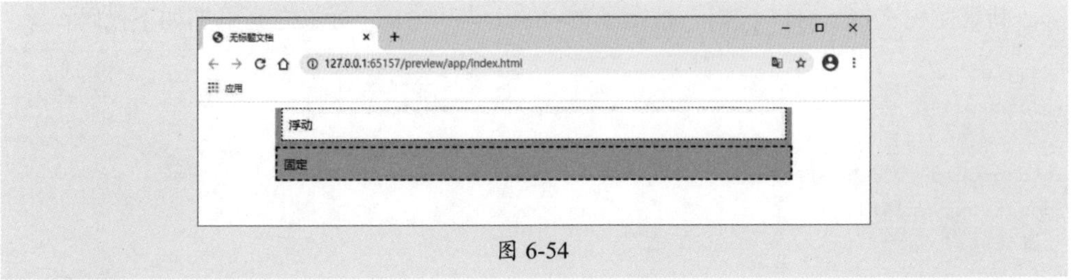


图 6-54

## 6 设置 float 属性

在son1模块中添加float属性：

```
.son1
{
padding:10px;
margin:8px;
border:1px dashed#111111;
background-color:#F00;
color: #FFF;
float:left;
}
```

## 7 测试页面效果

保存页面，按F12键在浏览器窗口中预览页面效果，如图6-55所示。

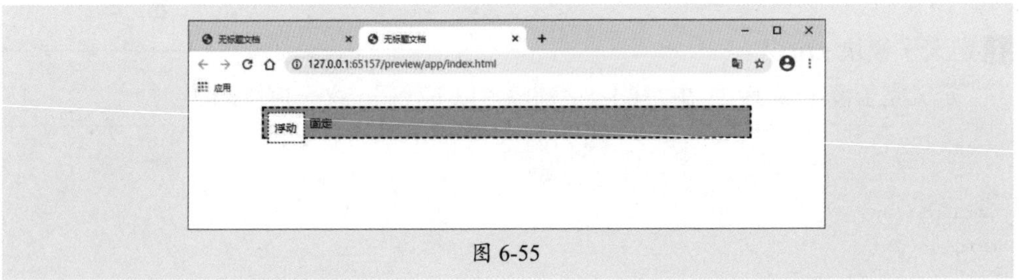


图 6-55

# 6.6.3 高度自适应布局

高度自适应是指使用百分比设置网页高度，使其适应浏览器的高度。用户可以通过以下代码实现网页的高度自适应布局。

```
<!doctype html>
<html>
```

```
<head>
<meta charset="utf-8">
<title>无标题文档</title>
<style type="text/css">
html,body{
        margin: 0px;
        height: 100%;
}
#left {
        line-height: 30px;
        background-color:#B7F39F;
        padding: 10px;
        float: left;
        height: 100%;
        width: 800px;
}
</style>
</head>
<body>
<div id="left">
武王戎车三百两，虎贲三百人，与商战于牧野，作《牧誓》。<br>
时甲子昧爽，王朝至于商郊牧野，乃誓。<br>
王左杖黄钺，右秉白旄以麾，曰："逖矣，西土之人！" <br>
王曰："嗟！我友邦冢君御事，司徒、司马、司空，亚旅、师氏，千夫长、百夫长，及庸，蜀、羌、髳、微、
卢、彭、濮人。称尔戈，比尔干，立尔矛，予其誓。" <br>
王曰："古人有言曰：'牝鸡无晨；牝鸡之晨，惟家之索。'今商王受惟妇言是用，昏弃厥肆祀弗答，昏弃厥遗
王父母弟不迪，乃惟四方之多罪逋逃，是崇是长，是信是使，是以为大夫卿士。俾暴虐于百姓，以奸宄于商邑。
今予发惟恭行天之罚。<br>
今日之事，不愆于六步、七步，乃止齐焉。勖哉夫子！不愆于四伐、五伐、六伐、七伐，乃止齐焉。勖哉夫子！
尚桓桓如虎、如貔、如熊、如罴，于商郊弗迓克奔，以役西土，勖哉夫子！尔所弗勖，其于尔躬有戮！" <br>
</div>
</body>
</html>
```

在"设计"视图中预览效果如图6-56所示。

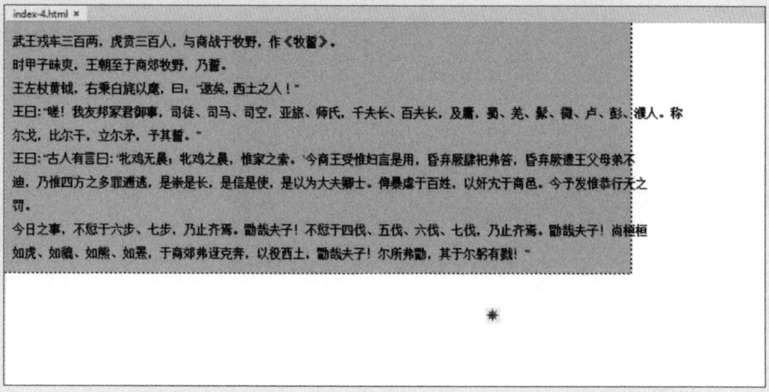

图 6-56

按F12键在浏览器中测试效果，如图6-57所示。

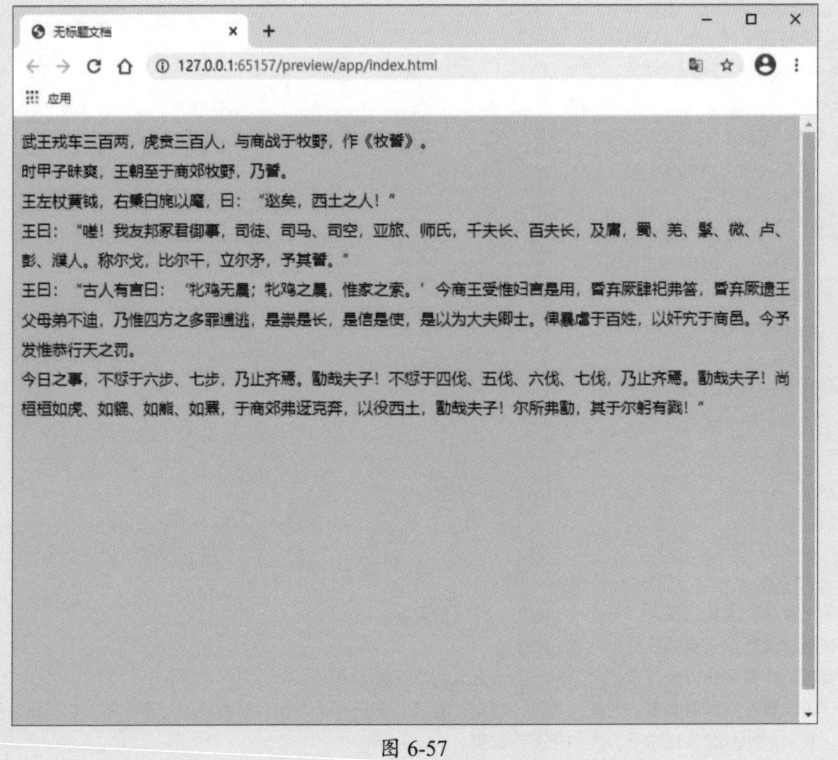


图 6-57

# 自己练/制作体育用品公司网页

**案例路径** 云盘 / 实例文件 / 第6章 / 自己练 / 制作体育用品公司网页

**项目背景** 足下体育用品公司是一家新兴的体育用品公司，该公司旗下生产项目多种多样，质量优异。现该公司为了更好地推广产品，委托本司为其制作网站页面，以达到更好宣传的效果。

**项目要求** ①体现体育精神；

②体现公司理念；

③页面整齐大方，不要过于烦琐。

**项目分析** 背景选择蓝色条纹，带来冷静克制的效果；选择与运动及运动器材相关的图像，贴合页面主题；留出一定篇幅介绍公司情况与行业信息，使信息更加全面整体。使用Div+CSS来布局网页，使文字与图像更加贴合（见图6-58）。

图 6-58

**课时安排** 3学时。

Dreamweaver

Dreamweaver

# 第7章

# 表单技术详解

## 本章概述

表单可以增加网页的交互性，收集整理访问者填写的数据信息。通过表单，可以制作登录界面、问卷调查等网页页面。本章将针对Dreamweaver软件中的表单元素进行介绍。通过本章的学习，可以帮助读者了解表单的概念，学会使用常见的表单。

## 要点难点

- 认识表单 ★☆☆
- 学会创建表单域 ★★☆
- 学会应用表单 ★★★

# 跟我学 制作网站注册页面

**学习目标** 本实例将练习制作网站注册页面。通过文本域表单制作姓名、联系方式等，通过密码域表单制作密码框，使用按钮制作提交按钮。通过本实例，可以帮助用户了解一些常用表单的用法。

**案例路径** 云盘 / 实例文件 / 第7章 / 跟我学 / 制作网站注册页面

**步骤01** 执行“站点”|“新建站点”命令，新建“GWX-7”站点，并新建images文件夹和index.html文件，移动素材至images文件夹中，如图7-1所示。

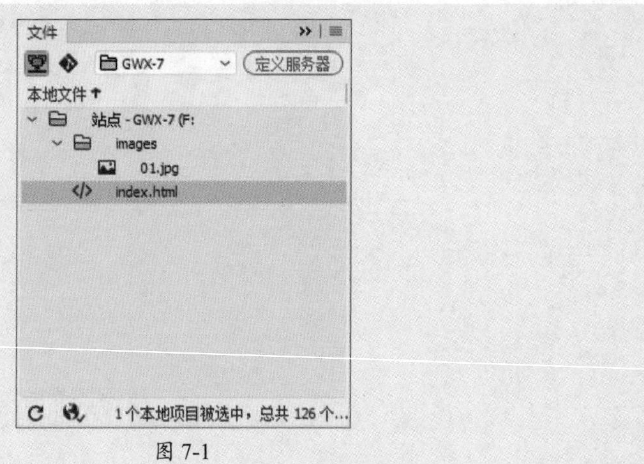


图 7-1

**步骤02** 双击“文件”面板中的index.html文件，打开网页文档。执行“插入”|Table命令，插入一个4行1列、宽度为960像素的表格，如图7-2所示。

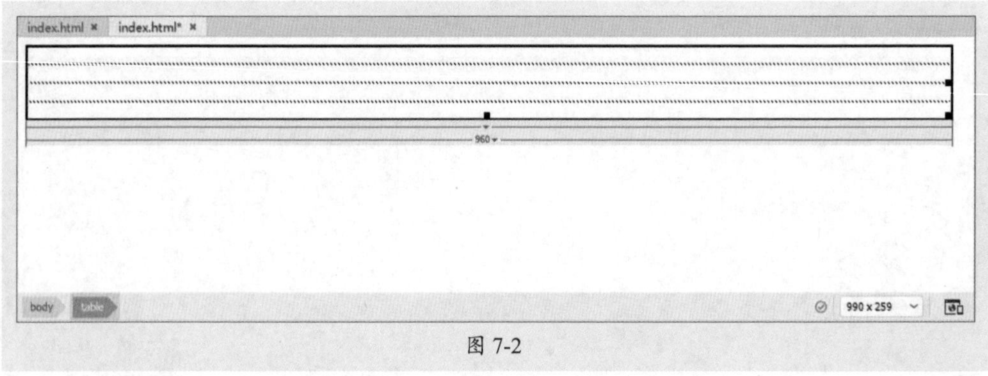


图 7-2

**步骤03** 移动鼠标指针至第1行单元格中，执行“插入”|Image命令，插入本章素材图像文件01.jpg，如图7-3所示。

图 7-3

步骤 04 移动鼠标指针至第2行单元格中，在“属性”面板中设置单元格水平居中对齐。执行“插入”|Table命令，插入一个1行5列、宽度为760像素、间距为5的表格，如图7-4所示。

图 7-4

步骤 05 选中表格行，在“属性”面板中设置水平居中对齐，垂直居中，高度为36像素，宽度为152像素，背景颜色为#587D98，如图7-5所示。

图 7-5

步骤 06 在表格中输入文字，如图7-6所示。

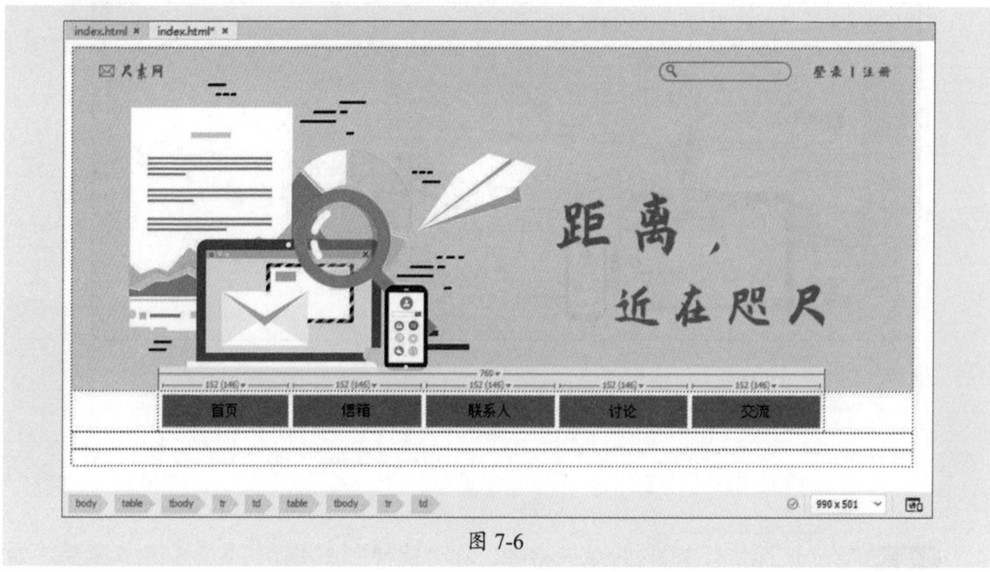


图 7-6

步骤 07 选中文字，在“属性”面板“HTML属性检查器”中设置格式为标题4，在“CSS属性检查器”中设置颜色为白色，效果如图7-7所示。

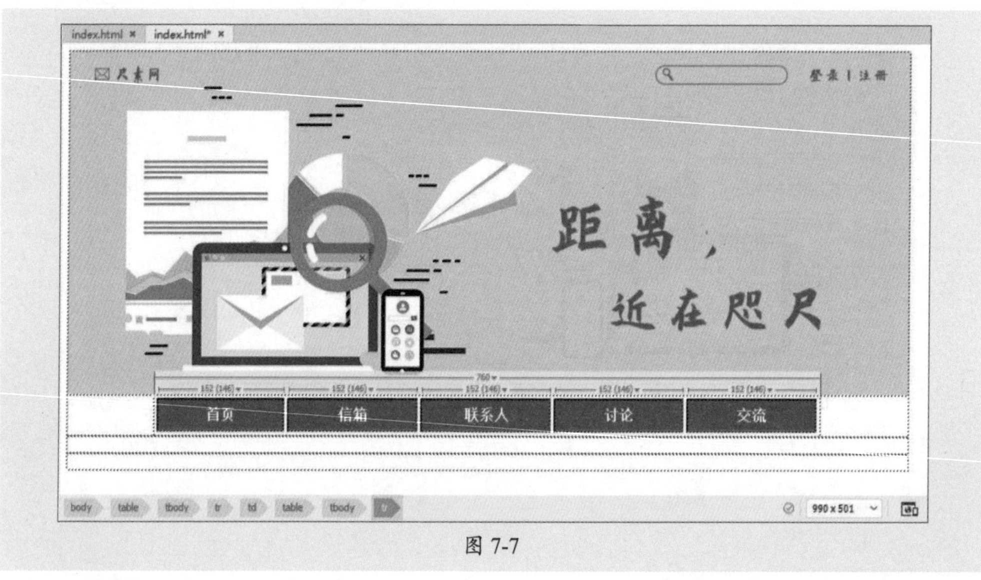


图 7-7

步骤 08 移动鼠标指针至第3行单元格中，在“属性”面板中设置该单元格水平居中对齐，如图7-8所示。

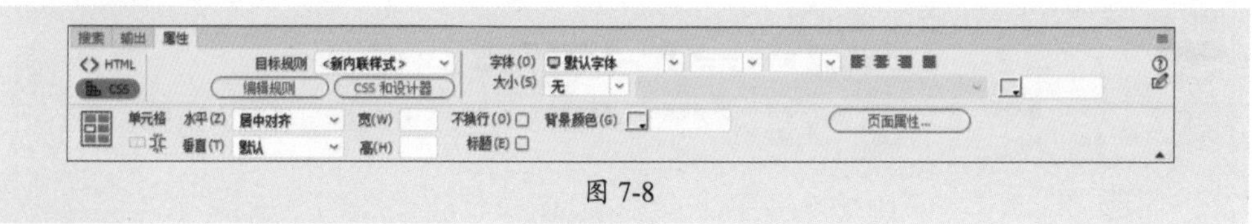


图 7-8

**步骤 09** 执行“插入”|“表单”|“表单”命令，在该单元格中插入表单，如图7-9所示。

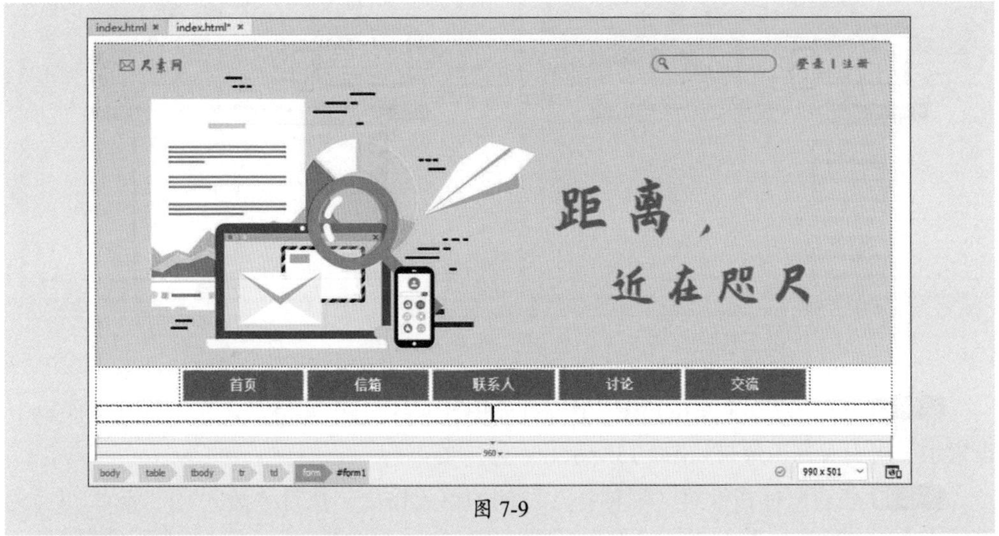


图 7-9

**步骤 10** 移动鼠标指针至表单中，执行“插入”|Table命令，插入一个8行2列，宽度为560像素，间距为5像素的表格，如图7-10所示。

图 7-10

**步骤 11** 选中新插入表格的第1列，在“属性”面板中设置其宽度为160像素，高度为36像素，效果如图7-11所示。

**步骤 12** 在表格合适位置输入文字，如图7-12所示。

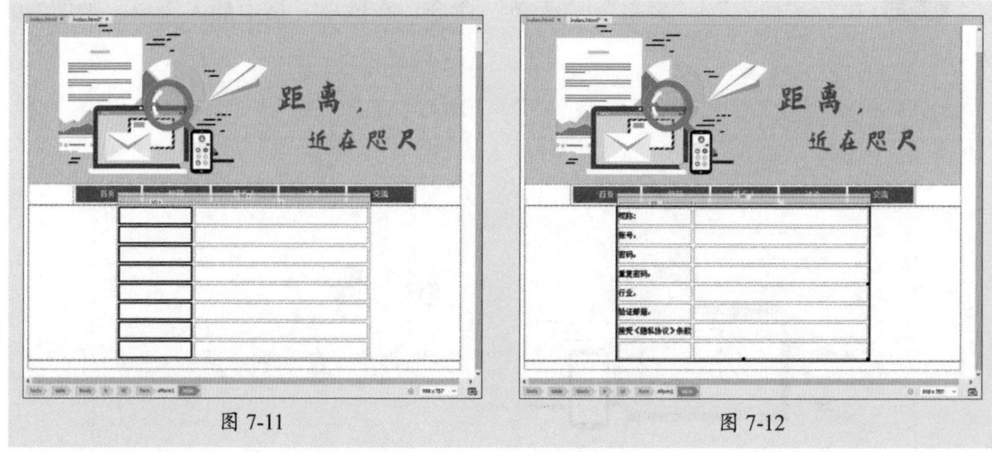

图 7-11　　图 7-12

**步骤 13** 选中第7行单元格，按Ctrl+Alt+M组合键合并单元格，并在“属性”面板中设置水平居中对齐，效果如图7-13所示。

**步骤 14** 移动鼠标指针至“昵称：”右侧的单元格中，执行“插入”|“表单”|“文本”命令，插入单行文本域，删除多余文字，如图7-14所示。

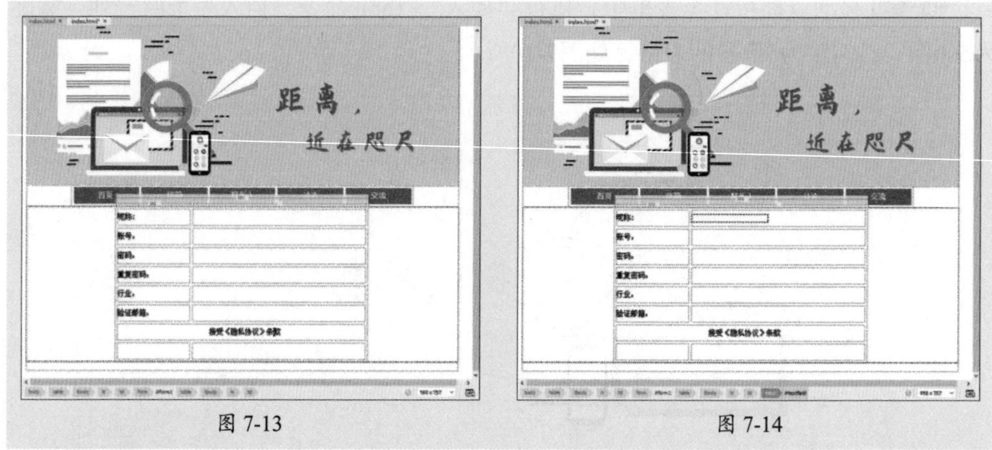

图 7-13　　图 7-14

**步骤 15** 选中新插入的文本表单，在“属性”面板中设置其Name、Size、Max Length等参数，如图7-15所示。

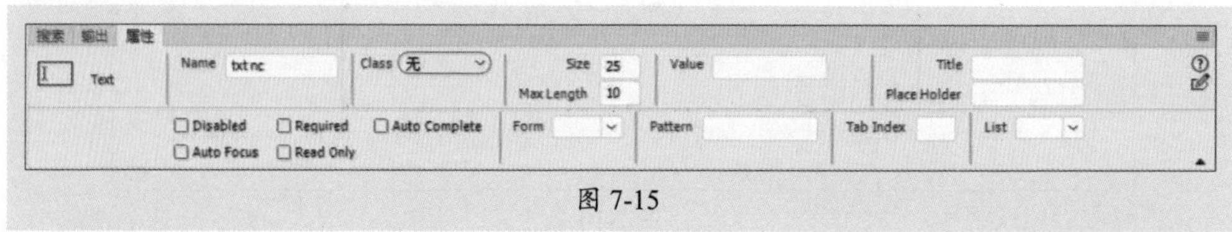


图 7-15

**步骤 16** 使用相同的方法，在“账号：”右侧的单元格中插入单行文本域并在“属性”面板中进行设置，如图7-16所示。

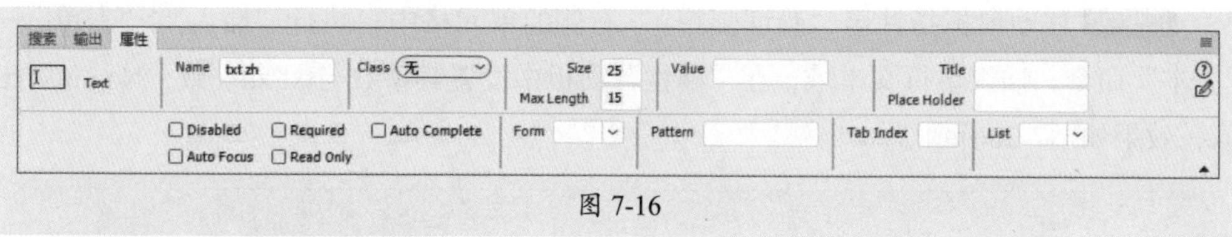


图 7-16

**步骤 17** 移动鼠标指针至“密码:”右侧的单元格中，执行“插入”|“表单”|“密码”命令，插入密码域，删除多余文字，在“属性”面板中设置其参数，如图7-17所示。

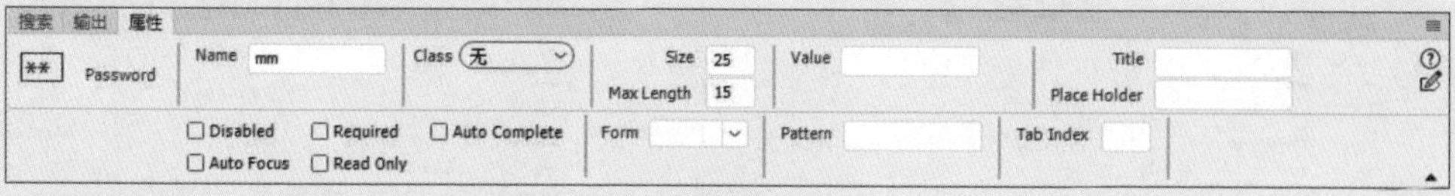

图 7-17

**步骤 18** 使用相同的方法，在“重复密码:”右侧的单元格中插入密码域并在“属性”面板中进行设置，如图7-18所示。

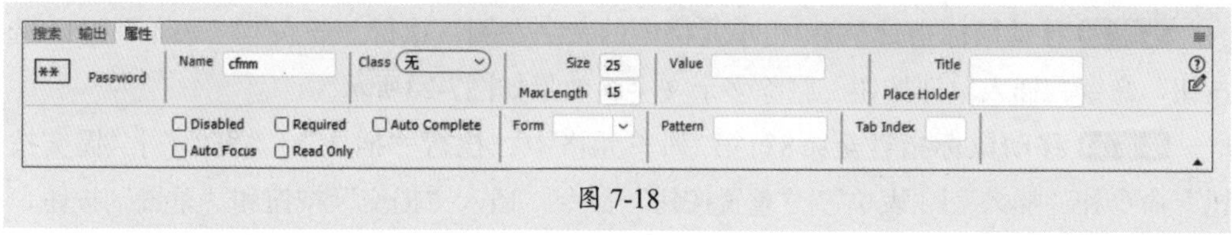


图 7-18

**步骤 19** 移动鼠标指针至“行业：”右侧的单元格中，执行“插入”|“表单”|“选择”命令，插入下拉列表，删除多余文字，如图7-19所示。

**步骤 20** 选中“选择”表单，在“属性”面板中单击“列表值”按钮，打开“列表值”对话框进行设置，如图7-20所示。

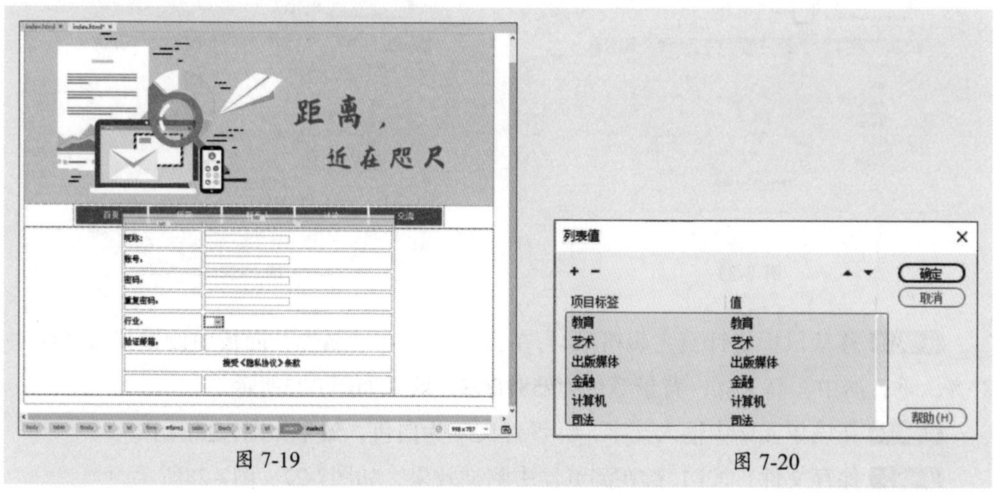


图 7-19　　图 7-20

**步骤 21** 完成后单击“确定”按钮，效果如图7-21所示。

步骤22 移动鼠标指针至“验证邮箱：”右侧的单元格中，执行“插入”|“表单”|“文本”命令，插入单行文本域，在“属性”面板中设置其参数与txt zh一致，Name为txt yx，效果如图7-22所示。

图 7-21　　图 7-22

步骤23 移动鼠标指针至第7行单元格中的文字左侧，执行“插入”|“表单”|“单选按钮”命令，插入单选按钮，删除多余文字，效果如图7-23所示。

步骤24 移动鼠标指针至第8行第2列单元格中，执行“插入”|“表单”|“提交按钮”命令和“插入”|“表单”|“重置按钮”命令，插入“提交”按钮和“重置”按钮，如图7-24所示。

图 7-23　　图 7-24

步骤25 移动鼠标指针至主表格第4行单元格中，在“属性”面板中设置其水平居中对齐，垂直居中，高为50，背景颜色为#587D98，效果如图7-25所示。

步骤26 在该单元格中输入文字，并设置文字为白色，效果如图7-26所示。

步骤27 保存文件，按F12键在浏览器中测试效果，如图7-27、图7-28所示。

图 7-25

图 7-26

图 7-27

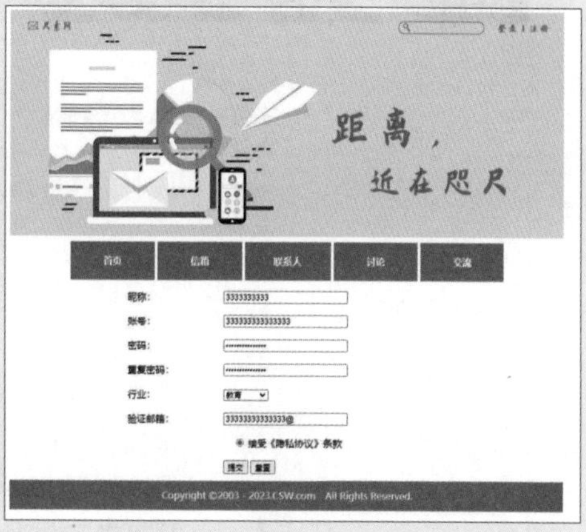

图 7-28

至此，完成网站注册页面的制作。

## 听我讲 Listen to me

# 7.1 认识表单

表单是网页中负责数据采集的工具。通过表单，可以增加网页与浏览者之间的交互，制作出如登录界面、会员注册等类型的网页。如图7-29所示，这是某网站会员注册的页面。

图 7-29

当用户将信息输入表单并提交时，这些信息就会被发送到服务器，服务器端应用程序或脚本对这些信息进行处理，再通过请求信息发送回用户，或基于该表单内容执行一些操作来进行响应。

在Dreamweaver 中，表单输入类型称为表单对象。表单对象是允许用户输入数据的机制。用户可以创建多种类型的表单对象，如文本、密码、单选按钮、复选框、数字以及提交按钮等。执行“插入”|“表单”命令，在弹出的子菜单中可以选择添加的表单对象，如图7-30所示。

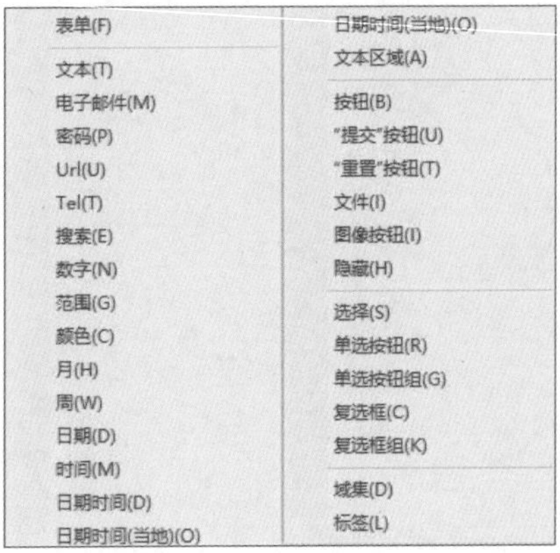

图 7-30

# 7.2 创建表单域

表单对象需要添加至表单域中才能正常运行。因此，在创建表单对象之前，需要先创建表单域。下面将对此进行介绍。

## 7.2.1 表单域的创建

打开本章素材文件后，移动鼠标指针至要插入表单的位置，执行“插入”|“表单”|“表单”命令，或在“插入”面板中单击“表单”中的“表单”按钮，即可插入表单，如图7-31所示。

图 7-31

## 7.2.2 表单域的属性设置

选中插入的表单域，在“属性”面板中可以对其ID、Class、Method等属性进行设置，如图7-32所示。

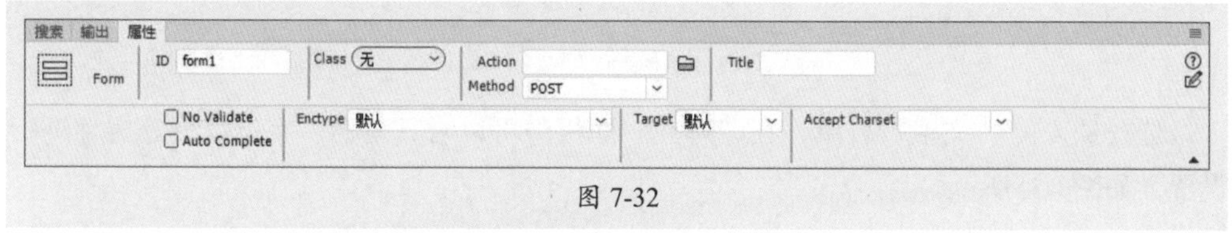


图 7-32

表单域“属性”面板中部分常用选项作用如下。

- **ID：** 用于标识该表单的唯一名称。
- **Action（行动）：** 用于设置处理这个表单的服务器端脚本的路径。若不希望被服务器的脚本处理，可以采用E-mail的形式收集信息，如输入000000000@126.

com，则表示表单的内容将通过电子邮件发送至000000000@126.com内。

- **Method（方法）**：用于设置将表单数据发送到服务器的方法，包括“默认”、“POST”和“GET”3种，默认选择“POST”。
- **Enctype（编码类型）**：用于设置发送数据的MIME编码类型，包括“application/x-www-form-urlencoded”和“multipart/form-data”两种。
- **Target（目标）**：用于指定反馈网页显示的位置。包括“_blank”、“new”、“_parent”、“_self”和“_top”5种。

## 7.3 插入文本域

文本域接受任何类型的字母、数字等文本输入内容，可以单行或多行显示，也可以以密码域的方式显示。本节将针对3种常见的文本域进行介绍。

### 7.3.1 插入单行文本域

“文本”表单即为单行文本域。使用该表单可以方便地收集简单的文本信息，如姓名、电话等。

打开本章素材文件，移动鼠标指针至“用户名：”右侧的单元格中，执行“插入”|“表单”|“文本”命令，即可插入单行文本域，如图7-33所示。删除多余文字，如图7-34所示。

图 7-33

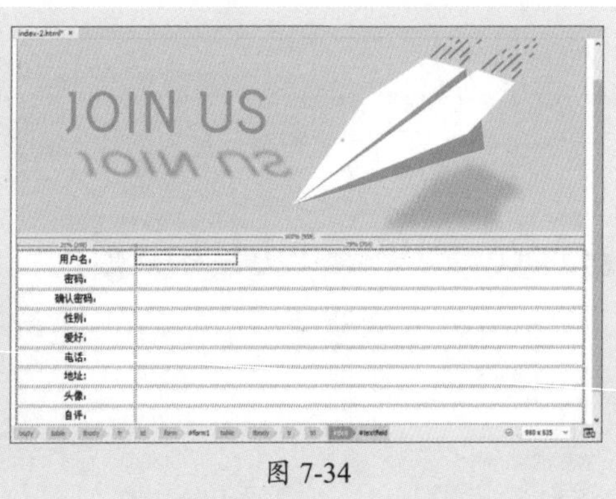


图 7-34

选择插入的“文本”表单，在“属性”面板中可以对其名称、字符数量等属性进行设置，如图7-35所示。

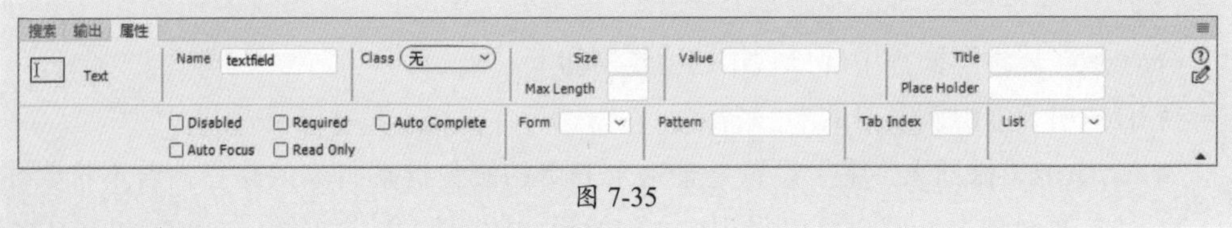


图 7-35

该面板中部分选项作用如下。

- Name：用于设置文本域名称。
- Class（类）：用于将CSS规则应用于文本域。
- Size（字符宽度）：用于设置文本域中最多可显示的字符数。
- Max Length（最多字符数）：用于指定用户在单行文本域中最多可输入的字符数。
- Value：设置文本框的初始值。
- Disabled：选中该复选框，将禁用该文本字段。
- Required：选中该复选框，在提交表单之前必须填写该文本框。
- Read Only（只读）：选中该复选框，文本框中的内容将设置为只读，不能进行修改。
- Form：用于设置与表单元素相关的表单标签的ID。

## 7.3.2 插入多行文本域

使用“文本区域”表单即可插入多行文本域。在浏览网页时，用户可以在多行文本域中输入较多文本信息，如备注、摘要等。

移动鼠标指针至“自评：”右侧的单元格中，执行“插入”|“表单”|“文本区域”命令，单击“插入”面板中“表单”中的“文本区域”按钮，即可插入多行文本域，如图7-36所示。删除多余文字，如图7-37所示。

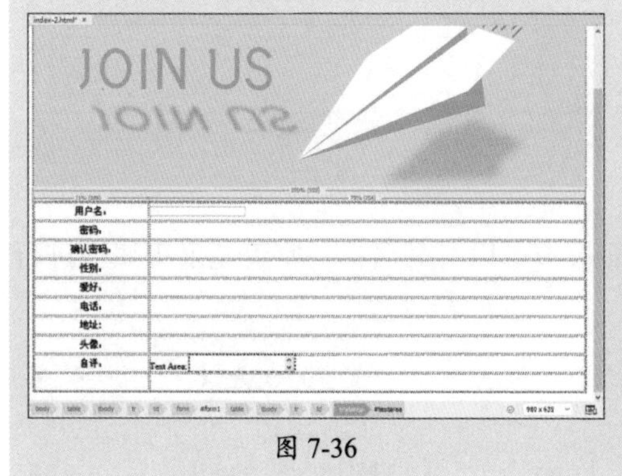


图 7-36

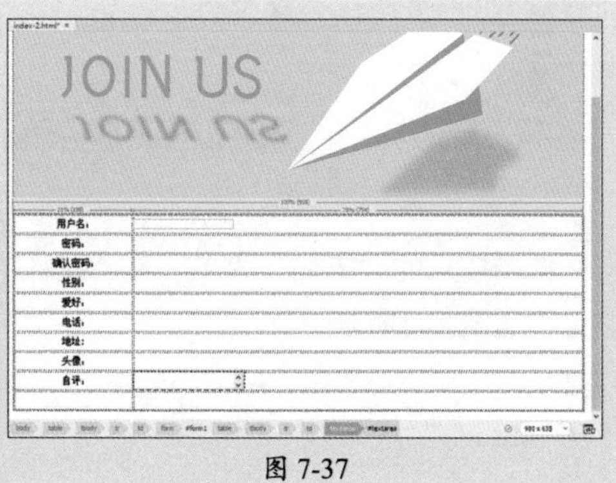


图 7-37

选择插入的“文本区域”表单，在“属性”面板中可以对其高度、字符宽度等属性进行设置，如图7-38所示。

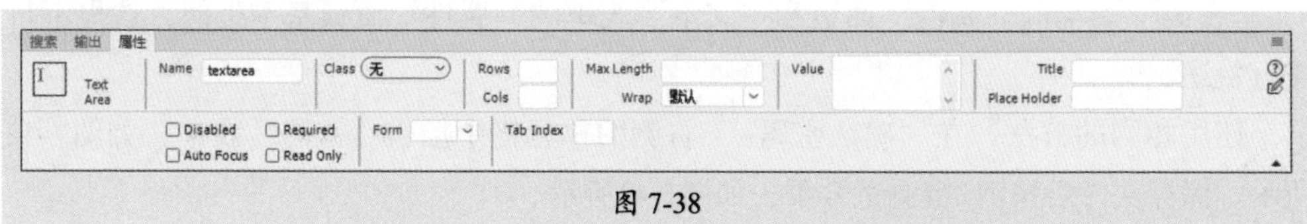


图 7-38

该面板中部分选项作用如下。

- **Rows**：用于设置文本框的可见高度，以行数计数。
- **Cols**：用于设置文本框字符宽度。
- **Wrap**：用于设置文本是否换行。包括“默认”、Soft和Hard3种。
- **Value**：用于设置文本框的初始值。

## 7.3.3 密码域

“密码”表单是一种特殊的文本域，在该文本域中输入的文本将被替换为星号或项目符号，以避免旁观者看到这些文本。需要注意的是，使用密码域输入的密码及其他信息在发送到服务器时并未进行加密处理。所传输的数据可能会以字母数字文本形式被截获并被读取。

移动鼠标指针至“密码：”右侧的单元格中，执行“插入”|“表单”|“密码”命令，单击“插入”面板中“表单”中的“密码”按钮，即可插入密码域，如图7-39所示。删除多余文字，如图7-40所示。

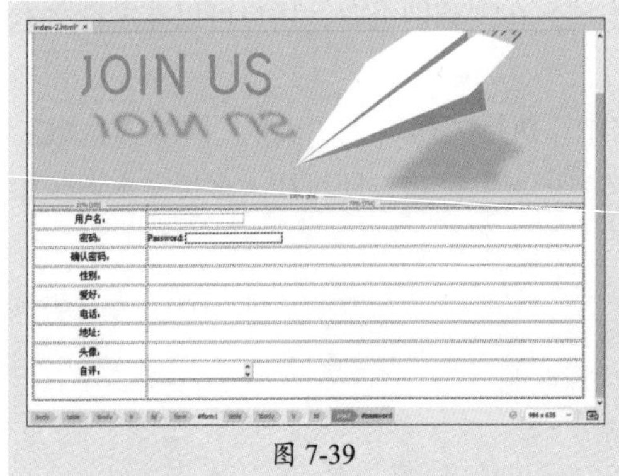


图 7-39

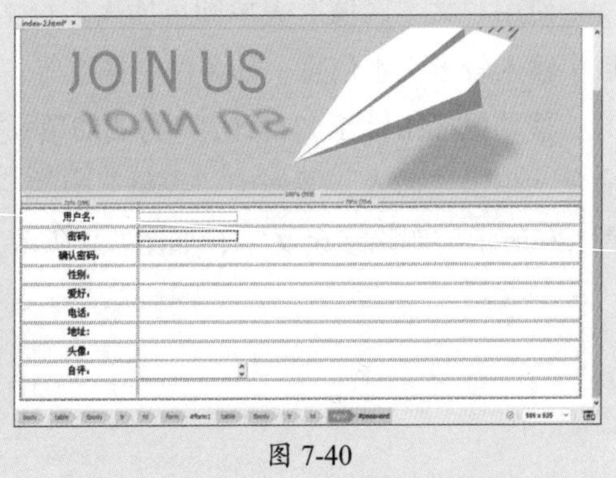


图 7-40

选择插入的“密码”表单，在“属性”面板中可以对其名称、字符宽度等属性进行设置，如图7-41所示。

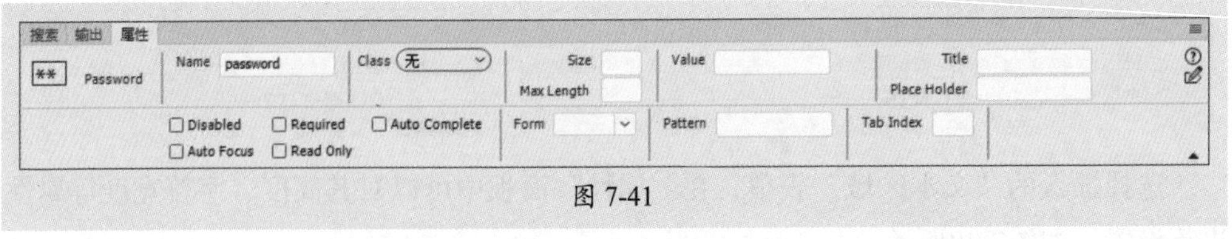


图 7-41

“密码”表单的“属性”面板和“文本”表单的“属性”面板基本类似，这里不再进行赘述。

使用相同的方法，在“确认密码：”右侧的单元格中插入“密码”表单，如图7-42所示。保存文件后按F12键测试效果，如图7-43所示。

图 7-42　　图 7-43

## 7.4 插入单选按钮和复选框

单选按钮和复选框是制作表单时经常使用的元素。“单选按钮”表示互斥的选择，即在选择时仅能选择一个选项；而“复选框”则允许用户选择多个选项。本节将针对“单选按钮”和“复选框”的插入和应用进行介绍。

### 7.4.1 插入单选按钮

在Dreamweaver软件中，用户可以通过“单选按钮”和“单选按钮组”两种表单创建单选选项。这两种表单的作用分别如下。

#### 1. 单选按钮

使用“单选按钮”表单可以创建单个的单选选项，用户可以插入多个“单选按钮”表单以供选择。

移动鼠标指针至“性别：”右侧的单元格中，执行“插入”|“表单”|“单选按钮”命令，即可插入单选按钮，如图7-44所示。修改文字后效果如图7-45所示。

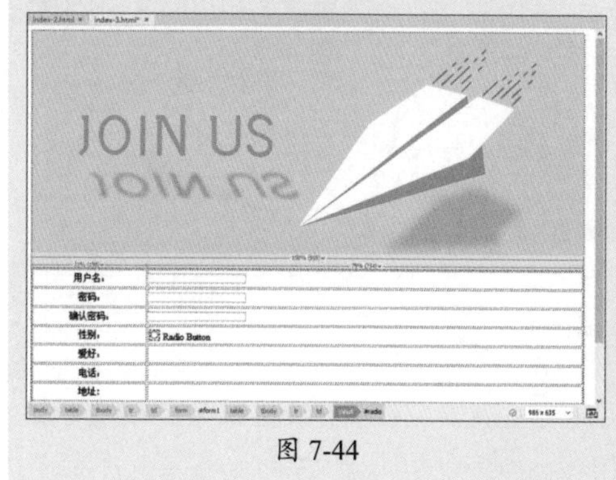


图 7-44

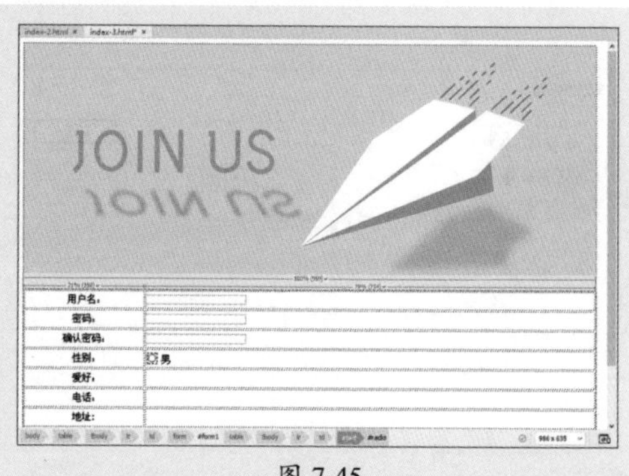


图 7-45

使用相同的方法，在该单选按钮右侧再次插入单选按钮，并修改文字，如图7-46所示。即可构成单选按钮组。

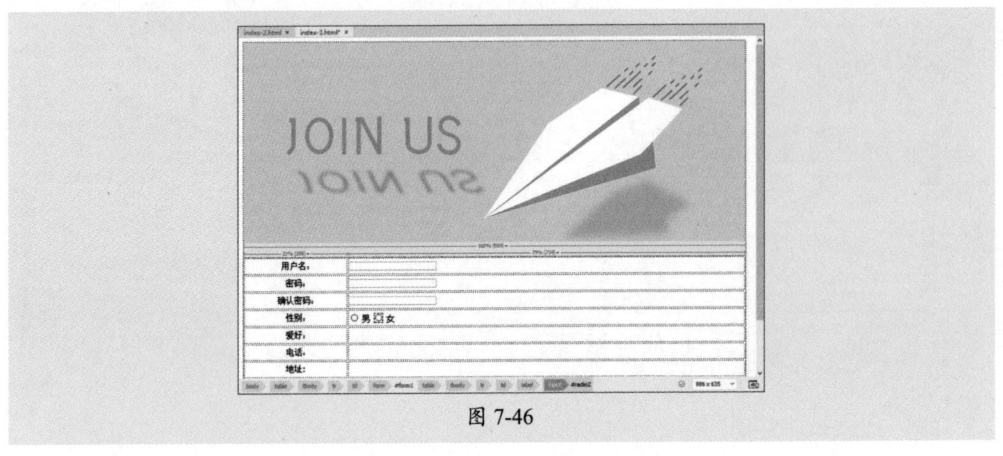


图 7-46

选中插入的单选按钮，在“属性”面板中可对其属性进行设置，如图7-47所示。

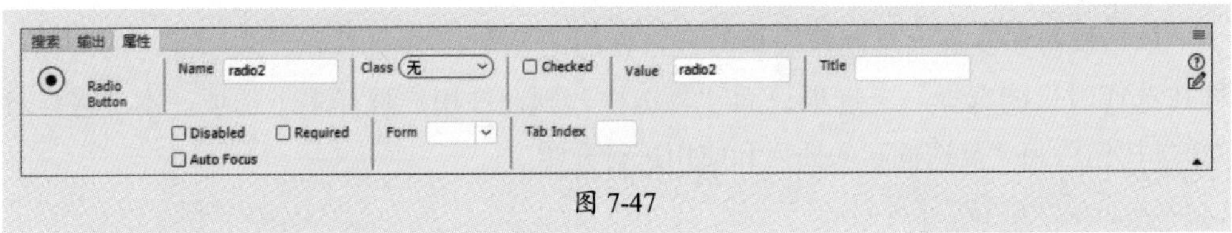


图 7-47

若选择相应单选按钮“属性”面板中的Checked复选框，在网页中该选项处于被选中状态。

## 2. 单选按钮组

若不想一个一个地插入“单选按钮”表单，用户也可以直接插入“单选按钮组”表单。

删除“性别：”右侧的单元格中的单选按钮，执行“插入”|“表单”|“单选按钮组”命令，打开“单选按钮组”对话框，如图7-48所示。在该对话框中设置参数后，单击“确定”按钮即可插入单选按钮组，如图7-49所示。

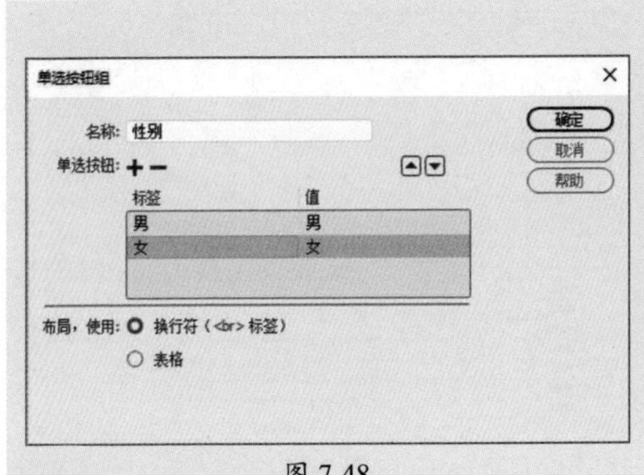


图 7-48

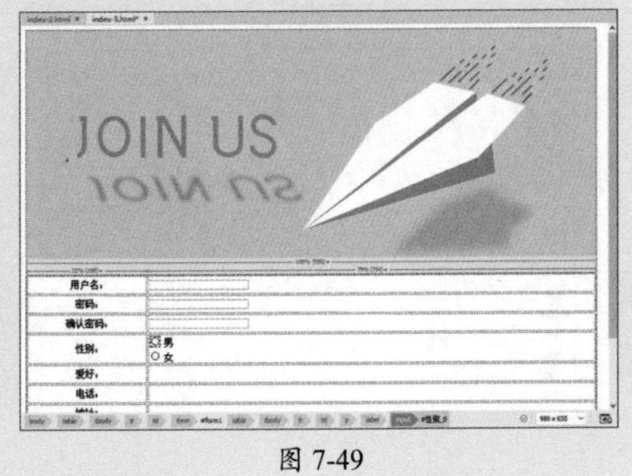


图 7-49

“单选按钮组”对话框中部分选项作用如下。

- **+和-：** 用于添加或删除单选按钮。
- **标签：** 用于设置单选按钮选项。
- **值：** 用于设置单选选项代表的值，即当选择该选项时，表单指向的处理程序所获得的值。
- **换行符和表格：** 用于设置使用换行符或表格布局单选选项。

## 7.4.2 插入复选框

复选框允许用户选择一个或多个选项。用户可以使用“复选框”和“复选框组”表单插入复选框。

### 1. 复选框

使用“复选框”表单可创建单个的复选框，用户可以插入多个“复选框”表单以供选择。

移动鼠标指针至“爱好：”右侧的单元格中，执行“插入”|“表单”|“复选框”命令，即可插入复选框，如图7-50所示。修改文字后效果如图7-51所示。

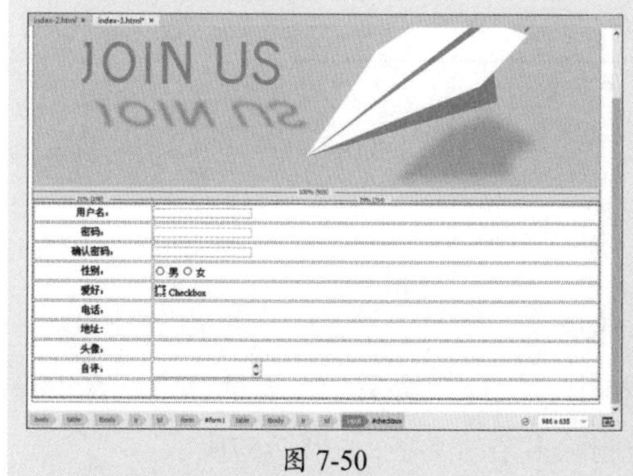

图 7-50

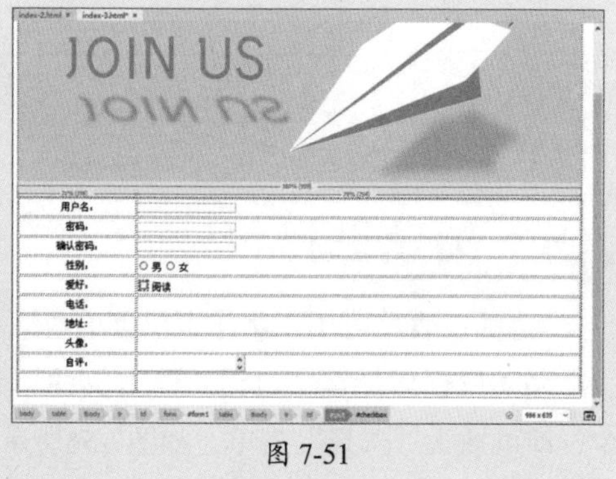

图 7-51

使用相同的方法，在该复选框右侧再次插入复选框，并修改文字，如图7-52所示。重复多次即可构成复选框组，如图7-53所示。

图 7-52

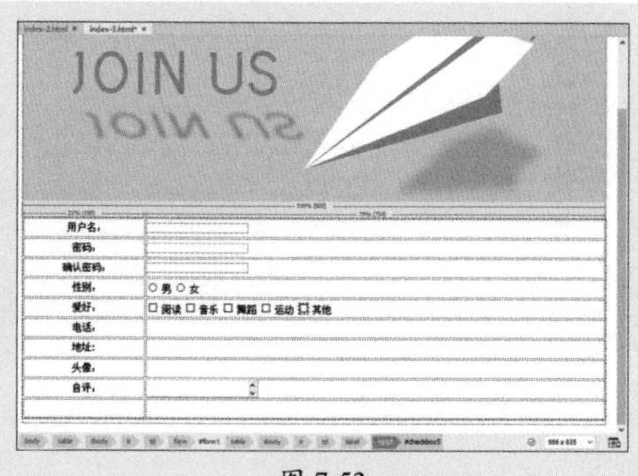

图 7-53

选中插入的复选框，在“属性”面板中可对其属性进行设置，如图7-54所示。

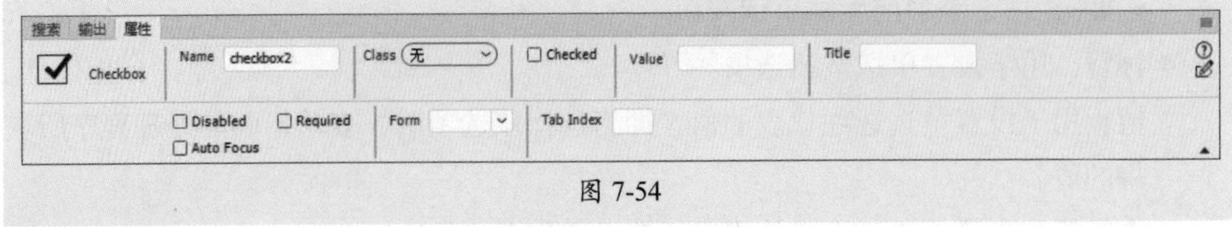


图 7-54

## 2. 复选框组

“复选框组”表单的插入方式与“单选按钮组”类似。执行“插入”|“表单”|“复选框组”命令，即可打开“复选框组”对话框设置参数，如图7-55所示。

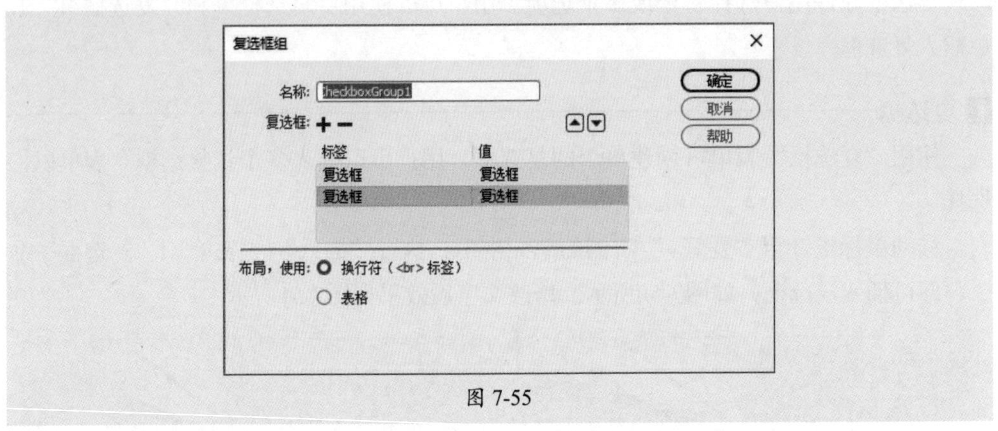


图 7-55

# 7.5 创建选择

“选择”表单可用于制作下拉菜单或滚动列表。

移动鼠标指针至“电话：”右侧的单元格中，执行“插入”|“表单”|“选择”命令，即可插入“选择”表单，如图7-56所示。删除多余的文字，如图7-57所示。

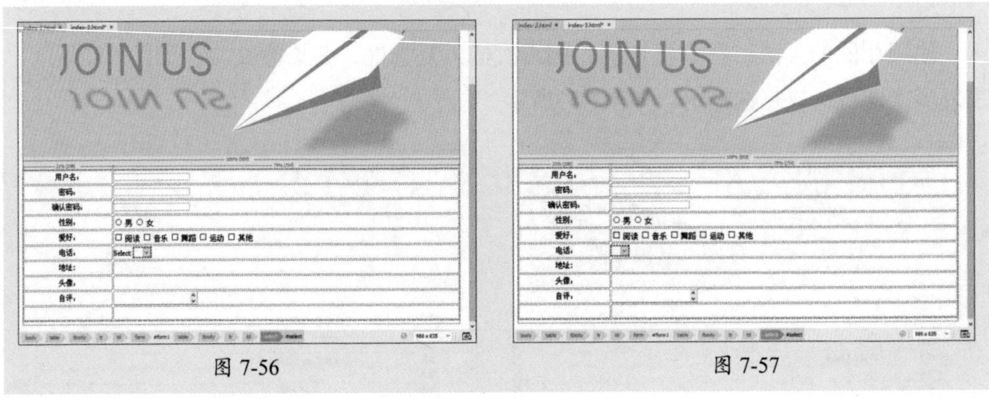


图 7-56　　图 7-57

选中插入的表单对象，在“属性”面板中可对其参数进行设置，如图7-58所示。

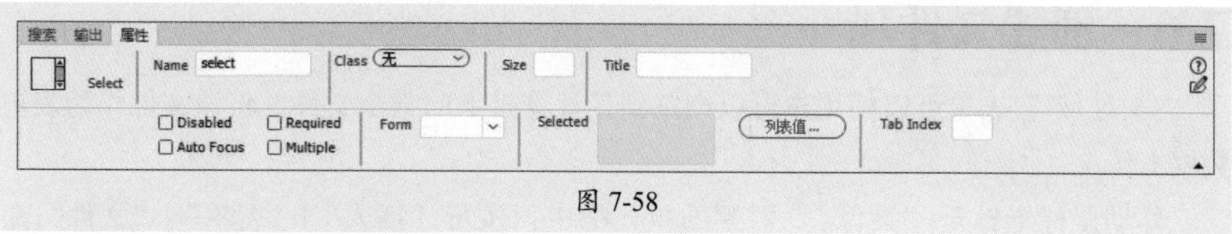


图 7-58

该面板中部分选项作用如下。

- **Size：** 用于设置在网页中显示的高度。
- **Selected：** 用于设置默认选项。
- **列表值：** 单击该按钮，将打开“列表值”对话框设置参数，如图7-59所示。设置完成后单击“确定”按钮，按F12键测试效果如图7-60所示。

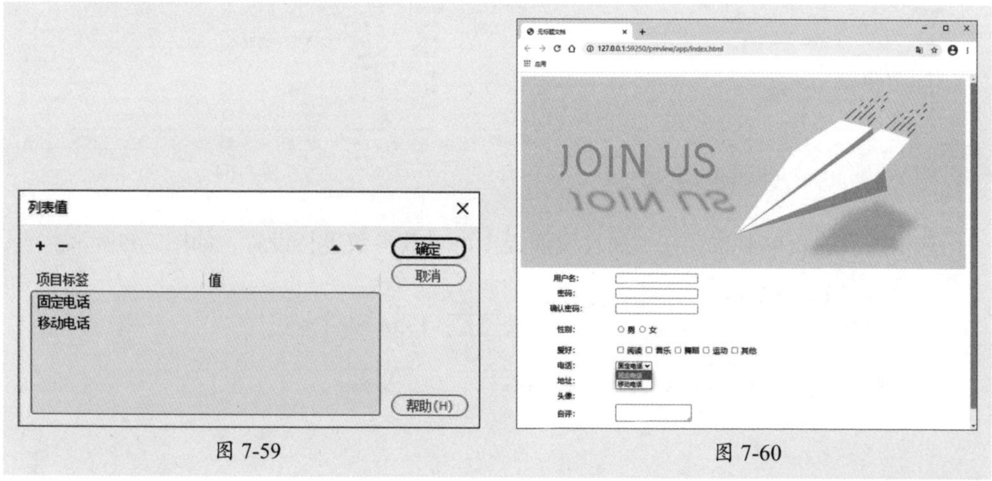


图 7-59　　图 7-60

使用相同的方法在“地址：”右侧的单元格中插入“选择”表单，并在“列表值”对话框中设置参数，如图7-61所示，完成后单击“确定”按钮，在“属性”面板中设置“size”值为3，即可创建滚动列表。按F12键测试效果如图7-62所示。

图 7-61　　图 7-62

## 7.6 创建文件域

“文件域 ”表单可以使用户可以浏览到其计算机上的某个文件并将该文件作为表单数据上传。

移动鼠标指针至“头像：”右侧的单元格中，执行“插入”|“表单”|“文件”命令，即可插入文件域，如图7-63所示。删除多余的文字，如图7-64所示。

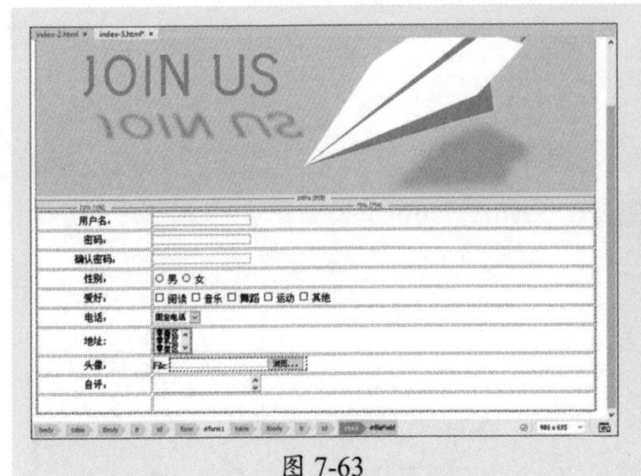


图 7-63

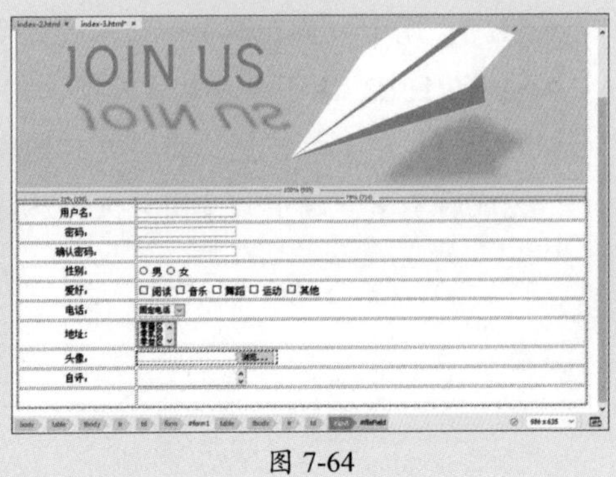


图 7-64

选中插入的表单对象，在“属性”面板中可对其参数进行设置，如图7-65所示。

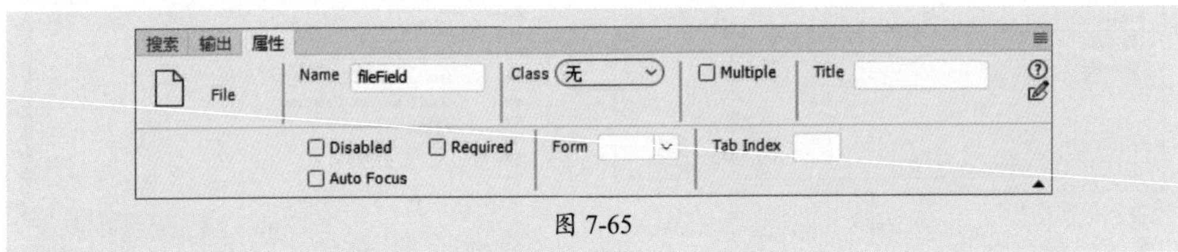


图 7-65

### 技巧点拨

在“属性”面板中选中“Multiple”复选框后，该文件域可以直接接受多个值。

## 7.7 创建表单按钮

Dreamweaver软件中的按钮分为图像按钮、提交按钮、重置按钮和普通按钮4种。其中比较常用的是提交按钮和重置按钮。下面将对这两种按钮进行介绍。

### 1. 提交按钮

使用“提交”按钮可以将表单数据提交到指定的处理程序中进行处理。执行“插入”|“表单”|“提交”命令，即可在表单中添加“提交”按钮，如图7-66所示。

### 2. 重置按钮

使用“重置”按钮可以清除表单数据，使其恢复初始状态。执行“插入”|“表单”|

“重置”命令，即可在表单中添加“重置”按钮，如图7-67所示。

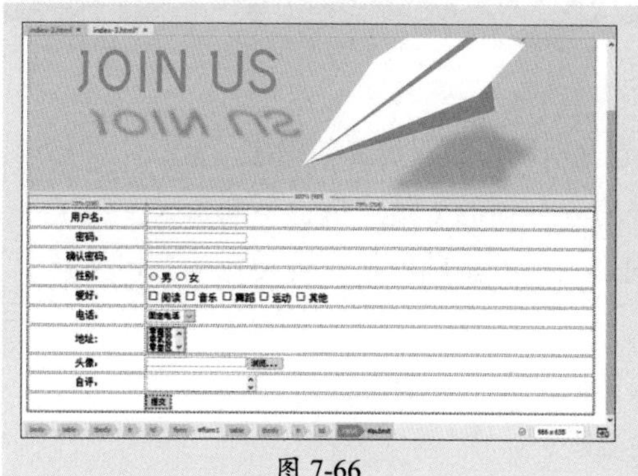

图 7-66

图 7-67

## 7.8 创建跳转菜单

“跳转菜单”表单是可导航的列表或弹出菜单，使用该表单可以插入一个菜单，其中的每个选项都链接到某个文档或文件。

移动鼠标指针至“提交”按钮左侧的单元格中，执行“插入”|“表单”|Url命令，即可插入一个跳转菜单表单对象，如图7-68所示。删除多余文字，效果如图7-69所示。

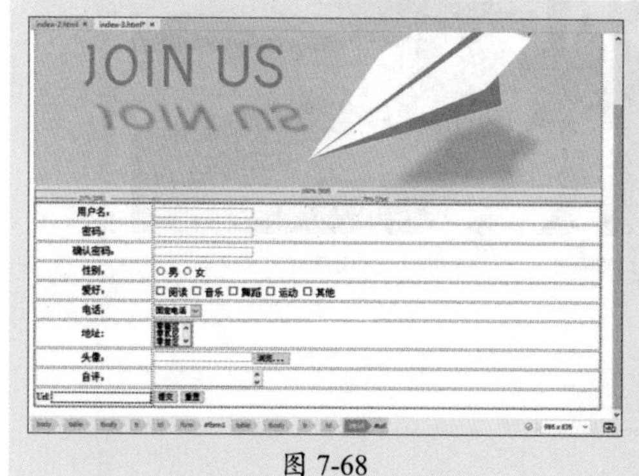

图 7-68

图 7-69

选中插入的表单对象，在“属性”面板中可对其参数进行设置，如图7-70所示。

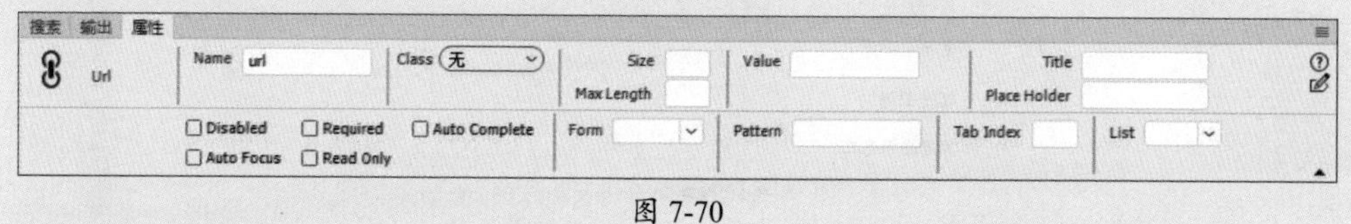

图 7-70

# 自己练 / 制作公司员工信息表

**案例路径** 云盘 / 实例文件 / 第7章 / 自己练 / 制作公司员工信息表

**项目背景** 随着公司的发展，行一科技有限公司的人员规模也不断扩大，为了更好地对公司人员进行管理，了解公司内部人员的基础信息，现委托本公司为其制作员工信息调查表。

**项目要求** ①罗列清晰，可以很好地收集记录员工基础信息；

②风格温馨，体现家庭般的温暖；

③隐私性好。

**项目分析** 主图选择绿色草地上的手脚图，体现团队协作的精神；收集的信息包括了员工的基本个人情况以及公司内部职位，更加方便自主；背景选择白色，使表单信息更加清晰易读（见图7-71）。

图 7-71

**课时安排** 2学时。

Dreamweaver

# 第8章

# 模板与库详解

## 本章概述

在网站建设过程中，常常需要制作风格一致的网页，在Dreamweaver软件中，用户可以通过模板很方便地实现这一功能。本章将针对软件中的模板与库进行介绍。通过本章的学习，可以帮助读者了解模板与库的相关知识，学会创建与应用模板、应用库等。

## 要点难点

- 学会创建模板 ★☆☆
- 学会编辑应用模板 ★★★
- 学会管理模板 ★★☆
- 学会应用库 ★★☆

# 跟我学 制作景区网站模板

**学习目标** 本实例将练习制作景区网站模板。创建模板以便于制作风格统一的网站，增加可编辑区域以对不同的网页进行修改。通过本实例，可以帮助读者学会创建、编辑蒙版，学会使用“资源”面板。

**案例路径** 云盘 / 实例文件 / 第8章 / 跟我学 / 制作景区网站模板

**步骤 01** 执行“站点”|“新建站点”命令，新建“GWX-8”站点，并新建images文件夹、index.html文件和jd.html文件，如图8-1所示。

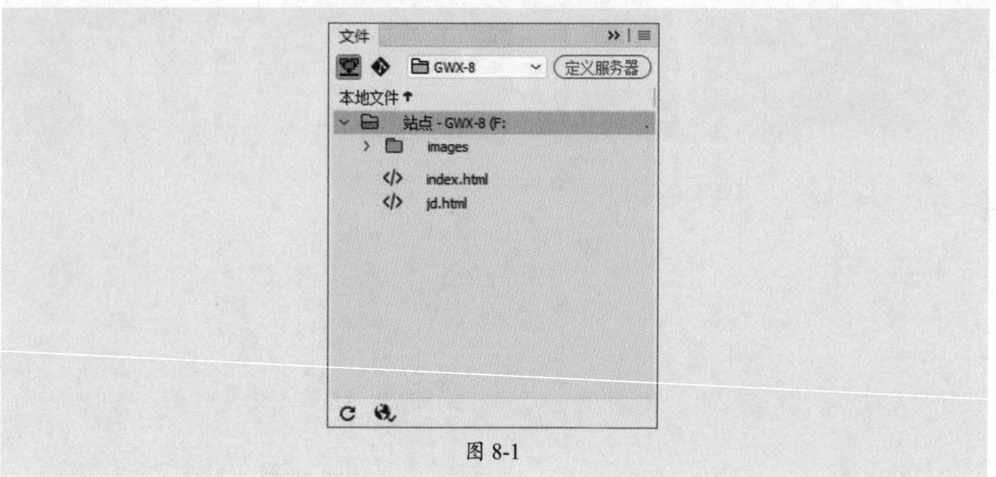


图 8-1

**步骤 02** 双击“文件”面板中的index.html文件，打开网页文档，执行“插入”|Table命令，插入一个4行1列、宽度为960像素的表格，如图8-2所示。

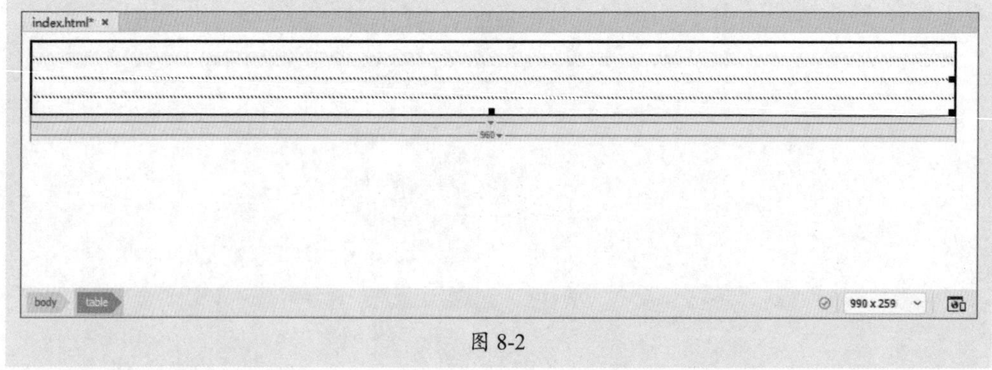


图 8-2

**步骤 03** 移动鼠标指针至第1行单元格中，执行“插入”|Image命令，插入本章素材文件01.jpg，如图8-3所示。

图 8-3

**步骤 04** 移动鼠标指针至第4行单元格中，在“属性”面板中设置水平居中对齐，垂直居中，高为50，并设置单元格背景颜色为#1B3A2A，效果如图8-4所示。

图 8-4

**步骤 05** 在该单元格中输入文字，并在“属性”面板“CSS属性检查器”中设置文字颜色为白色，如图8-5所示。

图 8-5

**步骤 06** 选中第2~3行单元格，在“属性”面板中设置其水平居中对齐，垂直居中，如图8-6所示。

图 8-6

**步骤 07** 执行“文件”|“另存为模板”命令，打开“另存模板”对话框。在该对话框中进行设置，如图8-7所示。

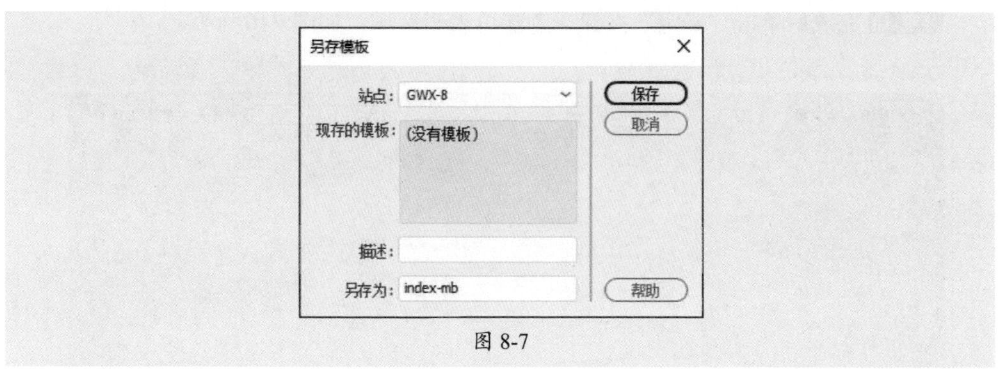


图 8-7

**步骤 08** 完成后单击“保存”按钮，在弹出的“提示”对话框中单击“是”按钮，将网页保存为模板，如图8-8所示。

图 8-8

**步骤 09** 移动鼠标指针至第2行单元格中，执行“插入”|“模板”|“可编辑区域”命令，打开“新建可编辑区域”对话框，在该对话框“名称”文本框中输入可编辑区域的名称，如图8-9所示。

图 8-9

**步骤 10** 完成后单击“确定”按钮，创建可编辑区域，如图8-10所示。

图 8-10

**步骤 11** 移动鼠标指针至可编辑区域中，执行“插入”| Table命令，插入一个1行6列、宽度为760像素，间距为10的表格，如图8-11所示。

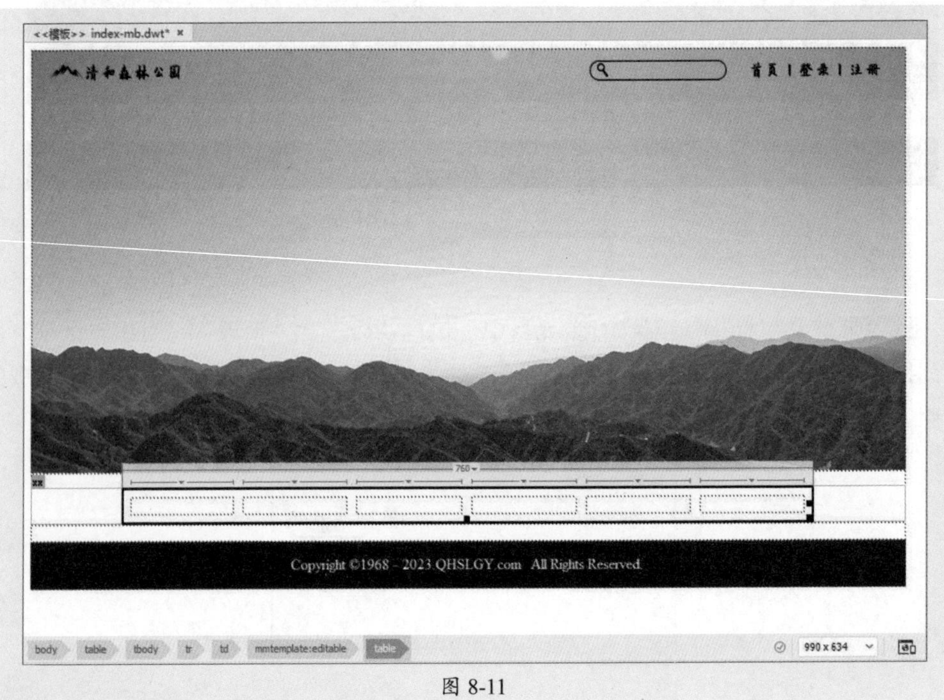


图 8-11

**步骤12** 选中插入的表格行，在“属性”面板中设置水平居中对齐，垂直居中，宽度为115，高度为36，效果如图8-12所示。

图 8-12

**步骤13** 在表格中输入文字，并在“属性”面板的“HTML属性检查器”中设置格式为标题3，效果如图8-13所示。

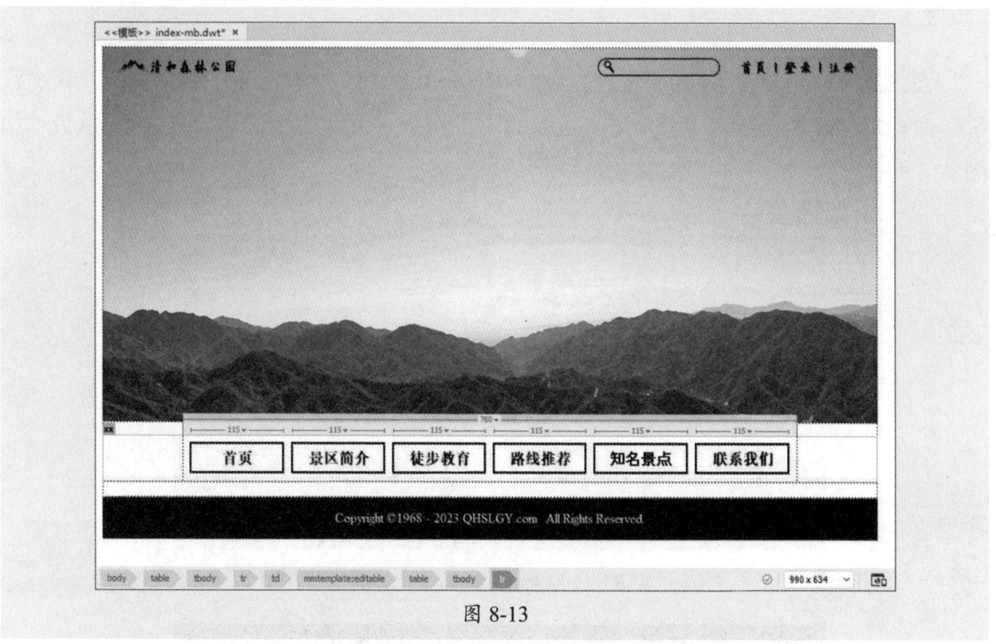


图 8-13

**步骤14** 移动鼠标指针至主表格第3行单元格中，按Ctrl+Alt+V组合键，打开“新建可编辑区域”对话框，在该对话框“名称”文本框中输入可编辑区域的名称，如图8-14所示。

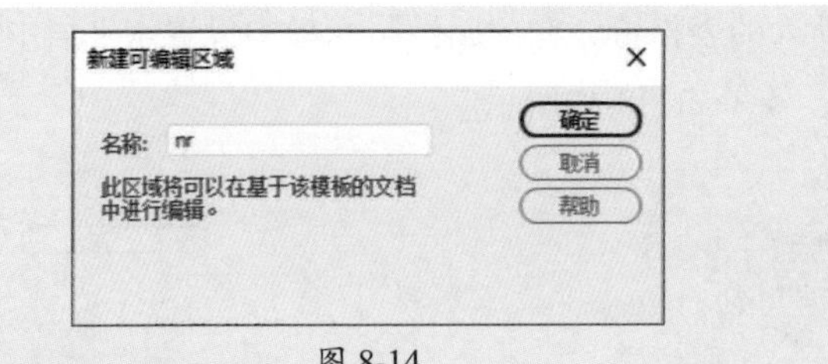


图 8-14

步骤 15 完成后单击“确定”按钮，创建可编辑区域，如图8-15所示。

图 8-15

步骤 16 关闭模板。双击“文件”面板中的index.html文件，打开网页文档。在“资源”面板中“模板”选项卡中选中模板，单击面板底部的“应用”按钮，应用模板，如图8-16所示。

图 8-16

**步骤17** 选中“首页”文本所在单元格，在“属性”面板中设置其背景颜色为#E7E7E7，效果如图8-17所示。

**步骤18** 移动鼠标指针至“nr”可编辑区域中，删除多余文字，执行“插入”|Table命令，插入一个6行2列，宽为760像素，间距为5的表格，如图8-18所示。

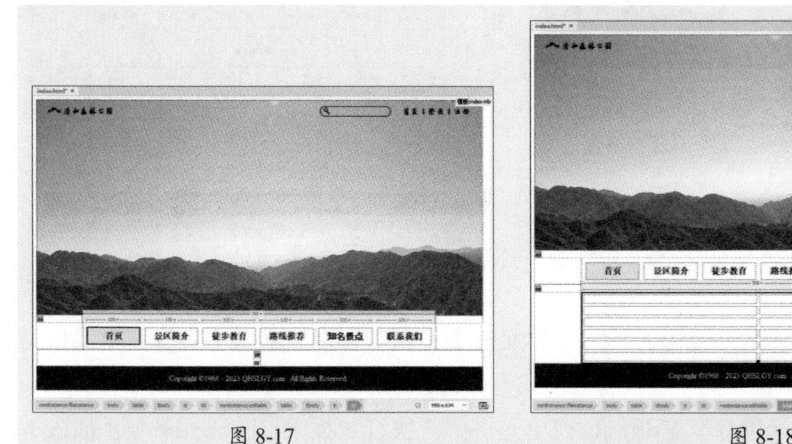

图 8-17　　图 8-18

**步骤19** 选中新插入表格的第1行单元格，按Ctrl+Alt+M组合键合并单元格，如图8-19所示。

**步骤20** 使用相同的方法，分别合并第2行、第4行和第6行单元格，并调整第2列单元格宽为280，效果如图8-20所示。

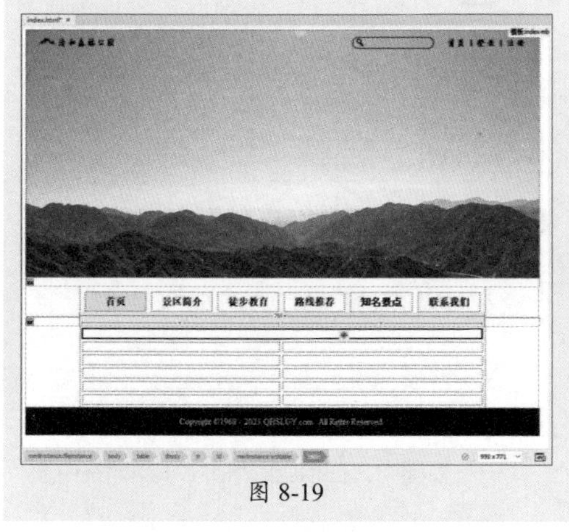

图 8-19

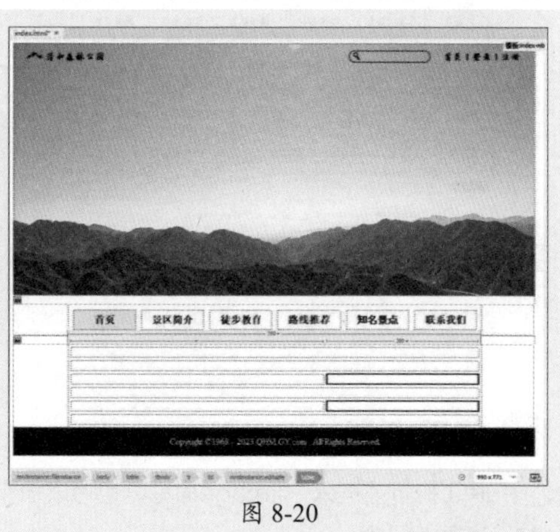

图 8-20

**步骤21** 移动鼠标指针至可编辑区域中的第1行单元格中，在“属性”面板中设置该单元格水平居中对齐，垂直居中，高为50，在该单元格中输入文字，并在“属性”面板“HTML属性检查器”面板中设置格式为标题4，效果如图8-21所示。

**步骤22** 移动鼠标指针至第2行单元格中，执行“插入”|Image命令，插入本章素材文件“02.jpg”，如图8-22所示。

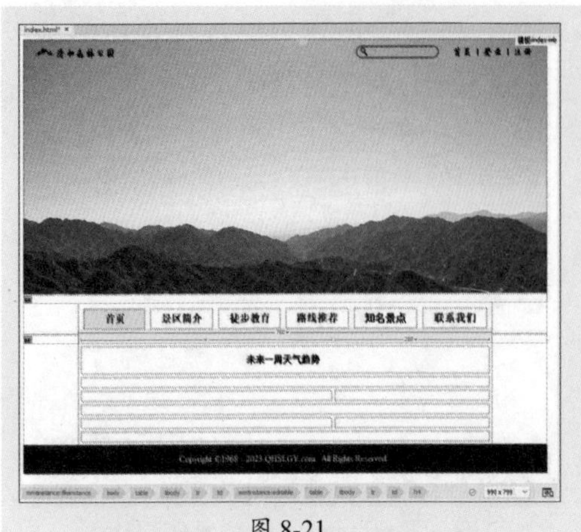


图 8-21

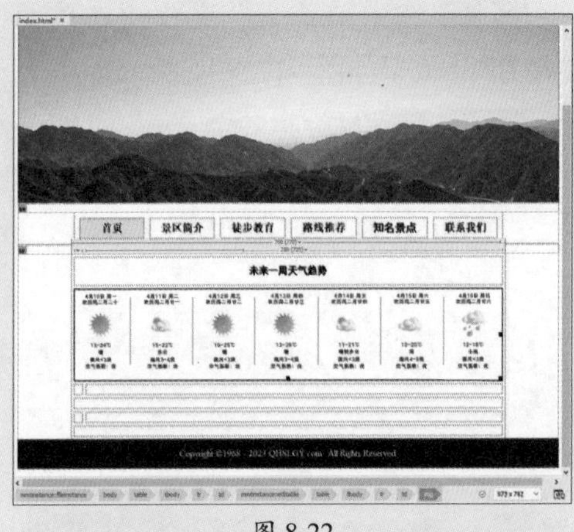


图 8-22

**步骤23** 移动鼠标指针至第3行第1列单元格中，在“属性”面板中设置该单元格高为50，在该单元格中输入文字并设置其格式为标题4，效果如图8-23所示。

**步骤24** 移动鼠标指针至第4行第1列单元格中，执行“插入”|Image命令，插入本章素材文件03.jpg，效果如图8-24所示。

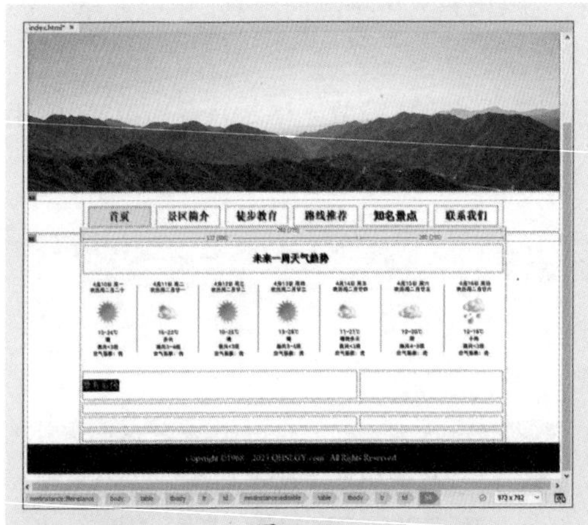


图 8-23

图 8-24

## 技巧点拨

除了执行“插入”|Image命令，也可以切换至“代码”视图中，在相应的<td></td>标签中添加代码插入图像：

```
<img src="图像地址">
```

**步骤25** 移动鼠标指针至第3行第2列单元格中，在该单元格中输入文字并设置其格式为标题4，效果如图8-25所示。

**步骤26** 移动鼠标指针至第4行第2列单元格中，在“属性”面板中设置该单元格垂直顶部对齐，并输入文字，如图8-26所示。

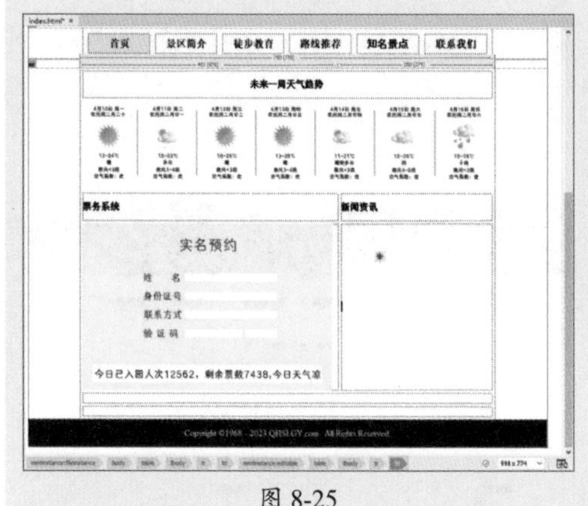
图 8-25

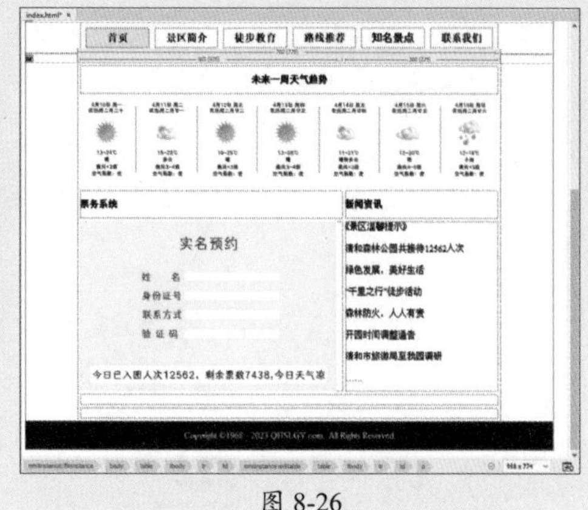
图 8-26

**步骤 27** 移动鼠标指针至第5行单元格中，在“属性”面板中设置该单元格水平居中对齐，垂直居中，高为50，背景颜色为#E7E7E7，在该单元格中输入文字，并在“属性”面板“HTML属性检查器”中设置格式为标题4，效果如图8-27所示。

**步骤 28** 移动鼠标指针至第6行单元格中，在“属性”面板中设置该单元格水平居中对齐。执行“插入”|Image命令插入本章素材文件“04.png”，在“属性”面板中调整至合适大小，如图8-28所示。

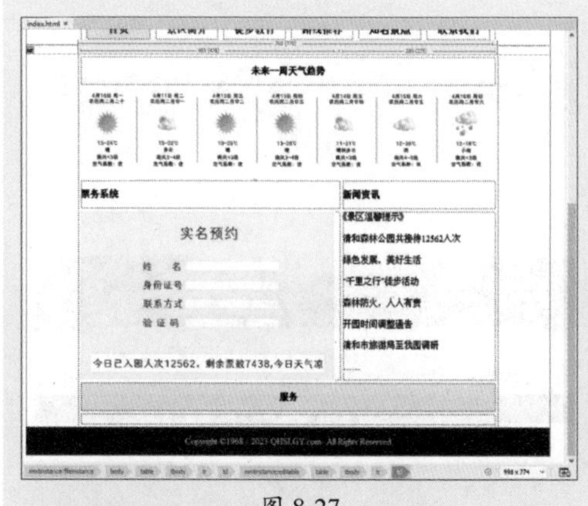
图 8-27

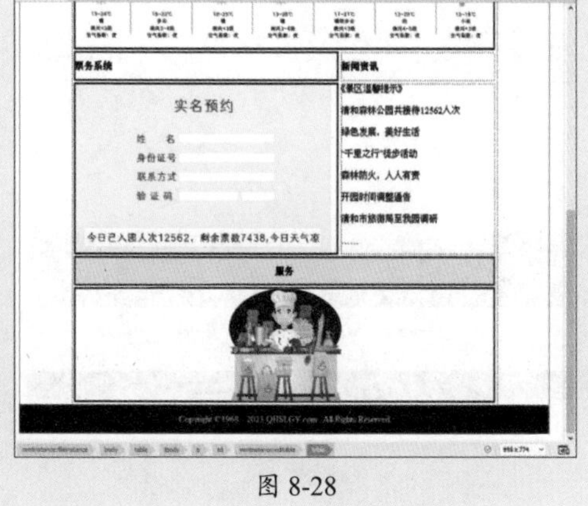
图 8-28

**步骤 29** 使用相同的方法，插入本章素材文件05.png和06.jpg，并调整合适大小，效果如图8-29所示。

**步骤 30** 保存文件。按F12键在浏览器中测试效果，如图8-30所示。

**步骤 31** 双击“文件”面板中的jd.html文件，打开网页文档。在“资源”面板的“模板”选项卡中选中模板，单击面板底部的“应用”按钮，应用模板，如图8-31所示。

**步骤 32** 选中“知名景点”文本所在单元格，在“属性”面板中设置其背景颜色为#E7E7E7，效果如图8-32所示。

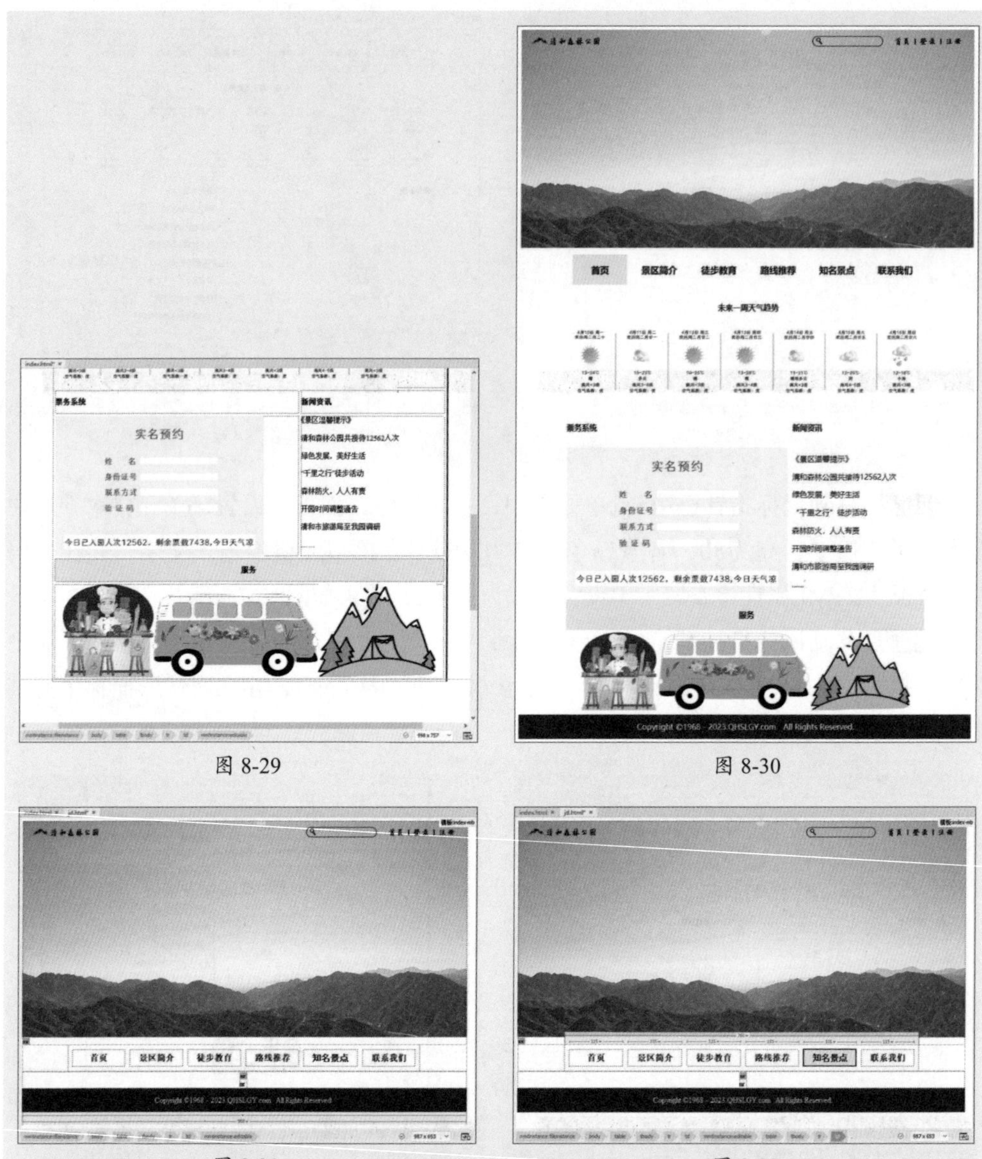


图 8-29

图 8-30

图 8-31

图 8-32

**步骤33** 移动鼠标指针至“nr”可编辑区域中，删除多余文字，执行“插入”|Table命令，插入一个8行2列、宽度为760像素、间距为5的表格，如图8-33所示。

**步骤34** 选中第1列单元格，在“属性”面板中设置其水平居中对齐，垂直居中，宽为200，效果如图8-34所示。

**步骤35** 选中可编辑区域中的表格第1行第1列和第2行第1列单元格，按Ctrl+Alt+M组合键合并单元格，如图8-35所示。

**步骤36** 使用相同的方法合并第3行第1列和第4行第1列单元格、第5行第1列和第6行第1列单元格、第7行第1列和第8行第1列单元格，效果如图8-36所示。

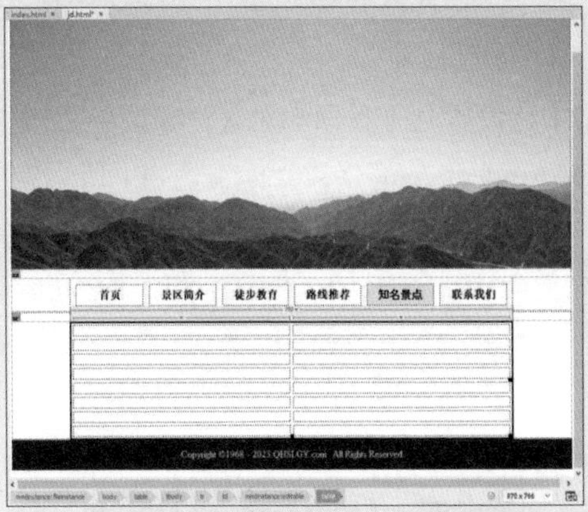

图 8-33 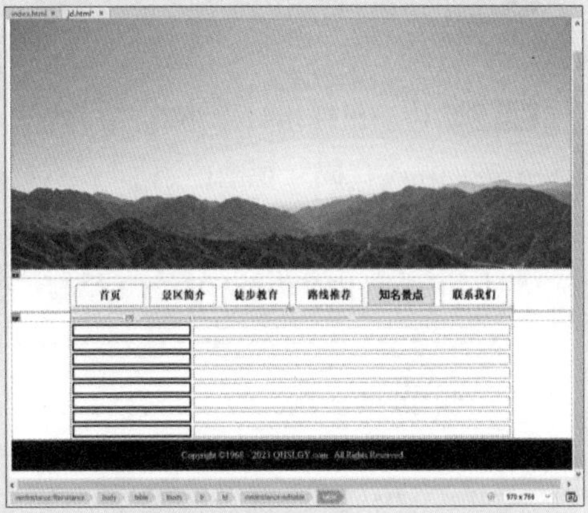　　图 8-34

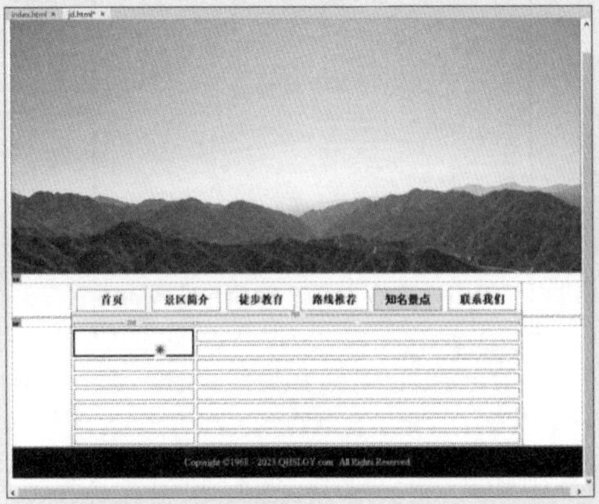

图 8-35 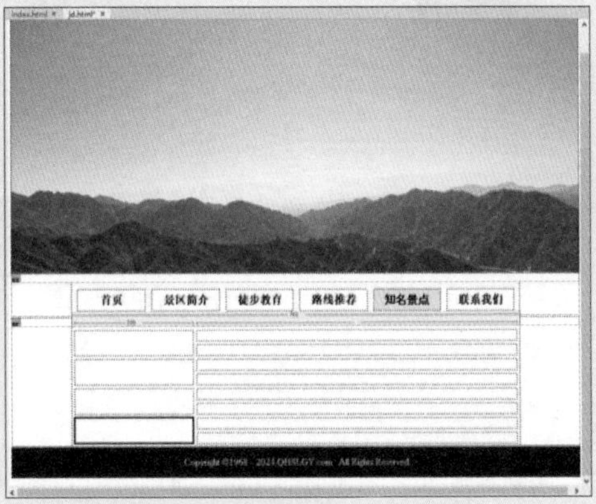　　图 8-36

**步骤37** 选中第1行、第3行、第5行、第7行单元格，设置高为40，选中第2行、第4行、第6行、第8行单元格，设置高为160，效果如图8-37所示。

**步骤38** 移动鼠标指针至第1行合并单元格中，执行“插入”|Image命令，插入本章素材图像文件07.jpg，如图8-38所示。

图 8-37　　图 8-38

**步骤 39** 在第1行第2列单元格中输入文字，并设置其格式为标题3，效果如图8-39所示。

**步骤 40** 移动鼠标指针至第2行第2列单元格中，设置其垂直顶端对齐，在该单元格中输入文字，在“代码”视图中添加<p style= “text-indent:2em” ></p>标签，如下所示：

```
<td height="160" valign="top"><p style="text-indent: 2em">迷登湖位于清和森林公园中心区域，属于内陆淡水湖。该湖占地约264384²，湖盆周长约367.6公里，总容积105亿立方米，是本省的优质水源地。周围树木环绕，秋季风景极佳。</p></td>
```

效果如图8-40所示。

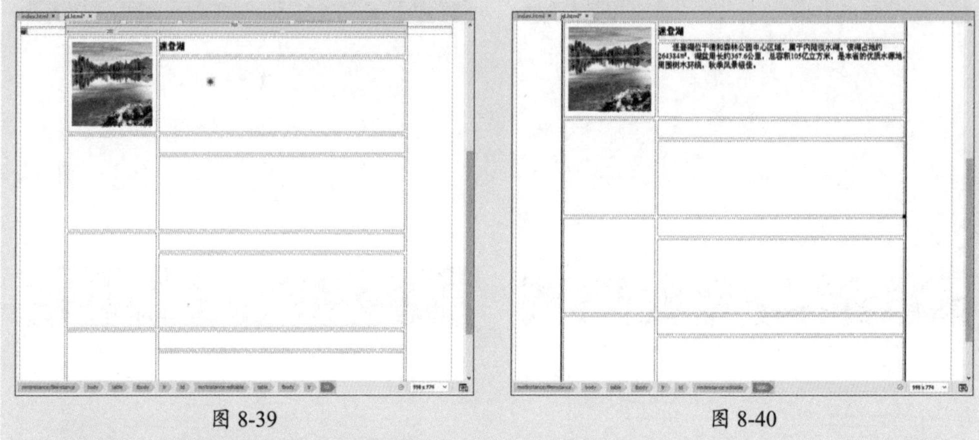


图 8-39　　图 8-40

**步骤 41** 使用相同的方法，在其他表格中插入图像并输入文字，效果如图8-41所示。

图 8-41

步骤 42 保存文件，按F12键在浏览器中测试效果，如图8-42所示。

图 8-42

至此，完成景区网站模板的制作与应用。

听我讲 Listen to me

# 8.1 模板的创建

使用模板可以方便地创建风格一致的网页，使网站变得灵活且易于更新。当修改模板文件时，与之关联的页面都会自动更新。同时，使用模板还便于网页设计工作的团队协作，提高工作效率。

## 8.1.1 创建新模板

在设计网页之前，可以直接创建新模板，再在模板中进行设计布局，以便后期使用。在Dreamweaver软件中创建新模板的方法有两种：通过“插入”命令创建和通过“资源”面板创建。下面将对这两种方式进行介绍。

### 1. 通过“插入”命令创建

新建网页文档，执行“插入”|“模板”|“创建模板”命令即可打开“另存模板”对话框，如图8-43所示。在该对话框中设置参数后单击“保存”按钮，即可将新建的文档转换为模板文档，如图8-44所示。

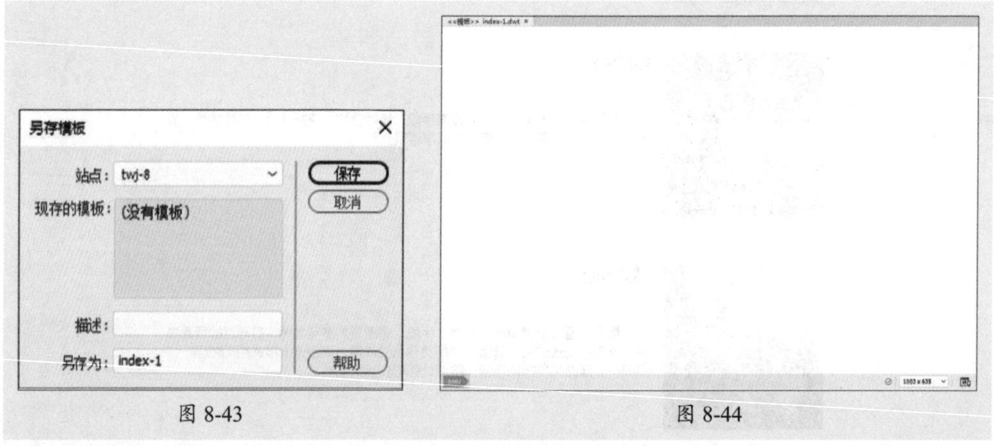


图 8-43　　图 8-44

知识链接

也可以在“插入”面板中单击“模板”中的“创建模板”按钮创建模板。创建的模板文件以*.dwt格式存储，默认存放于当前站点根目录下的Templates文件夹中。

此时，“文件”面板中将出现Templates文件夹，保存的模板文档就存储在该文件夹中，如图8-45所示。也可以在“资源”面板中看到新创建的模板文档，如图8-46所示。

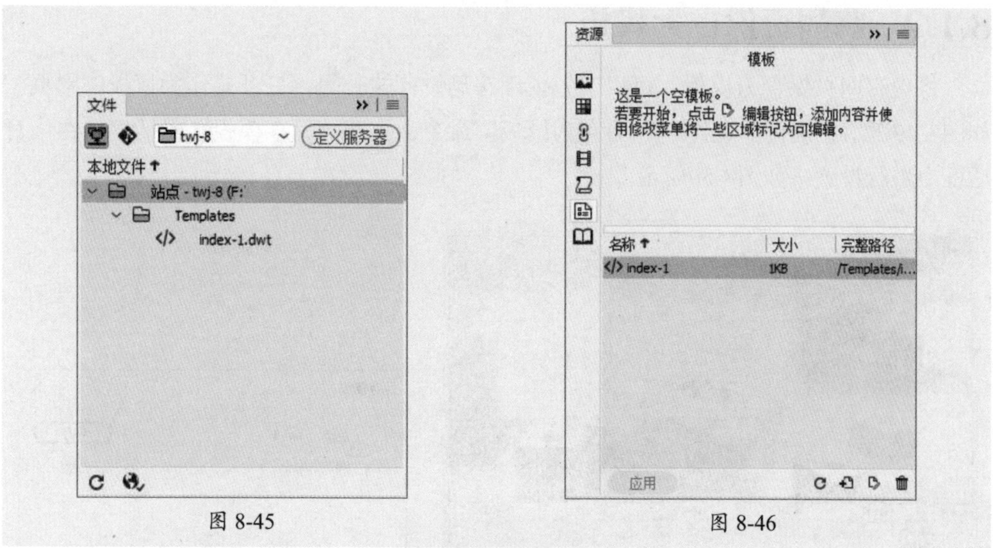


图 8-45　　　　图 8-46

## 2. 通过“资源”面板创建

除了通过“插入”命令直接创建空白模板外，还可以通过“资源”面板创建空白模板。

执行“窗口”|“资源”命令，打开“资源”面板，切换至“模板”选项卡，单击面板底部的“新建模板”按钮，即可新建模板文件，如图8-47所示。双击“资源”面板中新建的模板文件，即可将其打开，如图8-48所示。

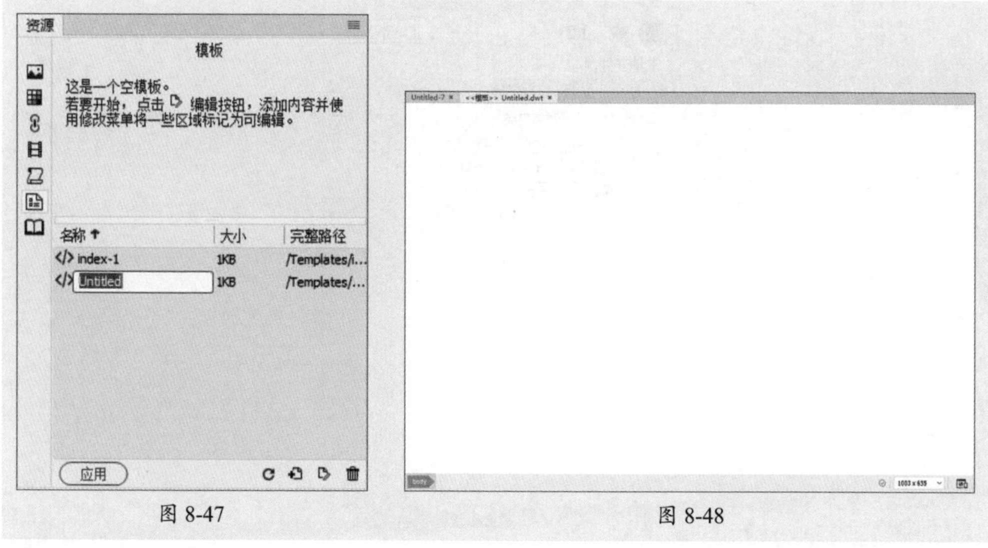


图 8-47　　　　图 8-48

### 技巧点拨

在“资源”面板空白处右击鼠标，在弹出的快捷菜单中选择“新建模板”命令同样可以创建新模板。

## 8.1.2 将网页保存为模板

将现有网页保存为模板，可以节省模板布局设计的时间。打开要作为模板的网页，如图8-49所示。执行“文件”|“另存为模板”命令，打开“另存模板”对话框。在该对话框中进行设置，如图8-50所示。

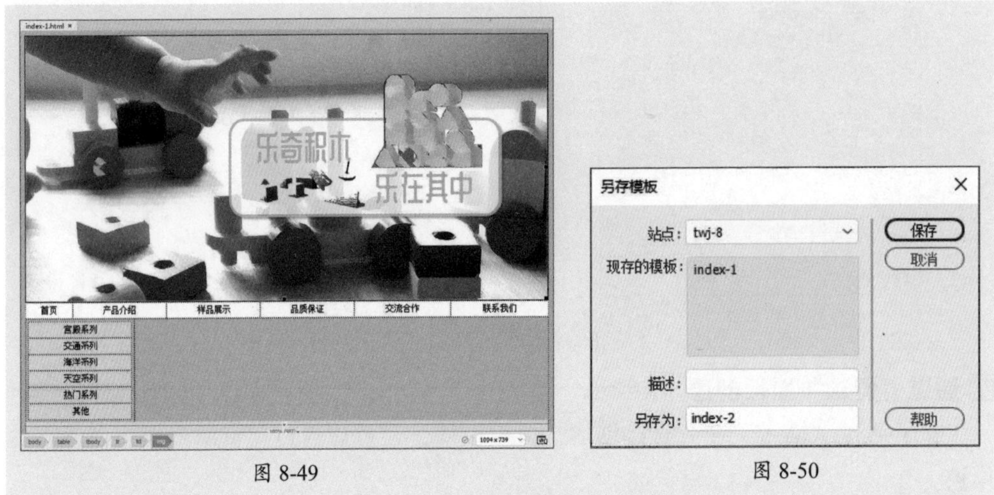


图 8-49　　图 8-50

设置完成后单击“保存”按钮，在弹出的提示对话框中单击“是”按钮，即可保存模板文件，如图8-51所示。

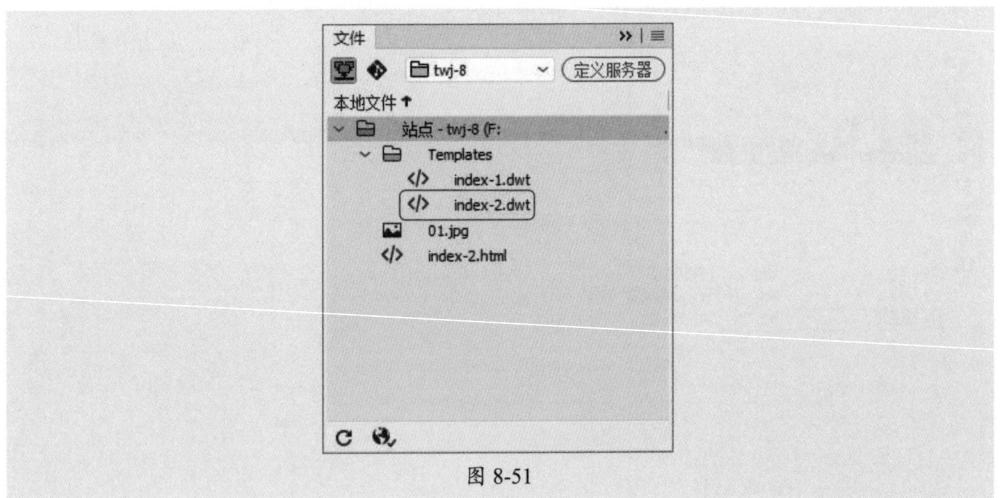


图 8-51

# 8.2 模板的编辑

将文档保存为模板后，大部分区域就会被锁定。Dreamweaver软件中共包括4种类型的模板区域。

- **可编辑区域：** 该区域是基于模板的文档中未锁定的区域，即模板中可以编辑的部分。用户可以将模板的任何区域指定为可编辑的。要使模板生效，其中至少应该包含一个可编辑区域；否则基于该模板的页面是不可编辑的。

- **重复区域：** 该区域是文档布局的一部分，设置该部分可以使模板用户必要时在基于模板的文档中添加或删除重复区域的副本。用户可以在模板中插入重复区域和重复表格两种重复区域。
- **可选区域：** 该区域用于保存有可能在基于模板的文档中出现的内容（如文本或图像）。在基于模板的页面上，模板用户通常控制是否显示内容。
- **可编辑的标签属性：** 该区域用于对模板中的标签属性解除锁定，以便于在基于模板的页面中编辑相应的属性。

模板创建完成后，需要创建可编辑区域从而保证可以正常地使用模板创建网页，下面将对此进行详细介绍。

## 8.2.1 可编辑区域和不可编辑区域

在创建模板时，模板中的布局就被设为锁定区域。锁定区域即整个网站中相对固定和独立的区域，如导航栏、网站Logo、背景等。用户需要在模板中创建可编辑区域，来定义网页具体内容。当需要修改通过模板创建的网页的时候，只需修改模板所定义的可编辑区域即可。

## 8.2.2 创建可编辑区域

打开模板，移动鼠标指针至需要创建可编辑区域的位置，如图8-52所示。执行“插入”|“模板”|“可编辑区域”命令或按Ctrl+Alt+V组合键，打开“新建可编辑区域”对话框，在该对话框“名称”文本框中输入可编辑区域的名称，如图8-53所示。

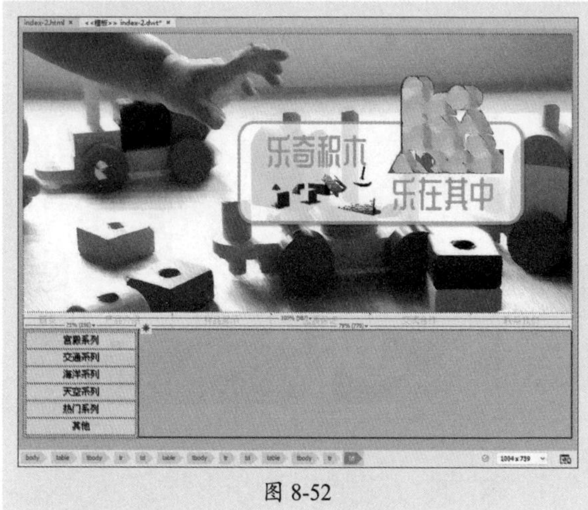


图 8-52

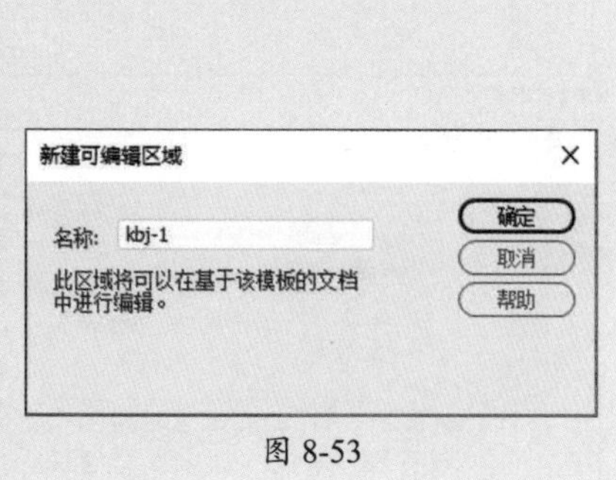


图 8-53

完成后单击“确定”按钮即可创建可编辑区域，如图8-54所示。

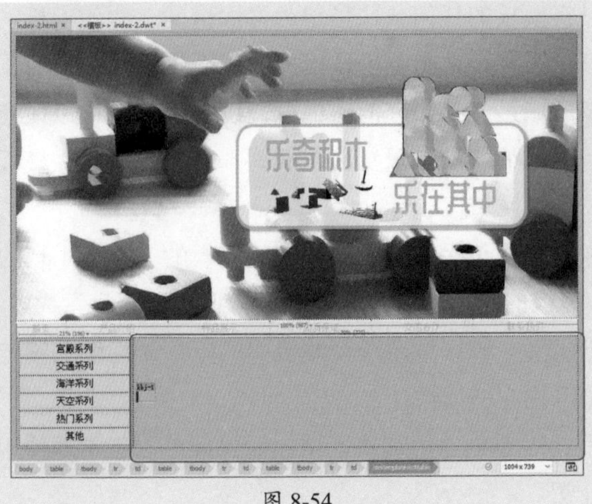


图 8-54

## 8.2.3 创建可选区域

可选区域可设置用于显示文档中的内容的条件。插入可选区域以后，既可以为模板参数设置特定的值，也可以为模板区域定义条件语句（If...else语句）。模板用户可根据模板设计者定义的条件在其创建的基于模板的文档中编辑参数并控制是否显示可选区域。可选区域分为不可编辑的可选区域和可编辑的可选区域两种。下面将对此进行介绍。

### 1. 不可编辑的可选区域

不可编辑的可选区域是指使模板用户能够显示和隐藏特别标记的区域。可选区域的模板选项卡在单词 if之后。用户不可以编辑可选区域的内容。但根据模板中设置的条件，可以定义该区域在他们所创建的页面中是否可见。

在打开的模板文档中选择要设置为可选区域的元素，执行“插入”|“模板”|“可选区域”命令，打开“新建可选区域”对话框，在该对话框中设置名称，如图8-55所示。完成后单击“确定”按钮，如图8-56所示。

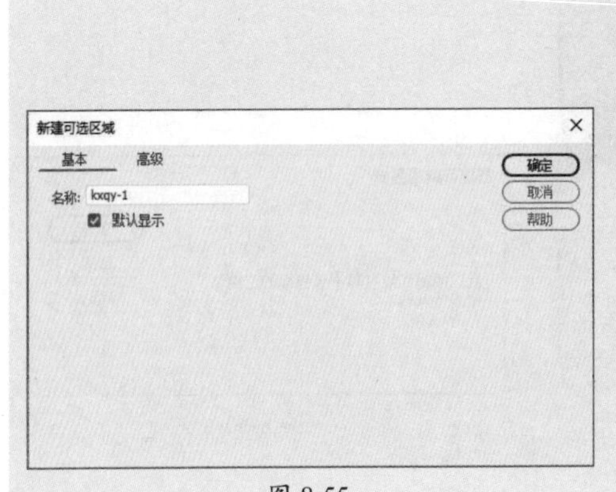


图 8-55

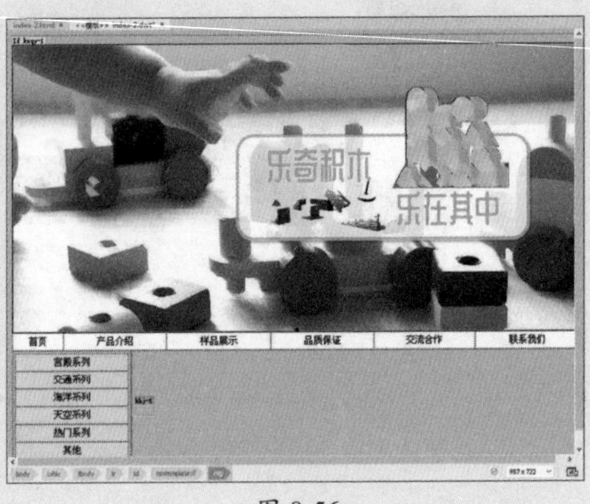


图 8-56

### 技巧点拨

在“新建可选区域”对话框中选择“高级”选项卡，可以设置可选区域的值，如图8-57所示。

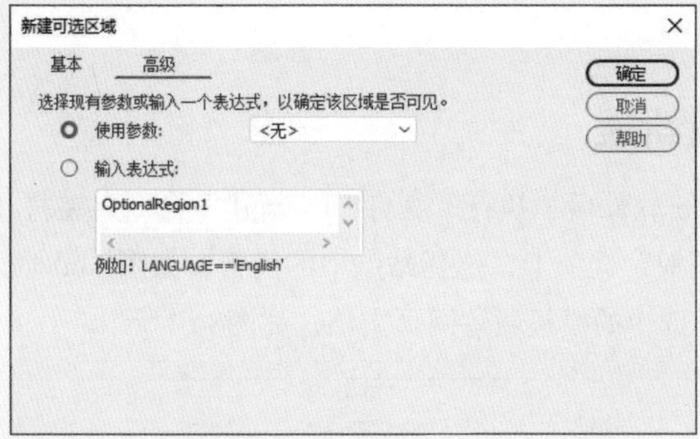


图 8-57

#### 2. 可编辑的可选区域

模板用户不仅可以设置是否显示或隐藏该区域，还可以编辑该区域中的内容。可编辑区域是由条件语句控制的。

在打开的模板文档中移动鼠标指针至要插入可选区域的位置，执行“插入”|“模板”|“可编辑的可选区域”命令，打开“新建可选区域”对话框设置参数，如图8-58所示。完成后单击“确定”按钮即可，如图8-59所示。

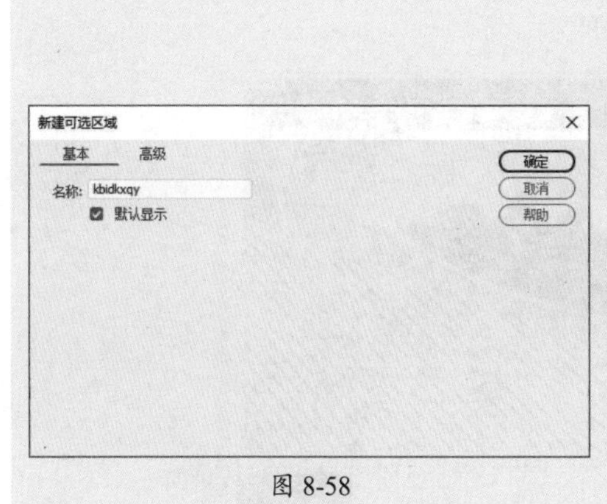


图 8-58

图 8-59

## 8.2.4 删除可编辑区域

若将模板文档中的某个区域标记为可编辑区域后，想将其重新锁定，可以使用“删除模板标记”命令实现。选中可编辑区域，执行“工具”|“模板”|“删除模板标记”命令即可。

# 8.3 模板的应用

制作完成模板后，就可以将其应用到网站建设中。本节将针对模板的应用与分离进行详细的介绍。

## 8.3.1 从模板新建

打开Dreamweaver软件后，执行“文件”|“新建”命令，在打开的“新建文档”对话框中选择“网站模板”选项卡，选择站点中的模板，如图8-60所示。完成后单击“创建”按钮，即可基于选中的模板新建网页文档，如图8-61所示。

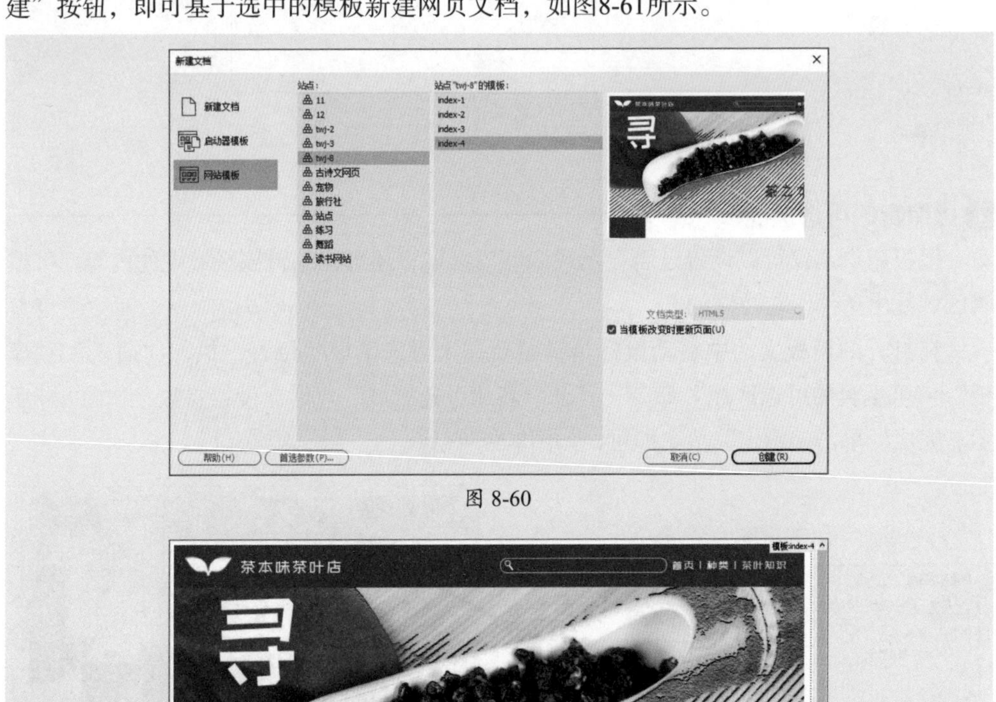


图 8-60

图 8-61

在基于模板新建的文档中，除了可编辑区域可以进行编辑外，移动鼠标指针至其他区域都不可进行编辑。

## 8.3.2 将模板应用于现有文档

除了新建文档时选择模板外，还可以通过“资源”面板或“工具”菜单将模板应用于现有文档。下面将对此进行介绍。

### 1. 通过“资源”面板应用模板

打开现有文档，如图8-62所示。在“资源”面板中“模板”选项卡中选中要应用的模板，单击面板底部的“应用”按钮或将其拖拽至“文档”窗口中，若文档中存在不能自动指定到模板区域的内容，将打开“不一致的区域名称”对话框，如图8-63所示。

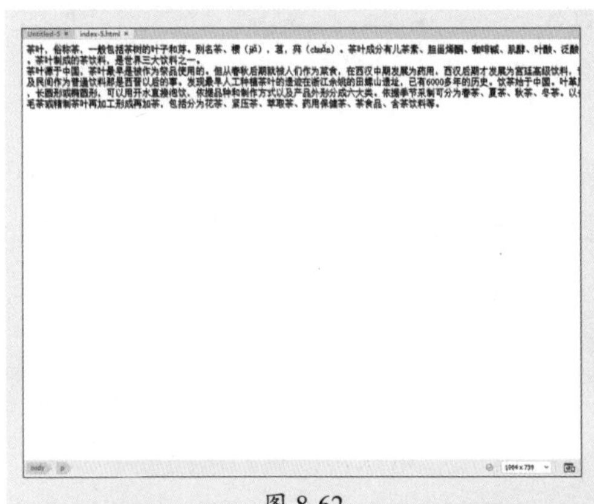

图 8-62

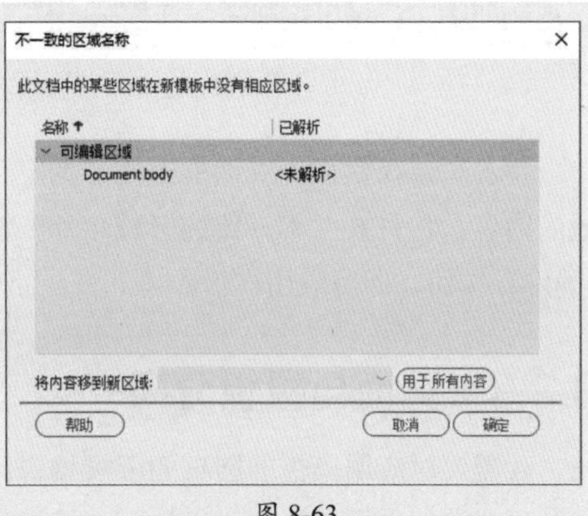


图 8-63

选中列表中的对象，在“将内容移到新区域”下拉列表中选择目标区域，如图8-64所示。完成后单击“确定”按钮，即可应用模板，如图8-65所示。

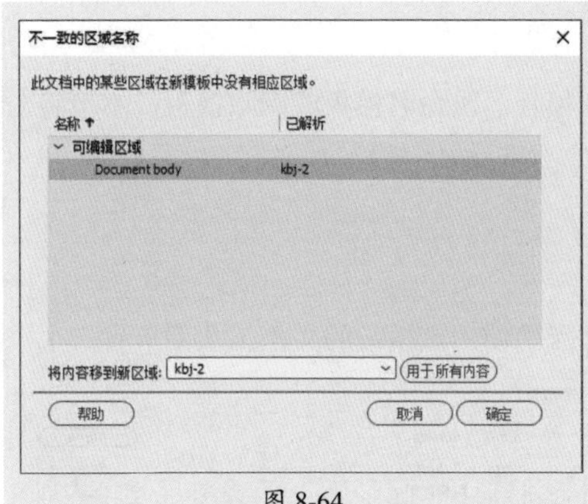


图 8-64

图 8-65

### 技巧点拨

若在“将内容移到新区域”下拉列表框中选择“不在任何地方”选项，将删除相应的内容。

### 2. 通过“工具”菜单应用模板

打开现有文档，如图8-66所示。执行“工具”|“模板”|“应用模板到页”命令，打开“选择模板”对话框，如图8-67所示。

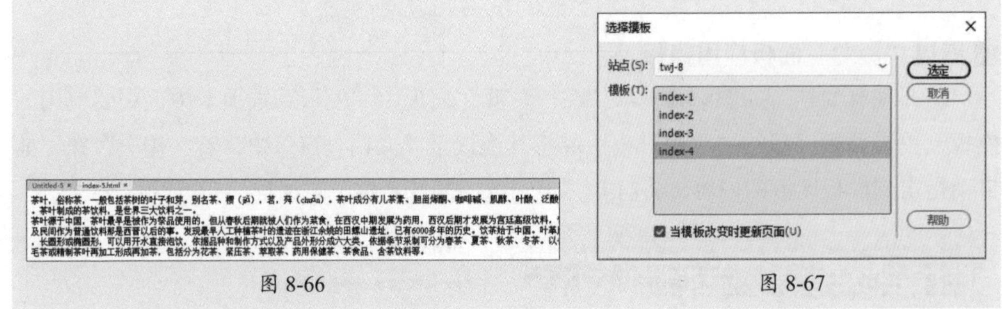

图 8-66　　图 8-67

单击“选择模板”对话框中的“选定”按钮，若文档中存在不能自动指定到模板区域的内容，将打开“不一致的区域名称”对话框，在该对话框中设置参数。完成后单击“确定”按钮，即可应用模板。

## 8.3.3 页面与模板分离

若需要对应用模板的网页的不可编辑区域进行修改，可以将该页面从模板中分离。打开要分离的文档，执行“工具”|“模板”|“从模板中分离”命令，即可将当前网页从模板中分离，此时网页中所有的模板代码将被删除。

# 8.4 模板的管理操作

模板创建后，设计者还可以根据需要更新模板、重命名模板或删除模板。本节将对此进行介绍。

## 8.4.1 更新页面

修改模板后，用户可以一次性更新整个站点中使用该模板的文档，从而节省一个个修改的时间。

打开使用模板的网页，执行“工具”|“模板”|“更新页面”命令，打开“更新页面”对话框，如图8-68所示。

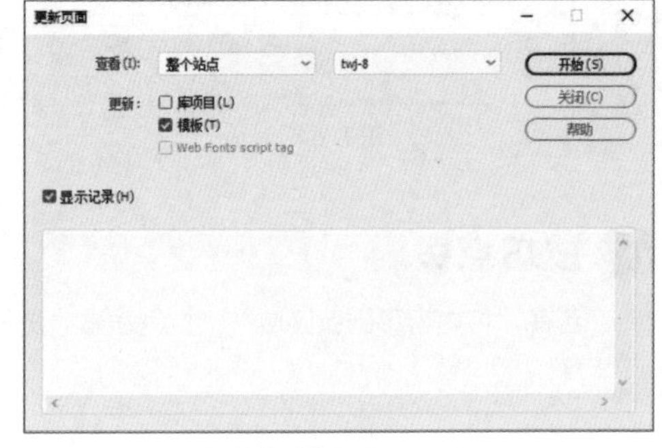


图 8-68

该对话框中各选项作用如下。

- **查看：** 用于设置更新的范围。选择“整个站点”选项表示按相应模板更新所选站点中的所有文件；选择

"文件使用"选项则表示只针对特定模板更新文件。

- **更新：** 用于设置更新级别。包括"库项目"和"模板"两个选项。
- **显示记录：** 用于显示更新文件记录。

执行"工具"|"模板"|"更新当前页"命令，将使模板更新应用于基于模板创建的当前文档。

### 8.4.2 重命名模板

重命名模板可以增加模板的可识别性，更清晰明确地体现模板的功能。

在"资源"面板中选中要重命名的模板，如图8-69所示。在该模板名称上单击，使文本可编辑，输入名称后在空白处单击即可重命名模板，如图8-70所示。

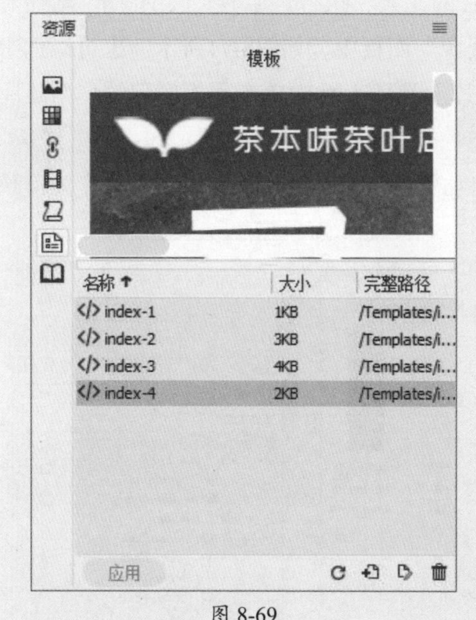

图 8-69

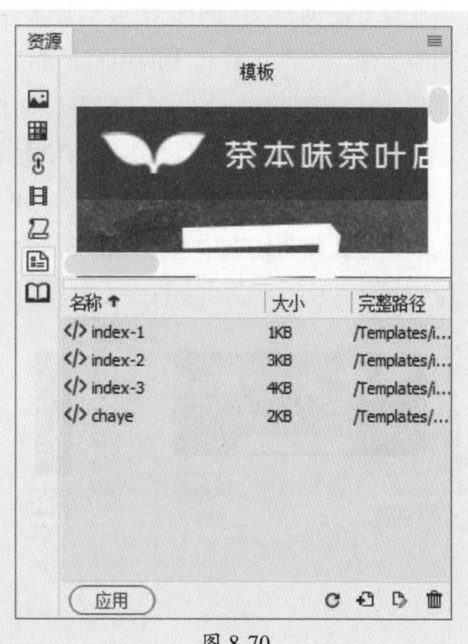

图 8-70

### 8.4.3 删除模板

选中不再需要的模板，在"资源"面板中单击"删除"按钮即可将其删除。

**技巧点拨**

删除模板后，基于该模板创建的文档中依然保留该模板文件在被删除前所具有的结构和可编辑区域。

# 8.5 库的应用

库是用于存储网页中资源或资源副本的特殊Dreamweaver文件。库项目即指库中的资源。每当编辑某个库项目时，可以自动更新所有使用该项目的页面。下面将对此进行介绍。

## 8.5.1 创建库项目

用户可以将文档<body>部分中的任意元素创建为库项目，如文本、表格、表单、Java applet、插件、ActiveX 元素、导航条和图像等。也可以通过“资源”面板创建空白库项目。

### 1. 从现有元素创建库项目

在打开的网页文档中选中要创建为库项目的元素，执行“工具”|“库”|“增加对象到库”命令，即可将选中的项目添加至“资源”面板中，如图8-71所示。也可以选中“文档”窗口中的元素后，在“资源”面板“库”选项卡中单击面板底部的“新建库项目”按钮，创建库项目，如图8-72所示。

添加库项目后，站点本地根文件夹下将自动创建Library文件夹，库项目将作为单独的文件保存在该文件夹中，如图8-73所示。

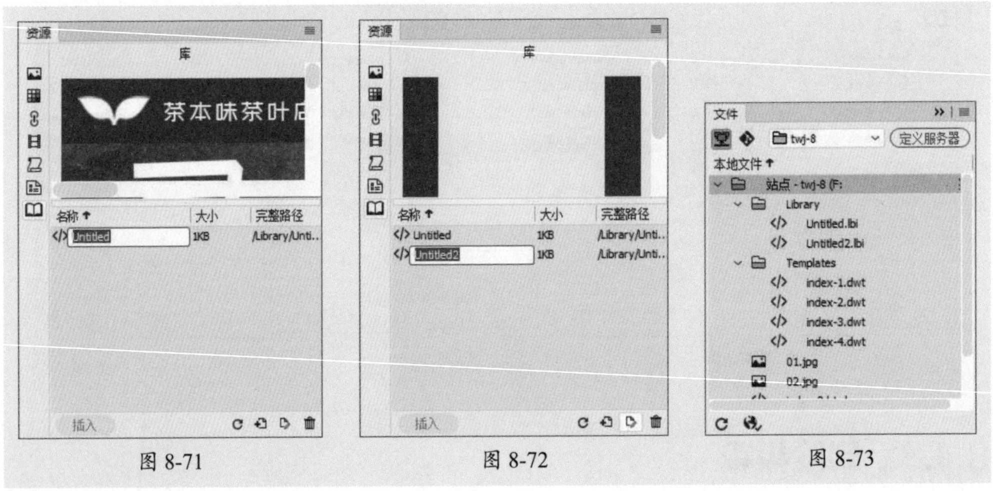

图 8-71　图 8-72　图 8-73

### 2. 创建空白库项目

若没有选中任何元素，在“资源”面板“库”选项卡中单击面板底部的“新建库项目”按钮，将创建空白库项目。

## 8.5.2 插入库项目

库项目创建完成后，可以很方便地在网页中进行应用。

在“资源”面板中，选择要插入的库项目，单击面板底部的“插入”按钮或直接拖曳至“文档”窗口中即可，如图8-74、图8-75所示。

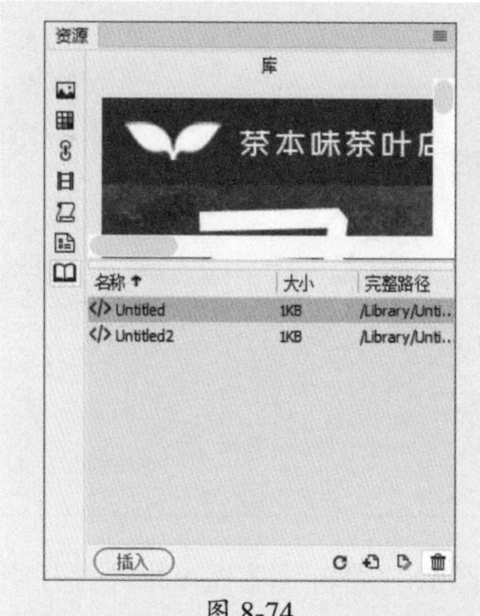

图 8-74

图 8-75

**技巧点拨**

若按住Ctrl键从“资源”面板中拖曳库项目至文档中，将仅插入库项目的内容而不包括对该项目的引用。即当更新使用该库项目的页面时，文档不会随之更新。

## 8.5.3 管理库项目

对于已经创建的库项目，用户可以对其进行重命名、编辑、更新等操作。本小节将对此进行介绍。

### 1. 重命名库项目

在“资源”面板中选中要重命名的库项目，如图8-76所示。再次单击，使其名称变为可编辑状态，输入新名称后在空白处单击或按Enter键即可，如图8-77所示。

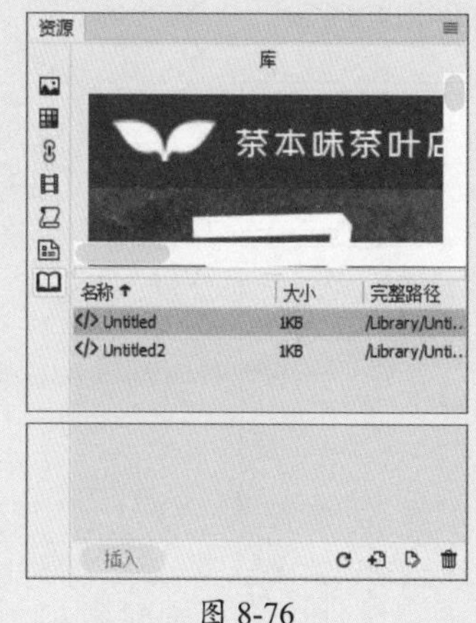

图 8-76

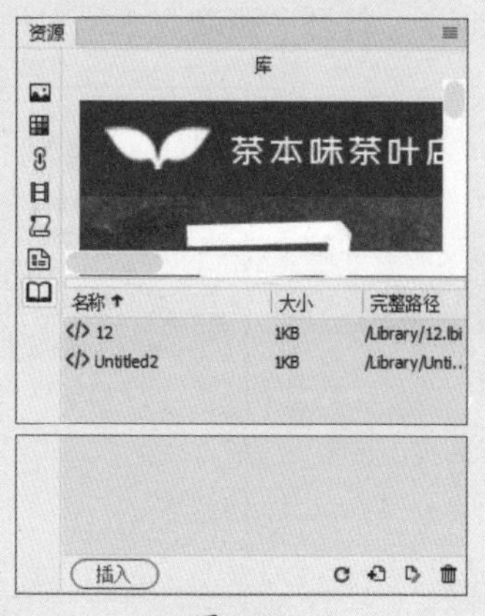

图 8-77

重命名库项目后，将打开“更新文件”对话框，如图8-78所示。在该对话框中单击“更新”按钮，将更新所有使用该项目的文档；单击“不更新”按钮，将不更新其他文档中的链接。

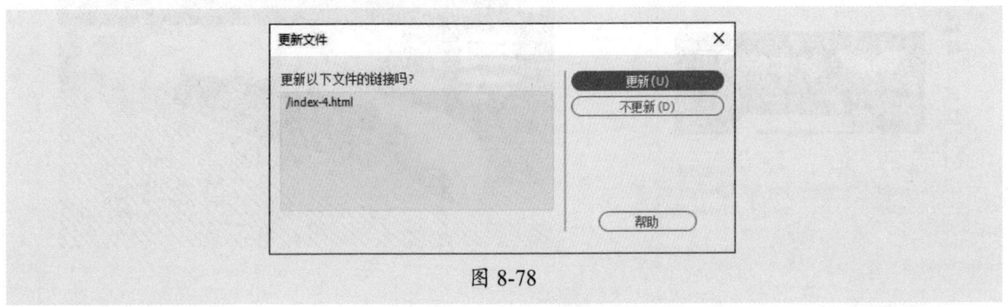


图 8-78

## 2. 编辑库项目

选择“资源”面板中的库项目，双击或单击面板底部的“编辑”按钮即可打开库项目文件进行编辑，如图8-79所示。编辑完成后保存文档即可。

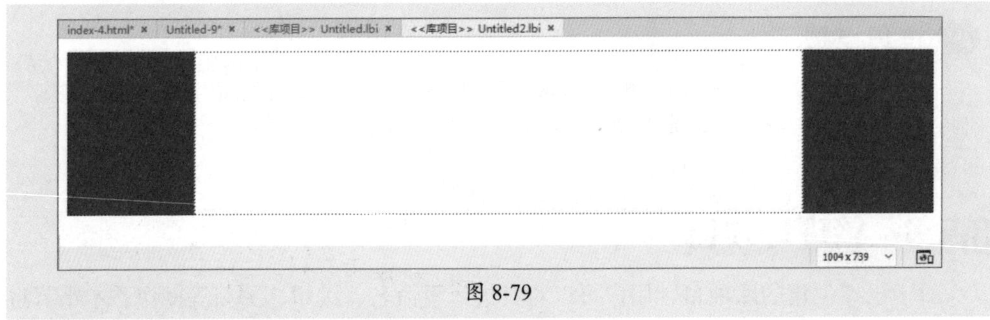


图 8-79

## 3. 更新库项目

修改库项目后，执行“工具”|“库”|“更新当前页”命令，将使库项目更新应用于使用库项目的当前文档。

若想更新整个站点或所有使用特定库项目的文档，可以执行“工具”|“库”|“更新页面”命令，打开“更新页面”对话框进行设置，如图8-80所示。

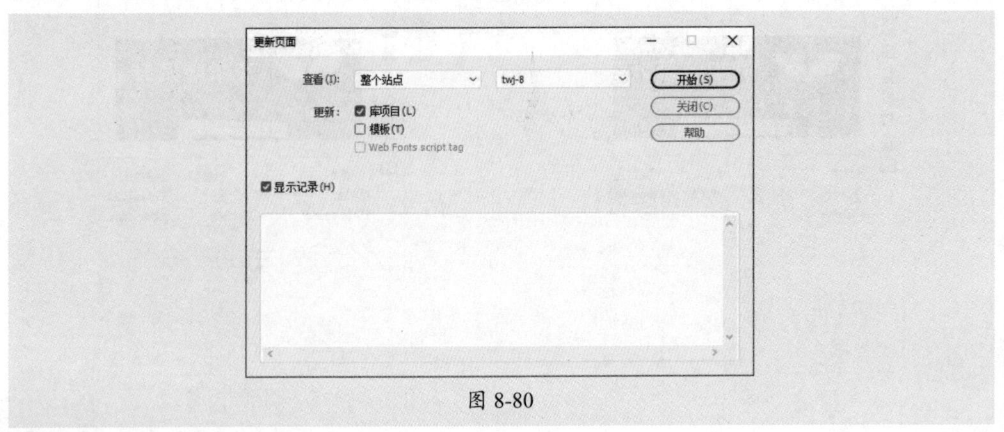


图 8-80

在该对话框“查看”下拉列表框中选择“整个站点”选项，将更新选定站点中的所有页面，以使用所有库项目的当前版本；若选择“文件使用”选项，将仅更新当前站点中使用该库项目的所有页面。

### 4. 删除库项目

删除库项目时，将从库中删除该项目，但不影响已使用该项目的文档。

在“资源”面板中选中要删除的库项目，单击面板底部的“删除”按钮或按Delete键即可将其删除，如图8-81所示。删除该库项目后，文档中已使用的元素不会随之消失，如图8-82所示。

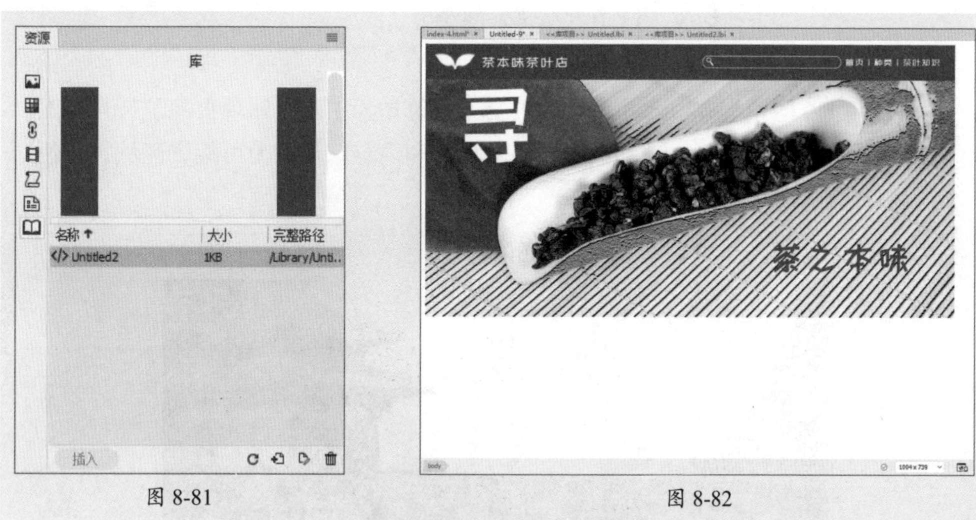


图 8-81　　图 8-82

# 自己练/制作古建筑网站模板

**案例路径** 云盘 / 实例文件 / 第8章 / 自己练 / 制作古建筑网站模板

**项目背景** 尚古文旅集团是一家专注于发掘发展古风俗文化的文旅公司。现该司旗下准备创建一个古建筑网站，以便于更好地收集整理现存的古建筑。受该公司委托，本工作室将为其制作网站模板。

**项目要求** ①古色古香，体现古建筑特色；

②生动活泼，赋予古建筑新的活力；

③整体风格庄重而不压抑。

**项目分析** 选择具有中式建筑特色的宫殿建筑作为主页，体现古建筑特点；网页主色调选择橘色，更加生动活泼；将选项区和内容区设置为可编辑区域，方便后续网页的制作与编辑（见图8-83）。

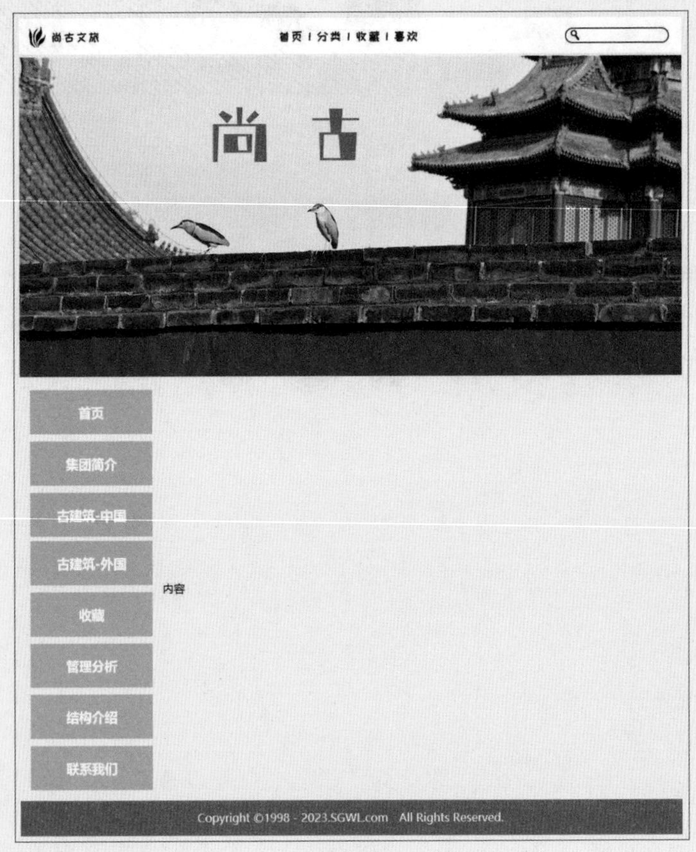


图 8-83

**课时安排** 2学时。

Dreamweaver

# 第9章

# 行为技术详解

## 本章概述

行为是指某个事件和由该事件触发的动作的组合。使用行为，可以增加网页的交互性，使网页变得更加有趣。本章将针对Dreamweaver软件中的行为进行介绍。通过本章的学习，可以帮助用户了解行为和事件的概念，了解常用行为，学会应用行为等。

## 要点难点

- 了解行为与事件 ★☆☆
- 学会应用行为 ★★☆
- 熟悉常用行为的作用 ★★☆

## 跟我学 制作室内设计网页

学习目标 本实例将练习制作室内设计网页。通过表格布局网页，通过行为增加网页交互性和趣味性。通过本实例，可以帮助用户了解行为，学会创建与应用常见的行为。

案例路径 云盘 / 实例文件 / 第9章 / 跟我学 / 制作室内设计网页

步骤01 执行“站点”|“新建站点”命令，新建“GWX-9”站点，并新建images文件夹和index.html文件，如图9-1所示。

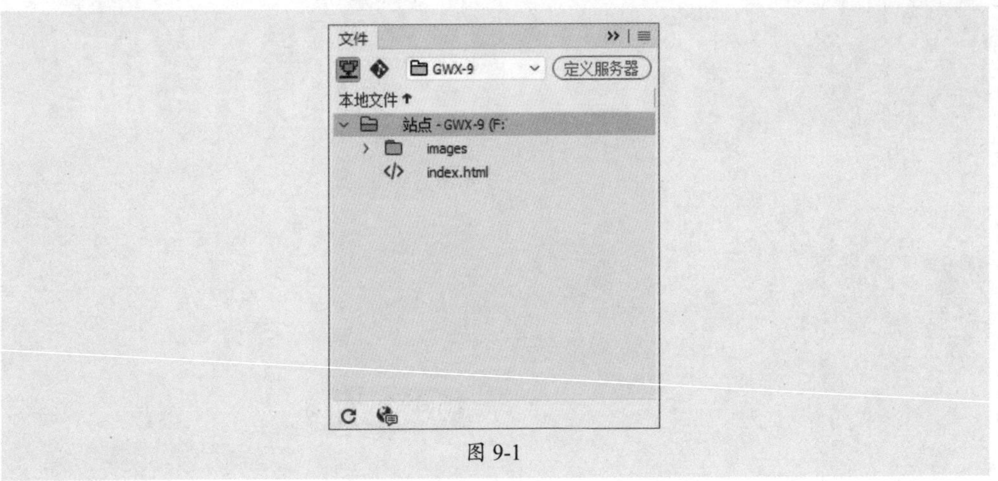


图 9-1

步骤02 双击“文件”面板中的index.html文件，打开网页文档，执行“插入”|Table命令，插入一个9行1列、宽度为960像素的表格，如图9-2所示。

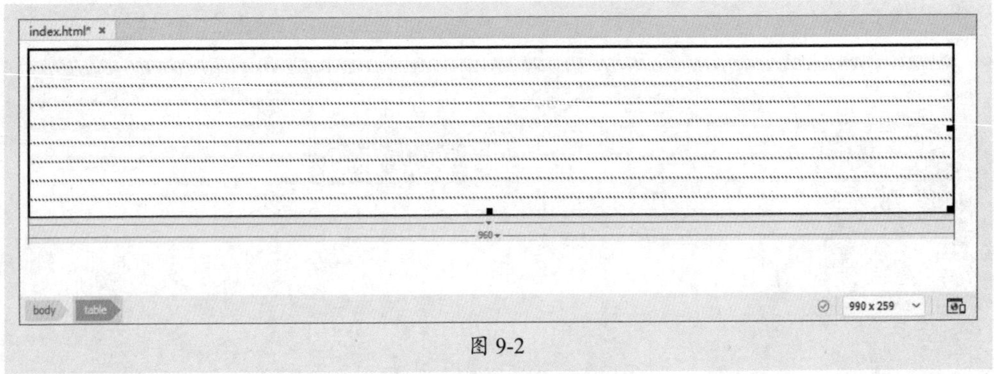


图 9-2

步骤03 移动鼠标指针至第1行单元格中，执行“插入”|Image命令，插入本章素材图像文件01.jpg，如图9-3所示。

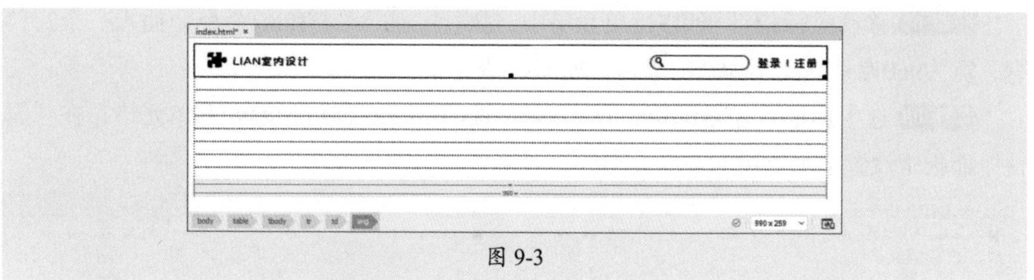


图 9-3

步骤 04 移动鼠标指针至第2行单元格中，执行“插入”|HTML|“鼠标经过图像”命令，在打开的“插入鼠标经过图像”对话框中单击原始图像右侧的“浏览”按钮，打开“原始图像”对话框，选择02.jpg文件，如图9-4所示。

步骤 05 完成后单击“确定”按钮，返回“插入鼠标经过图像”对话框，单击鼠标经过图像右侧的“浏览”按钮，在打开的“鼠标经过图像”对话框中选择03.jpg文件，完成后单击“确定”按钮，返回“插入鼠标经过图像”对话框，如图9-5所示。

图 9-4

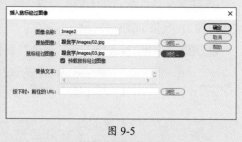

插入鼠标经过图像
图像名称: Image2
原始图像: 跟我学/images/02.jpg 浏览...
鼠标经过图像: 跟我学/images/03.jpg 浏览...
预载鼠标经过图像
替换文本:
按下时，前往的 URL: 浏览...
确定
取消
帮助

图 9-5

步骤 06 单击“确定”按钮，插入鼠标经过图像，如图9-6所示。

图 9-6

**步骤07** 移动鼠标指针至第3行单元格中，执行“插入”| Table命令，插入一个2行4列，宽为960像素，间距为10的表格，如图9-7所示。

**步骤08** 选中新插入表格的第1行单元格，按Ctrl+Alt+M组合键合并单元格，在“属性”面板中设置水平居中对齐，高为50，效果如图9-8所示。

图 9-7

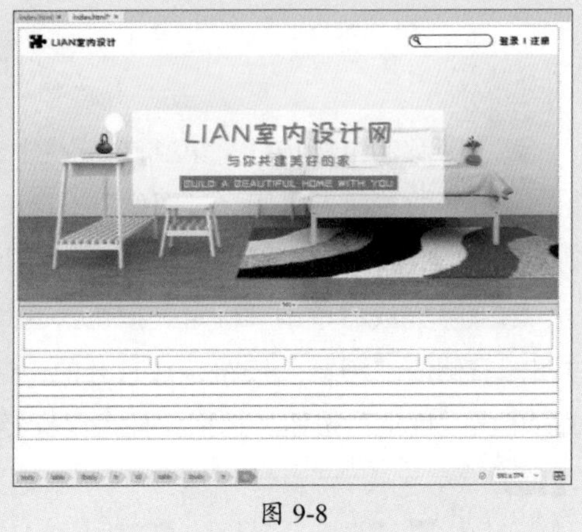

图 9-8

**步骤09** 在合并单元格中输入文字，在“属性”面板“HTML属性检查器”中设置格式为标题2，效果如图9-9所示。

**步骤10** 选中第2行表格，在“属性”面板中设置宽为227，效果如图9-10所示。

图 9-9

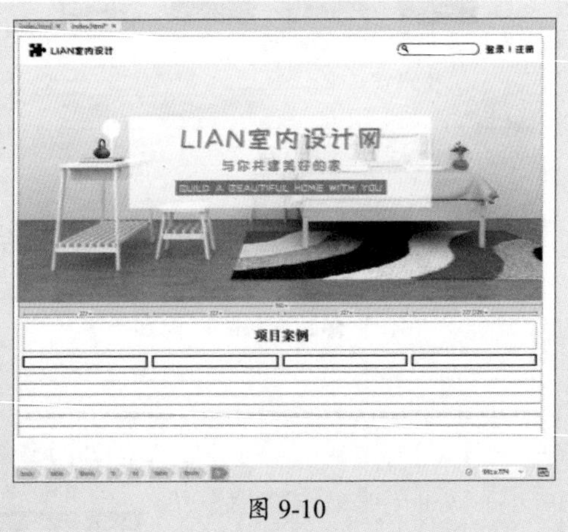

图 9-10

**步骤11** 移动鼠标指针至第2行第1列单元格中，执行“插入”| Image命令，插入本章素材图像“04.jpg”，在“属性”面板中调整至合适大小，效果如图9-11所示。

**步骤12** 选中新插入的图像，单击“行为”面板中的“添加行为”按钮+.，在弹出的行为菜单中选择“交换图像”命令，打开“交换图像”对话框，如图9-12所示。

图 9-11

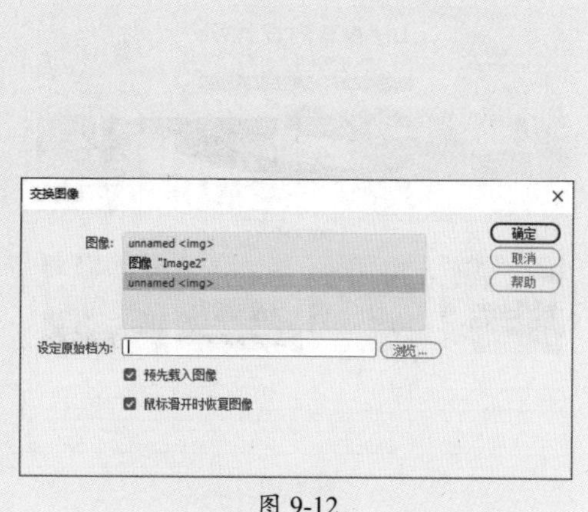


图 9-12

步骤 13 单击“设定原始档为”右侧的“浏览”按钮，打开“选择图像源文件”对话框，选择要交换的文件，如图9-13所示。

步骤 14 完成后单击“确定”按钮。返回“交换图像”对话框，单击“确定”按钮，添加行为，如图9-14所示。

图 9-13

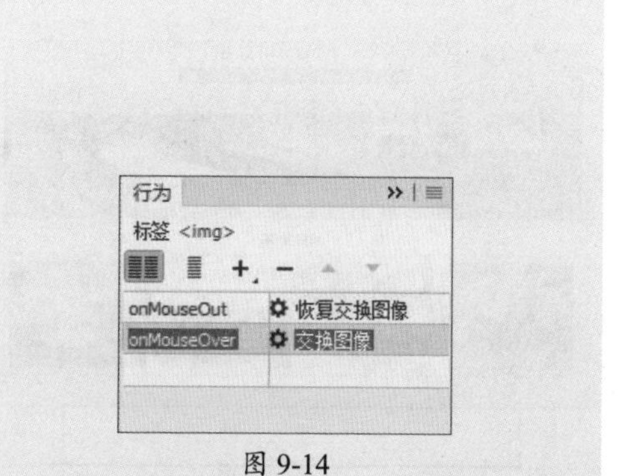


图 9-14

步骤 15 使用相同的方法，依次在同一行的其他单元格中插入图像并添加行为，如图9-15所示。

步骤 16 移动鼠标指针至主表格第4行单元格中，在“属性”面板中设置其水平居中对齐，高为50，效果如图9-16所示。

步骤 17 在该单元格中输入文字，在“属性”面板的“HTML属性检查器”中设置格式为标题2，效果如图9-17所示。

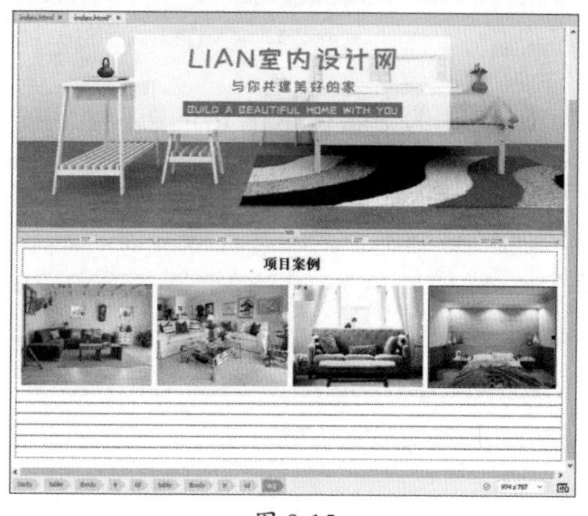


图 9-15

图 9-16

图 9-17

**步骤18** 移动鼠标指针至主表格第5行单元格中，在“属性”面板中设置其水平居中对齐，垂直居中。执行“插入”|Table命令，插入一个3行3列，宽为760像素，间距为10的表格，如图9-18所示。

**步骤19** 选择新插入表格的第1行和第2行，在“属性”面板中设置宽为240，高为240，如图9-19所示。

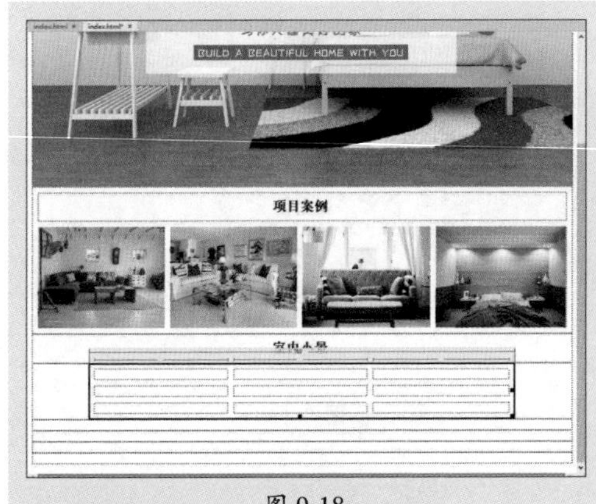

图 9-18

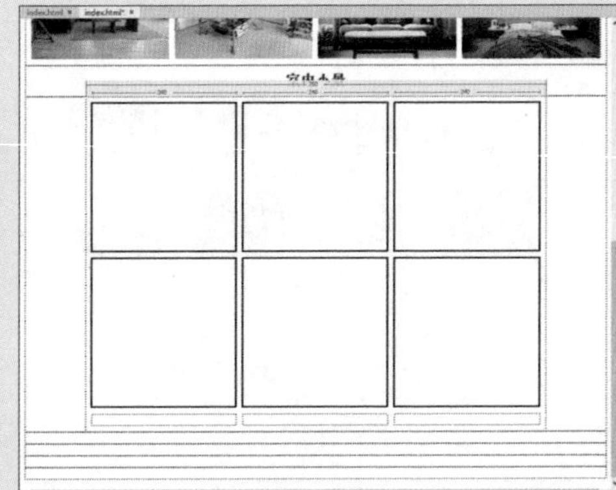
图 9-19

**步骤20** 选中新插入表格的第3行，按Ctrl+Alt+M组合键合并单元格，在“属性”面板中设置水平居中对齐，垂直居中，高为36，背景颜色为#C88247，如图9-20所示。

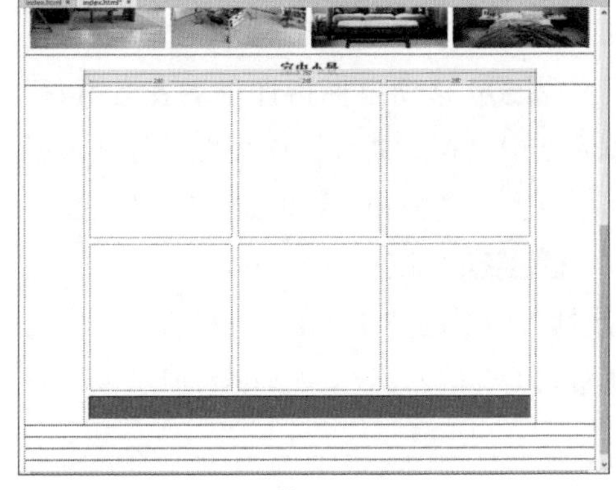
图 9-20

**步骤21** 移动鼠标指针至新插入表格的第1行第1列单元格中，执行“插入”|Image命令，插入本章素材图像“12.jpg”，如图9-21所示。

**步骤22** 使用相同的方法，插入其他图像素材，如图9-22所示。

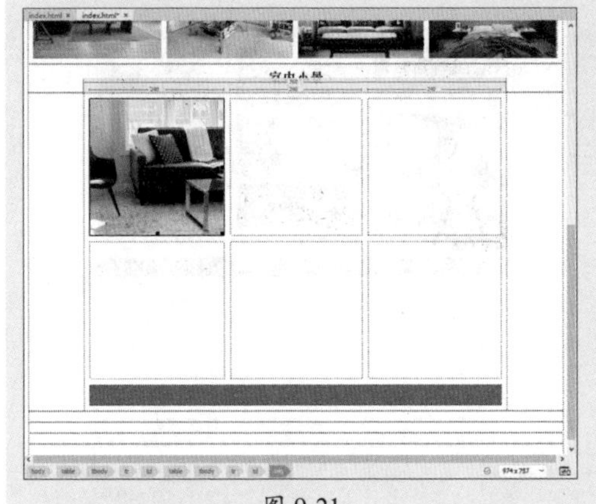
图 9-21

图 9-22

**步骤23** 移动鼠标指针至第3行单元格中，输入文字，在“属性”面板“CSS属性检查器”中设置字体颜色为白色，在“HTML属性检查器”中设置格式为标题3，效果如图9-23所示。

**步骤24** 移动鼠标指针至主表格第6行单元格中，在“属性”面板中设置其水平居中对齐，高为50。在该单元格中输入文字，在“属性”面板“HTML属性检查器”中设置格式为标题2，效果如图9-24所示。

图 9-23

图 9-24

**步骤25** 移动鼠标指针至主表格第7行单元格中，在“属性”面板中设置其水平居中对齐，垂直居中。执行“插入”|Table命令，插入一个2行4列，宽为760像素，间距为10的表格，如图9-25所示。

**步骤 26** 选中新插入表格的第1行单元格，在“属性”面板中设置其宽为177，高为133。选中第2行单元格，在“属性”面板中设置其水平居中对齐，高为36，效果如图9-26所示。

图 9-25　　图 9-26

**步骤 27** 移动鼠标指针至新插入表格的第1行第1列单元格中，执行“插入”|Image命令，插入本章素材图像文件18.jpg，如图9-27所示。

**步骤 28** 选中新插入的图像，单击“行为”面板中的“添加行为”按钮+，在弹出的行为菜单中选择“交换图像”命令，打开“交换图像”对话框，在文本框中输入图像位置，如图9-28所示。

图 9-27　　图 9-28

**步骤 29** 完成后单击“确定”按钮，添加交换图像。使用相同的方法在其他表格中添加图像与行为，如图9-29所示。

**步骤 30** 在表格的第2行单元格中输入文字，在“属性”面板的“HTML属性检查器”中设置格式为标题4，效果如图9-30所示。

图 9-29

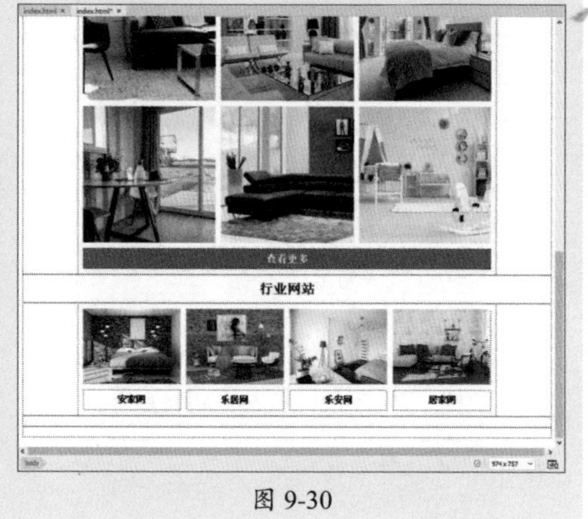

图 9-30

**步骤 31** 选中输入的文字，在“属性”面板的“HTML属性检查器”中“链接”文本框中输入“#”，创建空链接，效果如图9-31所示。

**步骤 32** 单击“属性”面板中的“页面属性”按钮，在打开的“页面属性”对话框中选择“链接（CSS）”选项卡，设置链接颜色与下画线样式，如图9-32所示。

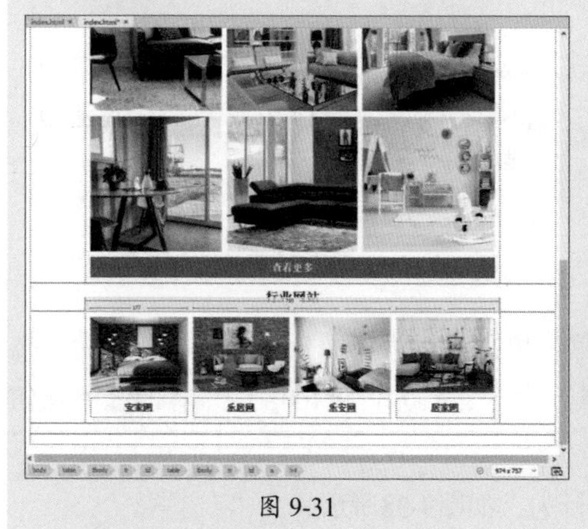

图 9-31

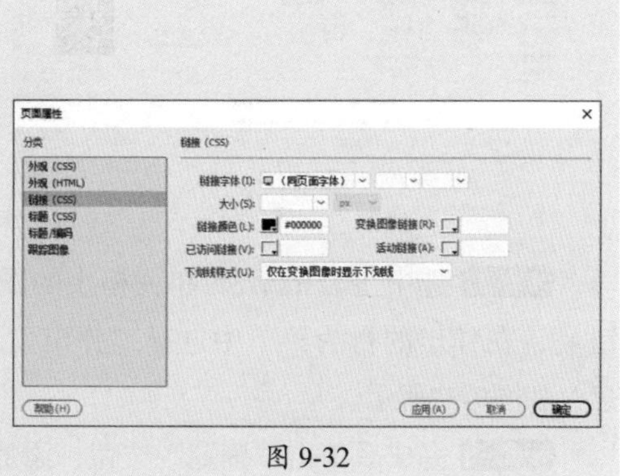

图 9-32

**步骤 33** 完成后单击“确定”按钮，调整链接效果，如图9-33所示。

**步骤 34** 移动鼠标指针至主表格第8行单元格中，执行“插入”|Image命令，插入本章素材图像26.jpg，如图9-34所示。

**步骤 35** 移动鼠标指针至主表格第9行单元格中，在“属性”面板中设置其水平居中对齐，垂直居中，高为50。在该单元格中输入文字，并设置文字格式为标题5，如图9-35所示。

**步骤 36** 选中“标签选择器”中的<body>标签，单击“行为”面板中的“添加行为”按钮，在弹出的行为菜单中选择“设置文本”|“设置状态栏文本”命令，打开“设置状态栏文本”对话框，输入文字，如图9-36所示。完成后单击“确定”按钮。

图 9-33

图 9-34

图 9-35

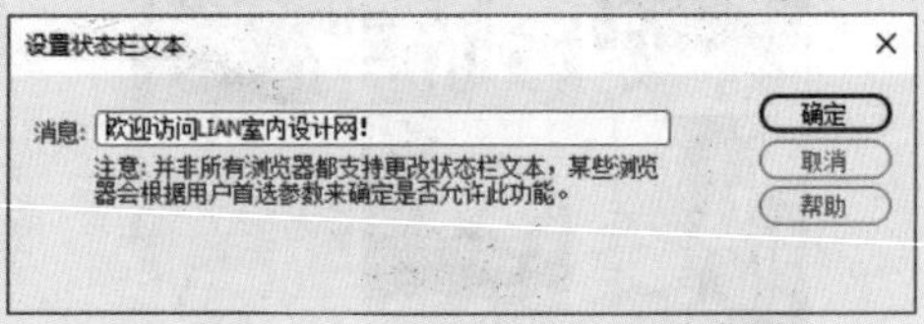

图 9-36

**步骤 37** 选中主表格第2行单元格中的图像，单击“行为”面板中的“添加行为”按钮+，在弹出的行为菜单中选择“弹出信息”命令，打开“弹出信息”对话框添加信息，如图9-37所示。

**步骤 38** 完成后单击“确定”按钮，添加行为，如图9-38所示。

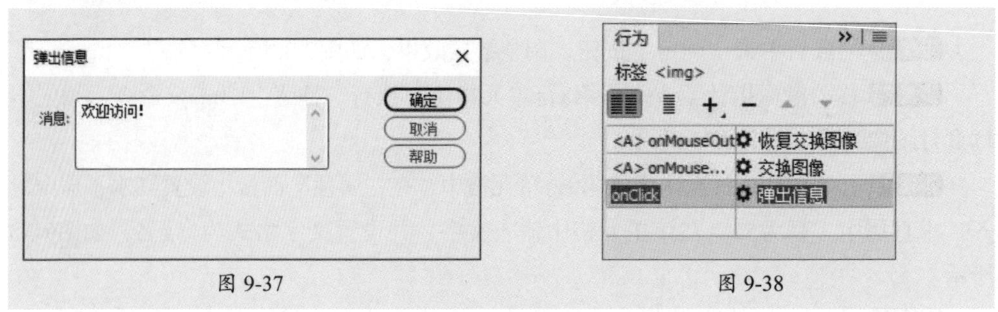


图 9-37

图 9-38

**步骤 39** 保存文件。按F12键在浏览器中测试效果，如图9-39、图9-40所示。

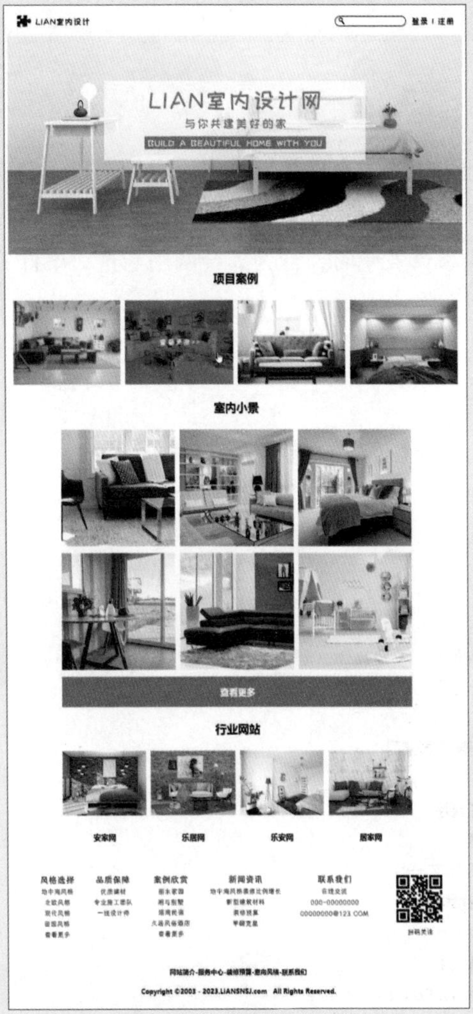

图 9-39 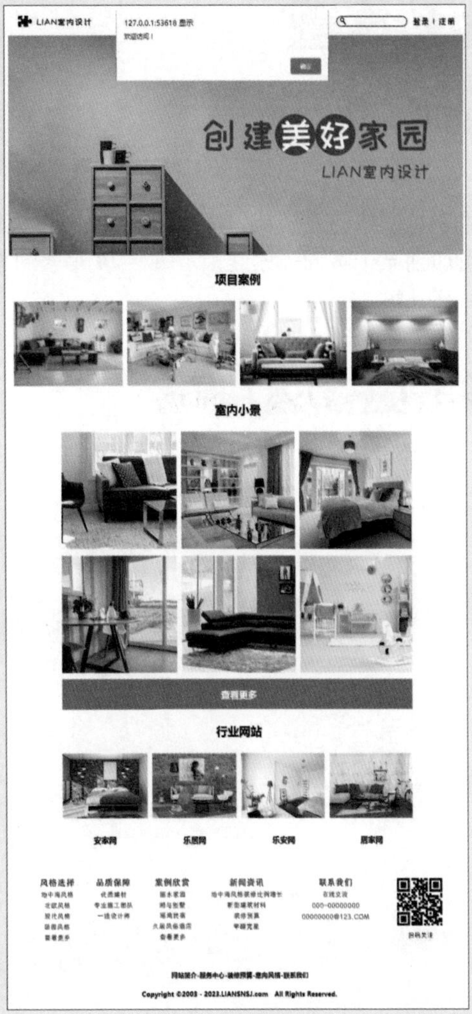　　　　图 9-40

至此，完成室内设计网站的制作。

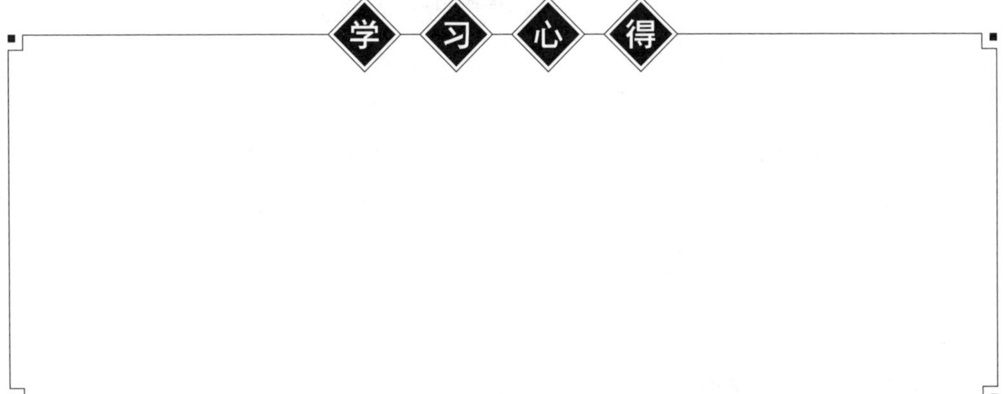

听我讲 Listen to me

# 9.1 行为概述

某个事件和由该事件触发的动作的组合即为行为。事件是浏览器生成的消息，它表示该页的访问者已执行了某种操作，而动作是一段预先编写的JavaScript代码。在将行为附加到某个页面元素之后，每当该元素的某个事件发生时，行为即会调用与这一事件关联的动作。

## 9.1.1 “行为”面板

通过“行为”面板可将行为附加到标签上，还可以对行为的参数进行修改。执行“窗口”|“行为”命令或按Shift+F4组合键，即可打开“行为”面板，如图9-41所示。

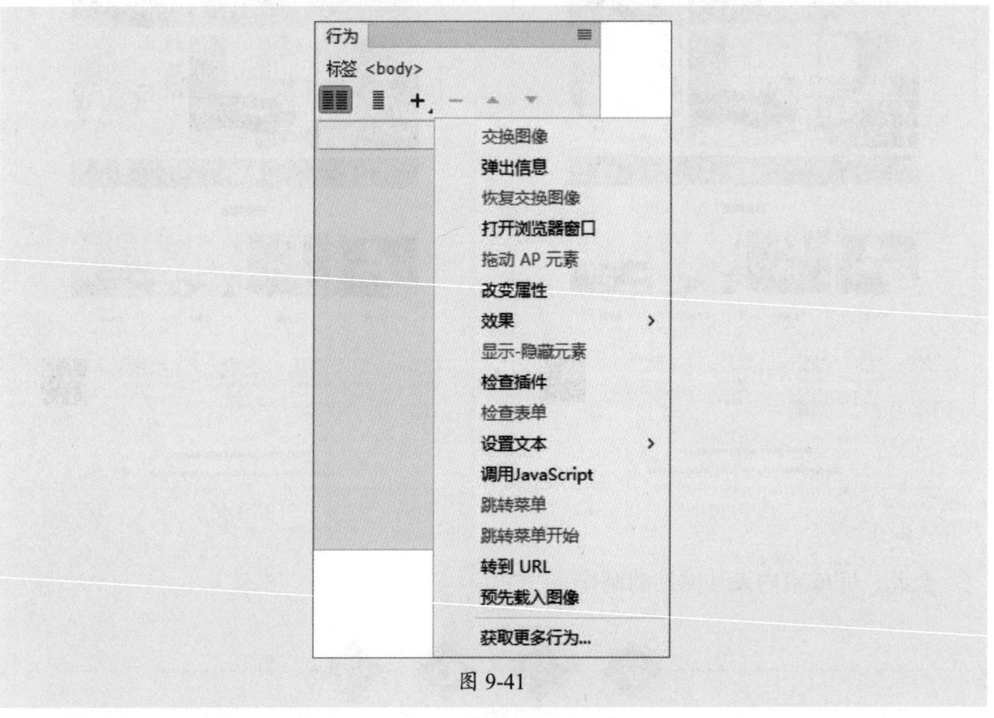


图 9-41

该面板中各选项作用如下。

- **显示设置事件**：单击该按钮将仅显示附加到当前文档中的事件。
- **显示所有事件**：单击该按钮将显示属于特定类别的所有事件。
- **添加行为**：单击该按钮，将弹出行为菜单，添加行为时选择该菜单中的行为即可。
- **删除事件**：单击该按钮将在面板中删除所选的事件和动作。
- **增加事件值、降低事件值**：用于在面板中上下移动事件的位置。

## 9.1.2 事件

当网页的浏览者和网页产生交互时，浏览器即会生成事件，这些事件可用于调用执行动作的JavaScript函数。在“行为”面板中单击“显示所有事件”按钮，即可查看Dreamweaver软件中的所有事件，如图9-42所示。

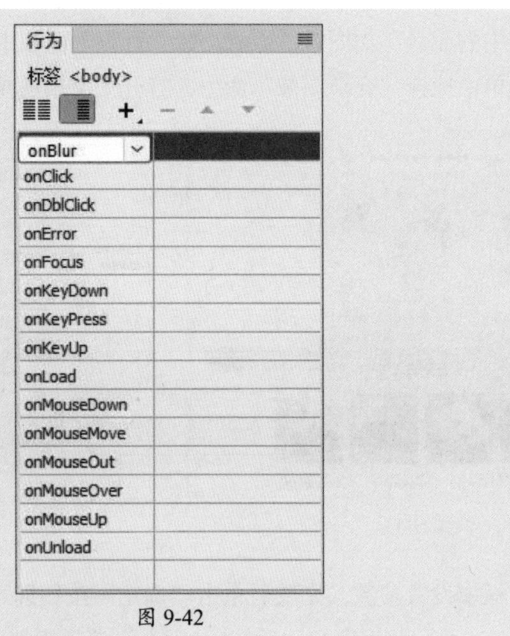


图 9-42

该面板中各事件如下。

- **onBlur**：光标移动到窗口或框架外侧等非激活状态时发生的事件。
- **onClick**：用鼠标单击选定的要素时发生的事件。
- **onDblClick**：鼠标双击时发生的事件。
- **onError**：加载网页文档的过程中发生错误时发生的事件。
- **onFocus**：光标到窗口或框架中处于激活状态时发生的事件。
- **onKeyDown**：键盘上的某个按键被按下时触发此事件。
- **onKeyPress**：键盘上的某个按键被按下并且释放时触发此事件。
- **onKeyUp**：放开按下的键盘中的指定键时发生的事件。
- **onLoad**：选定的客体显示在浏览器上时发生的事件。
- **onMouseDown**：单击鼠标左键时发生的事件。
- **onMouseMove**：光标经过选定的要素上面时发生的事件。
- **onMouseOut**：光标离开选定的要素上面时发生的事件。
- **onMouseOver**：光标在选定的要素上面时发生的事件。
- **onMouseUp**：放开按住的鼠标左键时发生的事件。
- **onUnload**：浏览者退出网页文档时发生的事件。

## 9.1.3 应用行为

用户可以将行为附加至<body>标签上，也可以将其附加至链接、图像、表单元素和多种其他HTML 元素。下面将针对行为的应用进行介绍。

### 1. 应用行为

选择页面中的元素，如图9-43所示。在“行为”面板中单击“添加行为” 按钮，在弹出的行为菜单中选择“交换图像”命令，打开“交换图像”对话框，如图9-44所示。

图 9-43

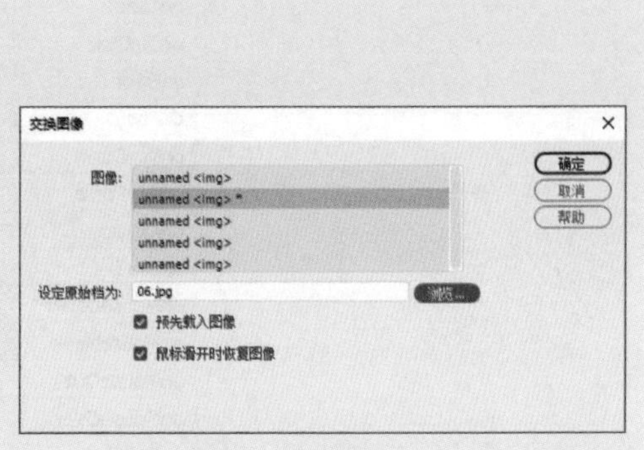


图 9-44

在该对话框中设置参数，完成后单击“确定”按钮即可在“行为”面板中查看添加的行为，如图9-45所示。保存文件后按F12键在浏览器中测试效果如图9-46所示。

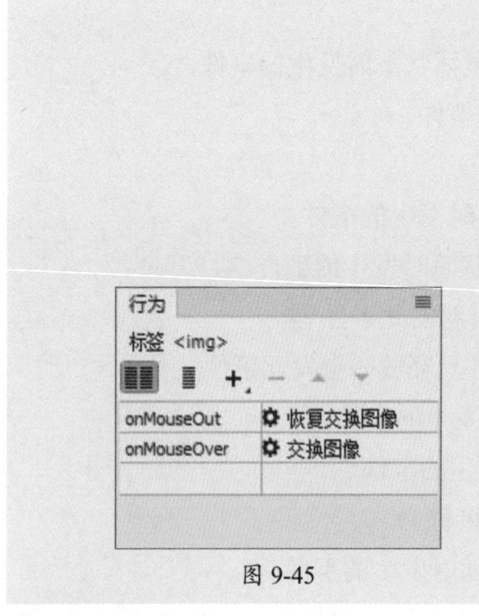


图 9-45

图 9-46

### 2. 更改行为

添加完行为后，若想对行为进行更改，可以选中附加行为的对象，在“行为”面板中双击要修改的行为或选中要修改的行为后按Enter键，即可打开相应行为的设置对话框进行更改。如图9-47所示为双击“交换图像”行为后打开的“交换图像”对话框。

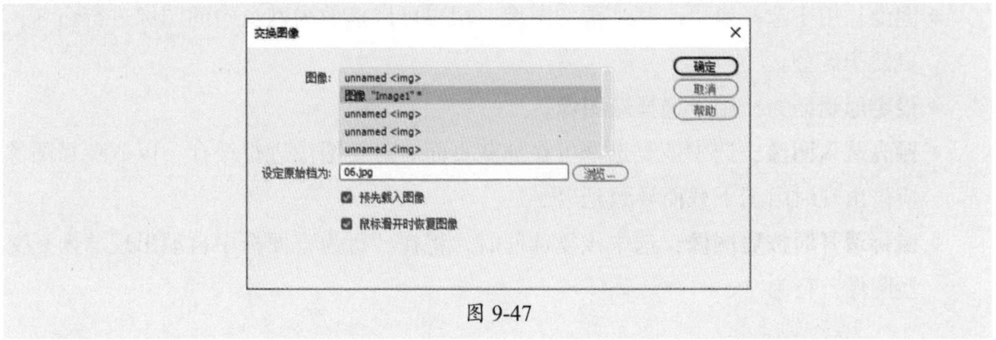


图 9-47

### 3. 删除行为

若想删除不需要的行为，可以在“行为”面板中选中要删除的行为，按Delete键或单击“删除事件”按钮 - 将其删除。

## 9.2 常用行为

在网页应用中，行为可以增加网页的交互性，使网页变得更加有趣。如制作图像特效、添加文本提示等。本节将针对一些常用的行为进行介绍。

### 9.2.1 交换图像

“交换图像”行为和“恢复交换图像”行为可以制作鼠标经过图像时，图像更换为其他图像，而移开鼠标后图像恢复为原图像的效果。该行为主要是通过更改<img>标签的src属性实现的。

选中文档中的图像，单击“行为”面板中的“添加行为”按钮 +，在弹出的行为菜单中选择“交换图像”命令，打开“交换图像”对话框，如图9-48所示。单击“设定原始档为”右侧的“浏览”按钮，打开“选择图像源文件”对话框，选择要交换的文件，如图9-49所示。完成后单击“确定”按钮即可。

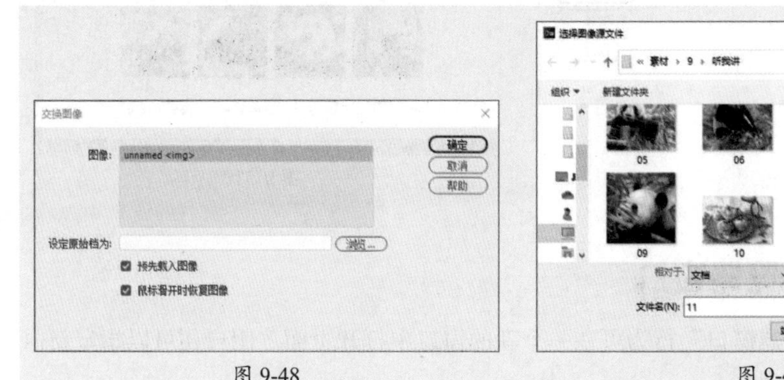


图 9-48

图 9-49

“交换图像”对话框中各选项作用如下。

- **图像：** 用于选择要更改其来源的图像。用户可以提前为网页中的图像进行命名，以便于区分。
- **设定原始档为：** 用于选择新图像。
- **预先载入图像：** 选中该复选框可在加载页面时对新图像进行缓存，以避免当图像应该出现时由于下载而导致延迟。
- **鼠标滑开时恢复图像：** 选中该复选框时，将在“行为”面板中自动出现“恢复交换图像”行为。

**技巧点拨**

用户也可以单独添加“恢复交换图像”行为。

## 9.2.2 弹出信息

“弹出信息”行为可以在网页中添加一个包含指定信息的JavaScript警告，以醒目地展示提示信息。

选中文档中的图像，单击“行为”面板中的“添加行为”按钮+，在弹出的行为菜单中选择“弹出信息”命令，打开“弹出信息”对话框添加信息，如图9-50所示。完成后单击“确定”按钮。保存文件后按F12键在浏览器中测试效果，如图9-51所示。

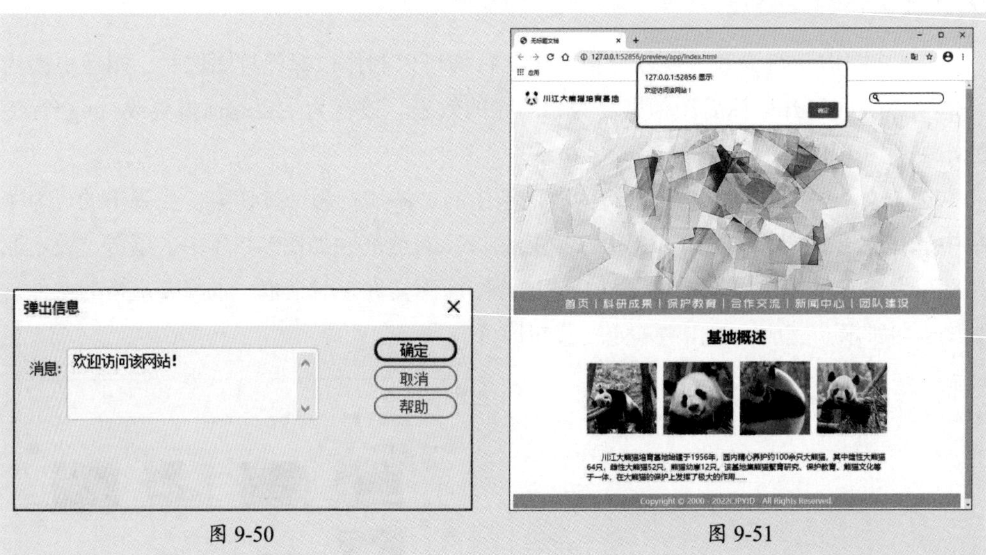


图 9-50　　图 9-51

## 9.2.3 打开浏览器窗口

使用“打开浏览器窗口”行为可在一个新的窗口中打开页面。用户还可以指定新窗口的大小、特性、名称等。

选择文档中的图像，单击“行为”面板中的“添加行为”按钮+.，在弹出的行为菜单中选择“打开浏览器窗口”命令，在打开的“打开浏览器窗口”对话框中设置参数，如图9-52所示。完成后单击“确定”按钮。保存文件后按F12键在浏览器中测试效果，如图9-53所示。

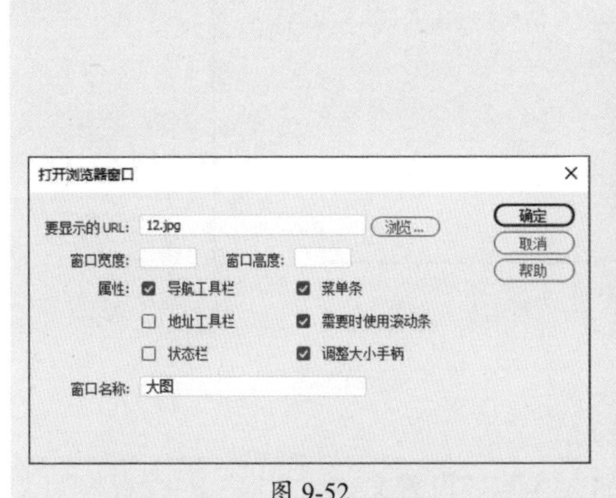


图 9-52

图 9-53

“打开浏览器窗口”对话框中各选项作用如下。

- **要显示的URL：** 用于设置要显示的网页地址。用户可以单击其右侧的“浏览”按钮选择合适的URL。
- **窗口宽度和窗口高度：** 用于设置窗口尺寸。
- **属性：** 用于设置打开浏览器窗口的外观。包括“导航工具栏”、“菜单条”、“地址工具栏”、“需要时使用滚动条”、“状态栏”和“调整大小手柄”6个选项。用户可以根据需要进行选择。
- **窗口名称：** 用于设置新窗口的名称。

## 9.2.4 检查表单

“检查表单”行为可检查指定文本域的内容以确保用户输入的数据类型正确。用户可以通过onBlur事件将此行为附加到单独的文本字段，以便在用户填写表单时验证这些字段，也可以通过onSubmit事件将此行为附加到表单，以便在用户单击“提交”按钮时同时计算多个文本字段。

选择文档中的<form>标签，单击“行为”面板中的“添加行为”按钮+.，在弹出的行为菜单中选择“检查表单”命令，打开“检查表单”对话框，如图9-54所示。

该对话框中各选项作用如下。

- **域：** 用于选择表单内要检查的对象。
- **值：** 用于设置选择要检查的对象的值是否必须设置。
- **可接受：** 用于设置要检查的对象允许接受的值。包括“任何东西”、“数字”、“电子邮件地址”和“数字从……到……”4种选项。

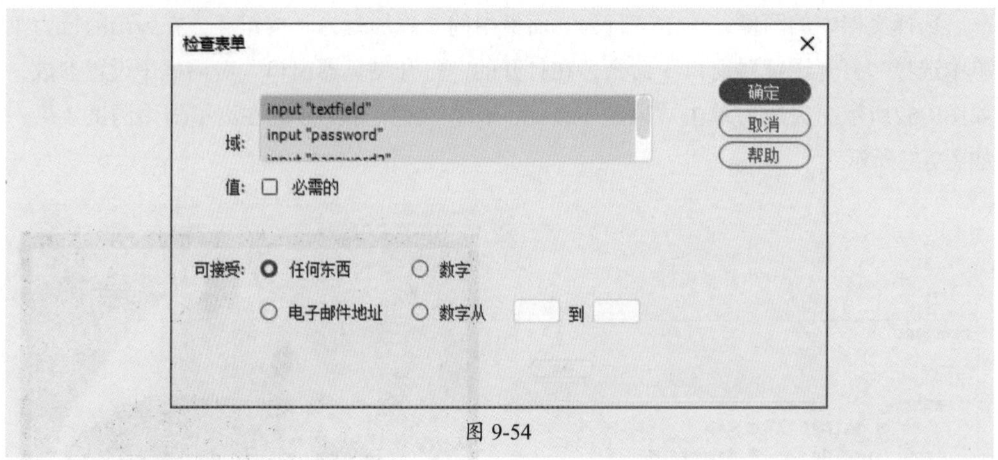


图 9-54

## 9.2.5 设置文本

“设置文本”行为组中包括“设置容器的文本”、“设置文本域文字”、“设置框架文本”和“设置状态栏文本”4种行为。下面将对常见的行为进行介绍。

### 1. 设置容器的文本

“设置容器的文本”行为可以用指定的内容替换页面上的现有容器的内容和格式。该内容可以包括任何有效的 HTML 源代码。

选中文档中的对象，单击“行为”面板中的“添加行为”按钮+，在弹出的行为菜单中选择“设置文本”|“设置容器的文本”命令，打开“设置容器的文本”对话框，如图9-55所示。在该对话框中设置参数后单击“确定”按钮即可。

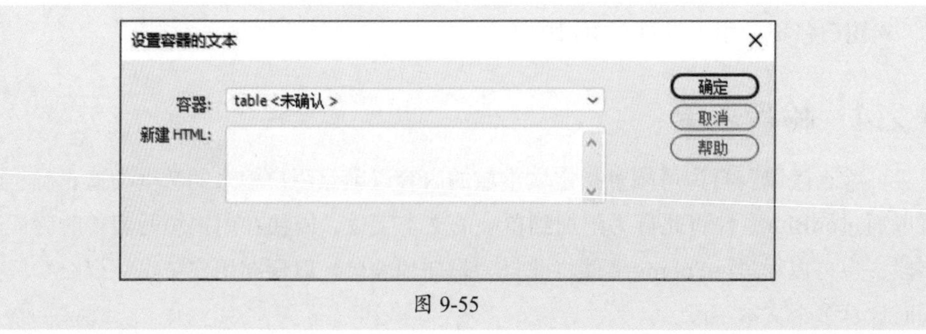


图 9-55

该对话框中各选项的作用如下。

- **容器：**用于选择目标元素。
- **新建HTML：**用于输入新的文本或HTML。

### 2. 设置文本域文字

“设置文本域文字”行为可以将表单文本域中的内容替换为指定的内容。

选中文档中的文本域对象，单击“行为”面板中的“添加行为”按钮+，在弹出的

行为菜单中选择“设置文本”|“设置文本域文字”命令，打开“设置文本域文字”对话框，如图9-56所示。在该对话框中设置参数后单击“确定”按钮即可。

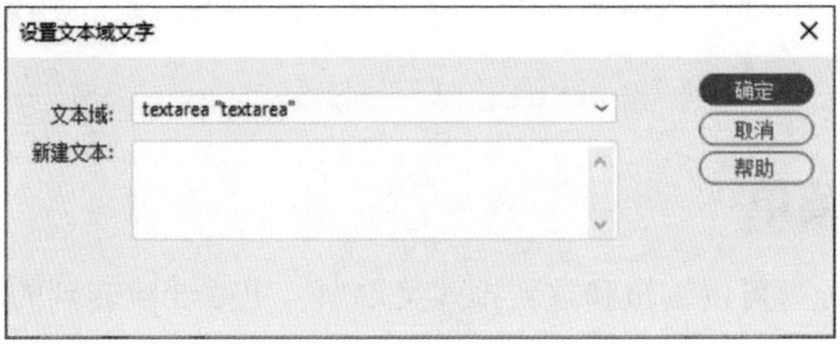

图 9-56

该对话框中各选项的作用如下。

- **文本域：** 用于选择目标文本域。
- **新建文本：** 用于输入要替换的文本或相应的代码。

### 3. 设置状态栏文本

“设置状态栏文本”行为可以设置浏览器左下角的状态栏中显示的文本。

选择文档中的对象，单击“行为”面板中的“添加行为”按钮+，在弹出的行为菜单中选择“设置文本”|“设置状态栏文本”命令，打开“设置状态栏文本”对话框，如图9-57所示。在该对话框中输入文本后单击“确定”按钮即可。

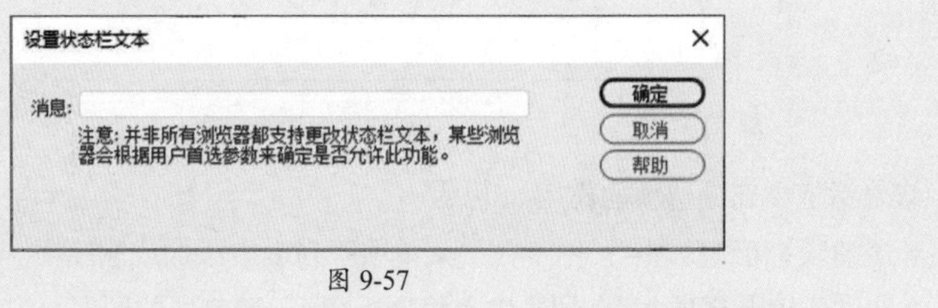


图 9-57

## 9.2.6 调用JavaScript

“调用JavaScript”行为可以在事件发生时执行自定义的函数或JavaScript代码行。

选择文档中的对象，单击“行为”面板中的“添加行为”按钮+，在弹出的行为菜单中选择“调用JavaScript”命令，打开“调用JavaScript”对话框，如图9-58所示。在该对话框中输入JavaScript后单击“确定”按钮即可。

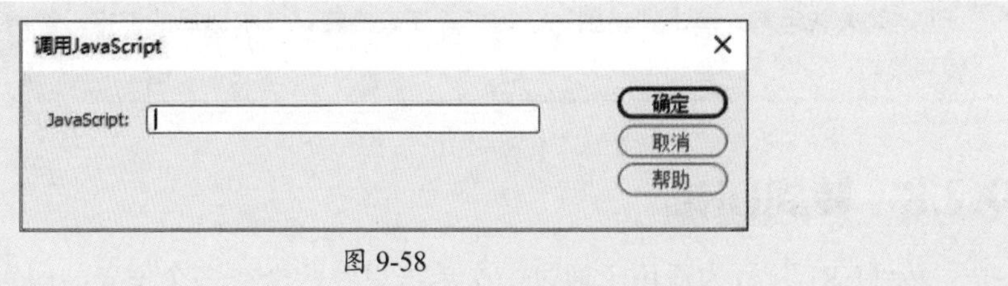


图 9-58

知识链接

JavaScript是一种具有函数优先的轻量级、解释型或即时编译型的编程语言。该语言基于原型编程、多范式的动态脚本语言，支持面向对象、命令式和声明式（如函数式编程）风格。

## 9.2.7 跳转菜单

“跳转菜单”行为可以编辑和重新排列菜单项，更改要跳转到的文件，以及更改这些文件的打开窗口。

执行“插入”|“表单”|“选择”命令，插入选择文本框，选中该文本框，单击“行为”面板中的“添加行为”按钮+，在弹出的快捷菜单中选择“跳转菜单”命令，打开“跳转菜单”对话框，如图9-59所示。

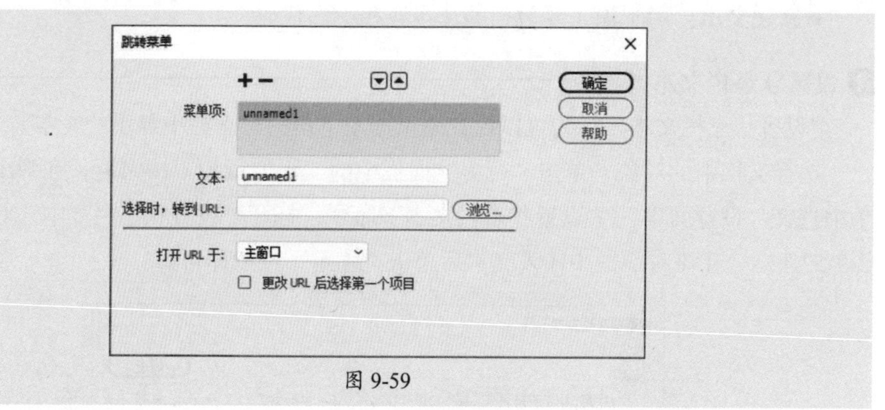


图 9-59

该对话框中部分选项的作用如下。

- **添加项+和删除项-**：用于在“菜单项”列表中添加或删除项。
- **在列表中下移项和在列表中上移项**：用于调整项的顺序。
- **菜单项**：用于显示与选择菜单项。
- **文本**：用于设置当前菜单项的显示文字。
- **选择时，转到URL**：用于为当前菜单项设置网页地址。
- **打开URL于**：用于设置打开网页的窗口。

知识链接

“行为”面板中的“跳转菜单开始”行为可以将一个“转到”按钮和一个跳转菜单关联起来。单击“转到”按钮打开在该跳转菜单中选择的链接。常用于出现在框架中的跳转菜单。

## 9.2.8 转到URL

“转到URL”行为适用于通过一次单击更改两个或多个框架的内容。使用该行为可在当前窗口或指定的框架中打开一个新页。

选中文档中的对象，单击“行为”面板中的“添加行为”按钮+，在弹出的行为菜单中选择“转到URL”命令，打开“转到URL”对话框，如图9-60所示。在该对话框中设置参数后单击“确定”按钮即可。

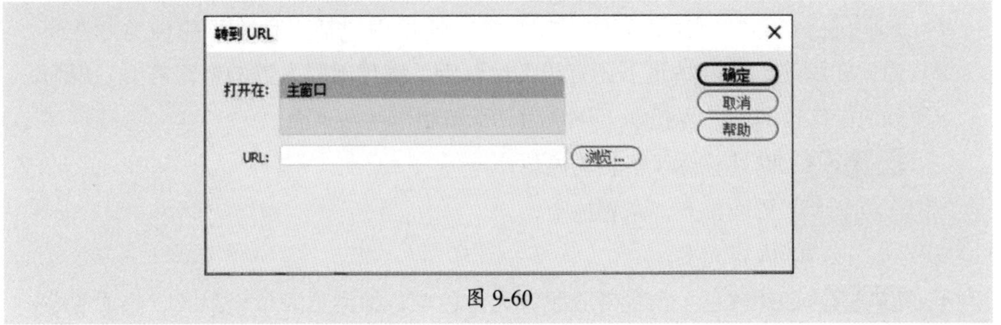


图 9-60

该对话框中各选项的作用如下。

- **打开在：** 用于选择打开链接的窗口。
- URL：用于设置要转到的文档的地址或网页地址。

## 9.2.9 预先载入图像

“预先载入图像”行为可在加载页面时对新图像进行缓存，以防止当图像应该出现时由于下载而导致延迟。

选中文档中的对象，单击“行为”面板中的“添加行为”按钮+，在弹出的行为菜单中选择“预先载入图像”命令，打开“预先载入图像”对话框，在该对话框中设置参数，如图9-61所示。完成后单击“确定”按钮即可。

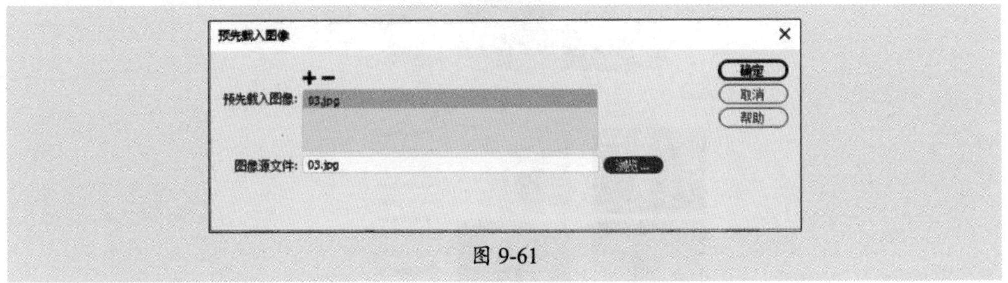


图 9-61

该对话框中各选项的作用如下。

- **添加项+和删除项-：** 用于在“预先载入图像”列表中添加或删除项。
- **预先载入图像：** 用于选择和显示需要预先载入的图像列表。
- **图像源文件：** 用于选择要预先载入的图像源文件。

# 自己练 / 制作宠物网站

**案例路径** 云盘 / 实例文件 / 第9章 / 自己练 / 制作宠物网站

**项目背景** 欢心宠物网站创建于2016年，网站中包括多种宠物的种类习性介绍、养护知识等，该网站旗下还有线下运营店，满足不同人群的撸宠需要。现为了更好地推广该网站，委托本工作室为其重新制作网站页面。

**项目要求** ①网站整体风格较为温馨；

②页面整齐，条理清晰；

③内容充实。

**项目分析** 选择橘色、黄色等暖色调为主色调，给浏览者带来温暖、热情的心理感觉；通过对网页中不同的内容进行分区，使页面更加整齐有序；添加链接和行为，增加网页的交互性，使网页更加生动有趣（见图9-62）。

图 9-62

**课时安排** 2学时。

Dreamweaver

# 附录

# 附录A Dreamweaver CC常用快捷键一览

## 一、辅助工具快捷键（在“设计”视图中）

| 功能描述 | 快捷键 |
|---|---|
| 显示参考线 | Ctrl+; |
| 锁定参考线 | Ctrl+Alt+; |
| 与参考线对齐 | Ctrl+Shift+; |
| 参考线与元素对齐 | Ctrl+Shift+G |
| 显示网格 | Ctrl+Alt+G |
| 与网格对齐 | Ctrl+Alt+Shift+G |
| 显示标尺 | Alt+F11 |

## 二、插入快捷键

| 功能描述 | 快捷键 |
|---|---|
| 插入图像 | Ctrl+Alt+I |
| 插入HTML5视频 | Ctrl+Alt+Shift+V |
| 插入动画合成 | Ctrl+Alt+Shift+E |
| 插入FlashSWF | Ctrl+Alt+F |
| 插入换行符 | Shift+输入 |
| 插入不换行空格( ) | Ctrl+Shift+空格键 |

## 三、表格快捷键

| 功能描述 | 快捷键 |
| --- | --- |
| 插入表格 | Ctrl+Alt+T |
| 合并单元格 | Ctrl+Alt+M |
| 拆分单元格 | Ctrl+Alt+Shift+T |
| 插入行 | Ctrl+M |
| 插入列 | Ctrl+Shift+A |
| 删除行 | Ctrl+Shift+M |
| 删除列 | Ctrl+Shift+- |
| 增加列宽 | Ctrl+Shift+] |
| 减少列宽 | Ctrl+Shift+[ |

## 四、文本快捷键

| 功能描述 | 快捷键 |
| --- | --- |
| 缩进 | Ctrl+Alt+] |
| 减少缩进 | Ctrl+Alt+[ |
| 粗体 | Ctrl+B |
| 斜体 | Ctrl+I |
| 拼写检查 | Shift+F7 |
| 删除链接 | Ctrl+Shift+L |

## 五、代码编写快捷键

| 功能描述 | 快捷键 |
|---|---|
| 快速编辑 | Ctrl+E |
| 快捷文档 | Ctrl+K |
| 在上方打开/添加行 | Ctrl+Shift+Enter |
| 显示参数提示 | Ctrl+, |
| 多光标列/矩形选择 | 按住Alt键单击并拖动 |
| 多光标不连续选择 | 按住Ctrl键并单击 |
| 显示代码提示 | Ctrl+空格键 |
| 选择子项 | Ctrl+] |
| 转到行 | Ctrl+G |
| 选择父标签 | Ctrl+[ |
| 折叠所选内容 | Ctrl+Shift+C |
| 折叠所选内容外部的内容 | Ctrl+Alt+C |
| 展开所选内容 | Ctrl+Shift+E |
| 折叠整个标签 | Ctrl+Shift+J |
| 折叠完整标签外部的内容 | Ctrl+Alt+J |
| 全部展开 | Ctrl+Alt+E |
| 缩进代码 | Ctrl+Shift+> |
| 减少代码缩进 | Ctrl+Shift+< |
| 平衡大括号 | Ctrl+’ |
| 代码导航器 | Ctrl+Alt+N |

续表

| 功能描述 | 快捷键 |
| --- | --- |
| 删除左侧单词 | Ctrl+Backspace |
| 删除右侧单词 | Ctrl+Delete |
| 选择上一行 | Shift+上箭头键 |
| 选择下一行 | Shift+下箭头键 |
| 选择左侧字符 | Shift+左箭头键 |
| 选择右侧字符 | Shift+右箭头键 |
| 选择到上页 | Shift+向上翻页键 |
| 选择到下页 | Shift+向下翻页键 |
| 左移单词 | Ctrl+左箭头键 |
| 右移单词 | Ctrl+右箭头键 |
| 移动到当前行的开始处 | Alt+左箭头键 |
| 移动到当前行的结尾处 | Alt+右箭头键 |
| 切换行注释 | Ctrl+/ |
| 切换块注释（用于PHP和JS文件） | Ctrl+Shift+/ |
| 复制行选区 | Ctrl+D |
| 删除行 | Ctrl+Shift+D |
| 跳转至定义（JS文件） | Ctrl+J |
| 选择右侧单词 | Ctrl+Shift+右箭头键 |
| 选择左侧单词 | Ctrl+Shift+左箭头键 |
| 移动到文件开头 | Ctrl+Home |

续表

| 功能描述 | 快捷键 |
| --- | --- |
| 移动到文件结尾 | Ctrl+End |
| 选择到文件开始 | Ctrl+Shift+Home |
| 选择到文件结尾 | Ctrl+Shift+End |
| 转到源代码 | Ctrl+Alt+` |
| 关闭窗口 | Ctrl+W |
| 退出应用程序 | Ctrl+Q |
| 快速标签编辑器 | Ctrl+T |
| 转到下一单词 | Ctrl+右箭头键 |
| 转到上一单词 | Ctrl+左箭头键 |
| 转到上一段落（设计视图） | Ctrl+上箭头键 |
| 转到下一段落（设计视图） | Ctrl+下箭头键 |
| 选择到下一单词为止 | Ctrl+Shift+右箭头键 |
| 从上一单词开始选择 | Ctrl+Shift+左箭头键 |
| 从上一段落开始选择 | Ctrl+Shift+上箭头键 |
| 选择到下一段落为止 | Ctrl+Shift+下箭头键 |
| 移到下一个属性窗格 | Ctrl+Alt+向下翻页键 |
| 移到上一个属性窗格 | Ctrl+Alt+向上翻页键 |
| 在同一窗口新建 | Ctrl+Shift+N |
| 退出段落 | Ctrl+Enter键 |
| 下一文档 | Ctrl+Tab |

续表

| 功能描述 | 快捷键 |
| --- | --- |
| 上一文档 | Ctrl+Shift+Tab |
| 用#环绕 | Ctrl+Shift+3 |
| 在主浏览器中实时预览 | F12 |
| 在副浏览器中预览 | Ctrl+F12 |

## 六、查找和替换快捷键

| 功能描述 | 快捷键 |
| --- | --- |
| 在当前文档中查找 | Ctrl+F |
| 在文件中查找和替换 | Ctrl+Shift+F |
| 在当前文档中替换 | Ctrl+H |
| 查找下一个 | F3 |
| 查找上一个 | Shift+F3 |
| 查找全部并选择 | Ctrl+Shift+F3 |
| 将下一个匹配项添加到选区 | Ctrl+R |
| 跳过并将下一个匹配项添加到选区 | Ctrl+Alt+R |

# 附录B HTML常见标签汇总

## HTML基本结构

| 标签 | 作用 |
| --- | --- |
| <html> | 限定文档的开始点和结束点，该标签中间是文档的头部和主体 |
| <head> | 定义文档的头部，包括文档的标题、在Web中的位置以及和其他文档的关系等。绝大多数文档头部包含的数据都不会真正作为内容显示给读者 |
| <title> | 定义文档的标题，是head部分中唯一必需的元素 |
| <body> | 定义文档的主体，包含文档的所有内容，比如文本、超链接、图像、表格和列表等 |
| <meta> | 提供有关页面的元信息（meta-information）。<meta>标签位于文档的头部，不包含任何内容。<meta>标签的属性定义了与文档相关联的名称/值。<meta>标签永远位于head元素内部。<metaname="description/keywords"content="页面的说明或关键字” /> |
| <!DOCTYPE>声明 | 定义文档类型 |

## HTML常用标签

| 标签 | 作用 |
| --- | --- |
| <!--...--> | 定义注释 |
| <a> | 创建从一个网页指向一个目标的连接关系 |
| <abbr> | 定义缩写 |
| <address> | 定义地址元素 |

续表

| 标签 | 作用 |
| --- | --- |
| <area> | 定义图像映射中的区域 |
| <article> | 用于定义外部的内容，即页面中一块与上下文不相关的独立内容 |
| <aside> | 定义页面内容之外的内容 |
| <audio> | 用于定义音频 |
| <b> | 定义粗体文本 |
| <base> | 定义页面中所有链接的基准URL |
| <bdo> | 定义文本显示的方向 |
| <blockquote> | 定义长的引用 |
| <body> | 定义body元素 |
| <br> | 设置文字换行 |
| <button> | 定义按钮 |
| <canvas> | 用于提供画布表示图形 |
| <caption> | 定义表格标题 |
| <cite> | 定义引用 |
| <code> | 定义计算机代码文本 |
| <col> | 定义表格列的属性 |
| <colgroup> | 定义表格列的分组 |
| <command> | 用于表示命令按钮 |
| <datagrid> | 定义树列表(tree-list)中的数据 |
| <datalist> | 定义下拉列表 |

续表

| 标签 | 作用 |
| --- | --- |
| <datatemplate> | 定义数据模板 |
| <dd> | 定义自定义的描述 |
| <del> | 定义删除文本 |
| <details> | 定义元素的细节 |
| <dfn> | 定义自定义项目，斜体显示 |
| <dialog> | 定义对话（会话） |
| <div> | 定义文档中的一个部分 |
| <dl> | 定义自定义列表 |
| <dt> | 定义自定义的项目 |
| <em> | 定义强调文本 |
| <embed> | 定义外部交互内容或插件 |
| <event-source> | 为服务器发送的事件定义目标 |
| <face> | 设置文字字体 |
| <fieldset> | 定义fieldset |
| <figure> | 定义媒介内容的分组，以及它们的标题 |
| <footer> | 用于表示整个页面或页面中一个内容区块的脚注 |
| <form> | 定义表单 |
| <h1>-<h6> | 定义标题1到标题6 |
| <head> | 定义关于文档的信息 |
| <header> | 用于表示页面中一个内容区块或整个页面的标题 |

续表

| 标签 | 作用 |
| --- | --- |
| <hgroup> | 用于组合整个页面或页面中一个内容区块的标题 |
| <hr> | 定义水平线 |
| <html> | 定义html文档 |
| <i> | 定义斜体文本 |
| <iframe> | 定义行内的子窗口（框架） |
| <img> | 定义图像 |
| <input> | 定义输入域 |
| <ins> | 定义插入文本 |
| <kbd> | 定义键盘文本 |
| <label> | 定义表单控件的标注 |
| <legend> | 定义fieldset中的标题 |
| <li> | 定义列表的项目 |
| <link> | 定义资源引用 |
| <m> | 定义有记号的文本 |
| <map> | 定义图像映射 |
| <mark> | 用来使文字突出或高亮显示 |
| <menu> | 定义菜单列表 |
| <meta> | 定义元信息 |
| <meter> | 定义预定义范围内的度量 |
| <nav> | 定义导航链接 |

续表

| 标签 | 作用 |
| --- | --- |
| <nest> | 定义数据模板中的嵌套点 |
| <nobr> | 避免自动换行 |
| <object> | 定义嵌入对象 |
| <ol> | 定义有序列表 |
| <optgroup> | 定义选项组 |
| <option> | 定义下拉列表中的选项 |
| <output> | 定义输出的一些类型 |
| <p> | 定义段落 |
| <param> | 为对象定义参数 |
| <pre> | 定义预格式化文本 |
| <progress> | 定义任何类型的任务的进度 |
| <q> | 定义短的引用 |
| <rule> | 为升级模板定义规则 |
| <samp> | 定义样本计算机代码 |
| <script> | 定义脚本 |
| <section> | 用于表示页面中如章节、页眉、页脚或页面中其他部分的一个内容区块 |
| <select> | 定义可选列表 |
| <small> | 定义小号文本 |
| <source> | 定义媒介源 |
| <span> | 定义文档中的section |

续表

| 标签 | 作用 |
| --- | --- |
| <strong> | 定义强调文本 |
| <style> | 定义样式定义 |
| <sub> | 定义上标文本 |
| <sup> | 定义下标文本 |
| <table> | 定义表格 |
| <tbody> | 定义表格的主体 |
| <td> | 定义表格单元 |
| <textarea> | 定义textarea |
| <tfoot> | 定义表格的脚注 |
| <th> | 定义表头，th元素内部的文本通常会呈现为居中的粗体文本 |
| <thead> | 定义表头，用于组合HTML表格的表头内容 |
| <time> | 定义日期/时间 |
| <title> | 定义文档的标题 |
| <tr> | 定义表格行 |
| <ul> | 定义无序列表 |
| <var> | 定义变量 |
| <video> | 用于定义视频 |
| <wbr> | 用于表示软换行，即当浏览器窗口或父级元素的宽度足够宽时(没必要换行时)，不进行换行，而当宽度不够时，主动在此处进行换行 |

# 参 考 文 献

[1] 新视角文化行. Flash CS6 动画制作实战从入门到精通 [M]. 北京：人民邮电出版社，2013.

[2] 马丹. Dreamweaver CC 网页设计与制作标准教程 [M]. 北京：人民邮电出版社，2016.

[3] 姜洪侠，张楠楠. Photoshop CC 图形图像处理标准教程 [M]. 北京：人民邮电出版社，2016.

[4] 汤京花，宋园. Dreamweaver CS6 网页设计与制作标准教程 [M]. 北京：人民邮电出版社，2016.